再生水农业灌溉中生物污染物分布特征研究

崔丙健　刘春成　李中阳　崔二苹　胡　超　著

黄河水利出版社
·郑州·

内 容 提 要

本书针对再生水农业利用生物安全性问题,通过现场调研及盆栽试验,分析了不同位点再生水中病原菌、抗生素抗性基因及蓝藻毒素基因种类与丰度变化情况。介绍了不同再生水灌溉方式对作物-土壤系统中病原菌丰度变化以及细菌群落多样性组成的影响、根组织和果实中病原菌丰度的空间分布特征、不同土壤改良剂对再生水灌溉根际土壤病原菌及抗生素抗性基因丰度的阻控作用、叶面喷施硅肥缓解再生水灌溉水稻的不利影响以及施用污泥对再生水灌溉根际土壤病原菌和抗生素抗性基因丰度的影响等研究成果。本书以再生水农业利用安全与公众健康为主要目标,为建立再生水源头处理技术、生物风险因子管控及灌溉技术模式提供了理论与技术支撑。

本书可供从事再生水农业安全利用领域的科研人员、技术人员及农业水资源与环境相关专业的师生等参考。

图书在版编目(CIP)数据

再生水农业灌溉中生物污染物分布特征研究/崔丙健等著.—郑州:黄河水利出版社,2023.10
ISBN 978-7-5509-3762-8

Ⅰ.①再… Ⅱ.①崔… Ⅲ.①再生水-农业灌溉-影响-农业环境-生物环境-研究 Ⅳ.①S181.3

中国国家版本馆 CIP 数据核字(2023)第 201867 号

策划编辑:杨雯惠 电话:0371-66020903 E-mail:yangwenhui923@163.com

责任编辑 乔韵青　　责任校对 王单飞
封面设计 黄瑞宁　　责任监制 常红昕
出版发行 黄河水利出版社
地址:河南省郑州市顺河路 49 号 邮政编码:450003
网址:www.yrcp.com E-mail:hhslcbs@126.com
发行部电话:0371-66020550
承印单位 河南博之雅印务有限公司
开　　本 787 mm×1 092 mm 1/16
印　　张 9.75
字　　数 225 千字
版次印次 2023 年 10 月第 1 版　　2023 年 10 月第 1 次印刷
定　　价 80.00 元

前 言

水资源短缺已成为制约我国生态文明建设和经济社会可持续发展的重要因素。2009~2022年《中国水资源公报》统计数据显示，我国农业用水量在全年用水总量中占比始终保持在60%以上。2022年农田灌溉水有效利用系数为0.572，全国再生水利用量为149亿m^3。随着水资源短缺和农业用水量大、效率低等问题的日益突出，再生水逐渐成为缓解供水压力和补充农业灌溉用水的重要替代水源。然而，即使经过了一定的处理，再生水中仍然含有较多种类、较高含量的污染物，水质成分复杂多变，潜在的生态和健康风险问题突出。因此，深入了解再生水中污染物种类、浓度、分布及其生态健康风险，开发再生水深度处理技术与安全利用模式，保障再生水农业利用的安全性和高效性，是再生水农业灌溉利用领域的重要课题。

国家发展和改革委员会等十部门出台《关于推进污水资源化利用的指导意见》（发改环资〔2021〕13号），明确提出将污水资源化利用作为节水开源的重要内容，再生水纳入水资源统一配置。2023年7月，水利部、国家发展和改革委员会联合印发了《关于加强非常规水源配置利用的指导意见》，要求有条件的缺水地区，按照农田灌溉用水水质标准要求，稳妥推动再生水用于农业灌溉。加强水质安全保障体系的评价工作对于促进再生水生产、输配、储存和利用各个环节的监督和管理具有重要意义。再生水中的生物风险因子不仅局限于病原微生物，还包括与之相关的有害基因和有害生物组分等。再生水水质失衡或利用不当，不仅会威胁生态环境，也会危害公众健康和农产品安全。

近年来，本书作者所在的中国农业科学院农田灌溉研究所非常规水资源安全利用创新团队，依托国家重点研发计划、中国农业科学院农业科技创新工程、国家自然科学基金及河南省科技攻关等项目，聚焦国家耕地保护和粮食安全在非常规水资源农业安全利用方面开展了基础前沿理论研究及关键核心技术研发。本书研究内容为团队科研项目的研究成果之一，较为系统地总结了再生水水质生物安全性，阐述了再生水农业利用过程中存在的潜在生态健康风险问题；基于试验手段和翔实的数据，系统阐述了再生水灌溉作物-土壤系统中生物污染物迁移分布规律及阻控削减。全书主要内容有8章。第1章为绪论，主要介绍了我国水资源状况及再生水生物风险因子种类与处理技术；第2章介绍了再生水中生物污染物动态分布特征研究；第3章介绍了再生水灌溉方式对作物-土壤系统中病原菌丰度变化的影响；第4章介绍了再生水灌溉根际群落多样性与病原菌丰度变化对施用生物炭的响应；第5章介绍了农艺调控措施对再生水滴灌根际土壤菌群多样性及有害基因丰度的影响；第6章介绍了叶施硅肥对再生水灌溉水稻叶际群落组成及功能基因的影响；第7章介绍了施用污泥对再生水灌溉根际细菌群落结构及基因丰度的影响；第8章为研究总结及今后研究重点方向。

在本书内容相关课题的研究过程中，中国农业科学院农田灌溉研究所农业水资源与环境研究中心和中国农业科学院新乡农业水土环境野外科学观测试验站提供了技术支撑平台,得到了高峰研究员、樊向阳研究员、吴海卿副研究员等的指导与帮助,刘源副研究员、黄鹏飞助理研究员、赵志娟副研究员及樊涛助理研究员等也给予了大力支持与帮助。此外,本书还参考引用了领域内诸多专家、学者的文献著作,均已在参考文献中列出,在此一并表示感谢!

由于作者水平有限,本书撰写过程中难免存在不足和遗漏之处,敬请读者指正。

作 者

2023 年 8 月

主要符号对照表

英文缩写	英文全称	中文名称
RW	Reclaimed water	再生水
EC	Electrical conductivity	电导率
COD	Chemical oxygen demand	化学需氧量
CAT	Catalase	过氧化氢酶
TN	Total nitrogen	总氮
TP	Total phosphate	总磷
AOA	*Ammonia-oxidizing archaea*	氨氧化古菌
AOB	*Ammonia-oxidizing bacteria*	氨氧化细菌
AH	*Aeromonas hydrophila*	嗜水气单胞菌
arcB	*Arcobacter butzleri*	布氏弓形菌
arcC	*Arcobacter cryaerophilus*	嗜低温弓形菌
EC	*E. coli*	大肠杆菌
KPN	*Klebsiella pneumoniae*	肺炎克雷伯氏菌
EF	*Enterococcus faecium*	粪肠球菌
TC	Total coliforms	大肠菌群
PS	*Pseudomonas syringae*	丁香假单胞菌
BC	*Bacillus cereus*	蜡样芽孢杆菌
SA	*Staphylococcus aureus*	金黄色葡萄球菌
LEG	*Legionella* sp	军团菌
MY	*Mycobacterium* sp	分枝杆菌
AC	*Acanthamoeba* sp	棘阿米巴虫
HV	*Hartmannella vermiformis*	哈曼原虫
AN	*Aspergillus niger*	黑曲霉
BOC	*Botrytis cinerea*	灰葡萄孢霉
FO	Fusarium oxysporum	镰孢霉菌
TB	Total bacteria	细菌总数
TF	Total fungi	真菌总数
AP	Alphaproteobacteria	α-变形菌纲
BP	Betaproteobacteria	β-变形菌纲
RP	Gammaproteobacteria	γ-变形菌纲
ACT	Actinobacteria	放线菌门

续表

英文缩写	英文全称	中文名称
RW	Reclaimed water	再生水
ACI	Acidobacteria	酸杆菌门
BO	Bacteroidetes	拟杆菌门
FM	Firmicute	厚壁菌门
NIF	Nitrogen-fixing bacteria	固氮菌
mcy	Microcystin	微囊藻毒素
ARGs	Antibiotic resistance genes	抗生素抗性基因
S-UE	Soil urease	土壤脲酶
S-AKP/ALP	Soil alkaline phosphatase	土壤碱性磷酸酶

目　录

第1章　绪　论

1.1　水资源概述

1.1.1　常规水资源

水资源短缺、水环境污染、水生态破坏、水空间萎缩和水安全保障等问题是全球面临的重大水危机问题，也是经济社会发展和生态文明建设重要的制约因素，水资源危机已成为21世纪人类面临的最为严峻的现实问题之一。

常规水被定义为水文循环自然过程中的水资源，其中的水可以取自河流、溪流、湖泊、水库（降雨）和含水层（地下水）。农业用水量占总用水量的比重最大，联合国粮食及农业组织的最新数据（FAO 2021. AQUASTAT database）显示，农业用水量占全球总用水量的71.7%，在干旱和半干旱国家，这一比例甚至更高。联合国环境规划署数据显示，地球上水资源总量大约是14亿km^3。其中，淡水资源总量约为3 500万km^3，约占水资源总量的2.5%。全世界大约30%的淡水资源都以地下水（深达2 000 m的浅层和深层地下水盆地、土壤水分、沼泽水和永久冻土）形式贮存在地下。上述这些构成了人类所有潜在可用淡水资源的97%左右。淡水湖和河流包含大概105 000 km^3，约占全世界淡水资源量的0.3%。生态系统和人类可用淡水资源总量约为200 000 km^3，仅占所有淡水资源总量的1%。联合国粮食及农业组织、世界水资源开发报告指出，到2025年，18亿人生活的国家或地区将出现绝对水短缺问题，地球上2/3的人可能会在用水短缺的条件下生存。大部分人口增长将出现在发展中国家，且主要集中在正遭受水短缺、无法充分享受到安全饮用水和足够卫生设施的地区。水资源管理会影响到经济的各个方面，特别是健康、粮食生产和粮食安全、民用给水和卫生设施、能源、工业和环境可持续性等方面。目前，全球有36亿人每年至少有1个月面临供水不足，预计到2050年这一数字将增至50亿以上。联合国水机制报告称，2001~2018年，74%的自然灾害都与水有关，仍有100多个国家无法在2030年前实现水资源的可持续管理。2022年世界气象组织发布的首份全球水资源状况报告中指出，长期以来，水资源问题在气候会谈中一直是一个“盲点”，且在可持续发展和减少灾害风险的工作中并未受到应有的重视。水资源管理对于适应气候变化的影响、实现复原力及减少温室气体排放是一种强有力的解决方案。

水资源是制约我国经济社会可持续发展的瓶颈，开展区域水资源优化配置与调控是缓解水资源供需矛盾的有效措施，是贯彻落实中共中央、国务院关于水资源管理决策部署的重要举措。我国水资源总量虽然较大，但人均水资源量只有世界平均水平的1/4，是全球13个人均水资源量最匮乏的国家之一。《中国水资源公报2021》统计数据显示，全国降水量和水资源总量比多年平均值明显偏多,全国用水总量比 2020 年有所增加,用水效率进一步提高,用水结构不断优化。但随着人口数量的不断增加,农业用水、工业用水、居民生产生活用水逐年攀升,人均水资源量还将继续降低。人多水少、水资源时空分布不均、与经济要素之间不适配是我国基本水情。我国对黄河、淮河、海河等缺水流域提出了“以水定城、以水定地、以水定人、以水定产”,建立水资源刚性约束制度。常规水资源供需矛盾主要体现在以下几个方面:①地区水资源量明显减少,部分流域周期性的水资源短缺加剧;②为保证城镇用水,农业灌溉、生态环境用水常常被挤占;③农业用水结构与水资源条件不匹配,灌溉方式落后,用水效率低;④开源与节流潜力有待进一步发掘。

1.1.2 非常规水资源

全球水资源需求预计将以年均 2%的速度增长,到 2030 年将接近 7 万亿 m^3,人口增加、生活水平提高、消费方式改变和灌溉农业扩大是全球对水资源需求上升的主要推动力[1]。根据联合国《世界水资源发展报告》,预计到 2030 年农业灌溉用水量将占世界淡水资源的 70%以上,世界 40%的人口将面临水资源短缺问题。此外,气候变化增加了干旱发生的频率和强度,导致作物需水量和农业灌溉用水量持续增长[2]。水资源开发利用不当和水体污染严重导致全球淡水资源枯竭和水质恶化,传统淡水资源已不能满足日益增长的用水需求。非常规水资源作为一类可持续的替代水源被提出,包括污水再生利用、雨水收集、海水淡化等。在日益加剧的水资源短缺形势推动下,由依赖单一水源向多水源联合优化配置发展成为一种可持续的、成本效益高的解决方案。水资源短缺被认为是影响可持续发展的一个重大挑战,增强水资源保障能力是促进经济社会可持续发展的关键环节。因此,缺水地区必须以可持续的方式获取和利用所有可用的水资源,以尽量减少持续增长的水资源紧缺压力。考虑到干旱地区与水相关的可持续发展挑战,利用非常规水资源是缩小水资源供需差距的新机遇。在常规水资源不能满足当今经济社会发展需求时,亟须建立非常规水资源开发利用模式。

非常规水资源,又称非传统水资源、劣质(边缘)水资源,顾名思义是相对常规水资源而言的,其区别于一般意义上的地表水和地下水,通常包括再生水、微咸水、集蓄雨水、淡化海水和矿坑水五类[3],其具有增加供水、减少排污、提高用水效率、实现区域水资源循环利用等多重作用。非常规水资源作为一类可靠且可再生的二次水源,其开发利用已成为众多国家和地区补充农业用水量和缓解农业用水危机的应对策略,也是现代节水农业的重要研究内容。以色列、新加坡、澳大利亚、南非、纳米比亚等缺水国家都是开发利用非常规水资源的典范。《2021 年全国水利发展统计公报》统计结果显示,全国非常规水源利用量 138.3 亿 m^3,其中,再生水利用量 117 亿 m^3,集蓄雨水利用量 6.9 亿 m^3,淡化海水利用量 2.8 亿 m^3,微咸水利用量 3.4 亿 m^3,矿坑水利用量 8.0 亿 m^3。中国水资源公报数据显示,2011~2021 年,我国非常规水源利用量从 44.8 亿 m^3 增加到 128.1 亿 m^3,非常规水源利用量占总供水量的比重由 0.7%增加到 2.2%[4]。我国淡水资源极度匮乏,人均淡水资源占有量仅为世界平均水平的 1/4。作为一个农业生产大国,农业在我国经济发展当中占有十分重要的比重,而农业生产发展又依赖灌溉。《中国水资源公报 2021》统计数据显示，我国北方六区水资源总量仅占全国的22.16%，而农业用水量占用水总量的32.21%，尤其是我国华北和西北一些资源型缺水城市和地区，河流、降水和地下水资源等已不能满足农业生产发展的需求。因此，可利用水资源量在农业可持续发展过程中起着举足轻重的作用。一方面，限制流域用水、提高用水效率以及更好地共享有限的淡水资源，将是降低水资源短缺对农业生产和人类社会可持续发展威胁的关键。另一方面，开发利用非常规水资源是解决水资源短缺的重要途径，其中再生水、微咸水、雨水及养殖废水等的开发利用尤为重要，这些水源可以有效提高可再生水资源的利用量以及缓解农业用水对传统水源的占用。《中华人民共和国水法》明确规定，在水资源短缺地区，鼓励使用非常规水源。《国家节水行动方案》明确提出，加强再生水、海水等非常规水源多元、梯级和安全利用，强制推动非常规水源纳入水资源统一配置。2023年，水利部、国家发展和改革委员会联合印发的《关于加强非常规水源配置利用的指导意见》明确坚持将非常规水源纳入水资源统一配置以强化配置管理、促进配置利用，为缓解水资源供需矛盾、提升水安全保障能力提供有力支撑。加强非常规水源开发利用是实现节水优先和系统治理的重要手段，对缓解我国水资源供需矛盾具有重要意义。

我国非常规水源利用在空间分布上呈现出“北多南少”的特点，且绝大部分分布在华北、西北等相对缺水的地区。根据2021年各地区非常规水源利用情况，河北、山东、河南等省非常规水源利用量均大于10亿m^3；广东、广西、江西、云南等省(区)利用量均小于5亿m^3；北京、内蒙古、安徽、辽宁、天津等省(市、区)非常规水源利用量在5亿~10亿m^3[5]。我国非常规水源开发利用量逐年增加，但存在法规制度与激励政策不完善、管理和技术上缺乏扶持政策、缺乏统一规划、水价成本倒挂、技术标准不完善、技术驱动力不足等方面的问题。针对上述问题提出了对策和建议：①把非常规水源开发利用纳入水利工程体系，享受水利工程相关补助支持政策；②以区域为单元统筹编制非常规水源利用配置规划；③建立具有较强技术创新能力的非常规水源开发利用产业联盟；④建立再生水利用、海水淡化、苦咸水利用重点示范工程，推动非常规水源利用试点建设；⑤建立非常规水源利用安全监管制度体系，保障水质安全；⑥加大宣传，鼓励公众参与[6]。此外，非常规水灌溉应严格从植物、环境、人类健康和气候变化等方面进行系统评估，以避免潜在风险。Chen等[7]提出了三个优先研究方向，以实现更好的水资源配置和管理：①有效收集非常规水的公用设施；②设计适合目的的处理；③采用节能工艺回收增值资源。

1.2 再生水利用

党的二十大报告指出，坚持精准治污、科学治污、依法治污，持续深入打好蓝天、碧水、净土保卫战。统筹水资源、水环境、水生态治理，推动重要江河湖库生态保护治理，基本消除城市黑臭水体。加强土壤污染源头防控，开展新污染物治理。水资源污染和使用量的不断增加，加剧了水资源开发利用的紧迫性。与开发其他水资源相比，再生水是公认的“第二水源”，具有不影响生态环境、不争水、不占地、不需要长距离输水、投资少、见效快、成本低等显著优点，既能有效优化水资源配置，又增加水资源供给，缓解用水供需矛盾，还可减少水环境污染,保障水生态安全。与集蓄雨水、淡化海水、微咸水、矿坑水等其他非常规水源相比,再生水具有水源较为稳定、技术成熟、用户相对稳定的特点。根据中国水资源公报,2011~2020 年,全国再生水利用量逐年增大,由 32.9 亿 m^3 增加到 109.0 亿 m^3,累积增长 231.3%。2020 年,再生水利用量占非常规水源利用总量的 82.6%。2021 年 1 月,国家发展和改革委员会同九部门联合印发《关于推进污水资源化利用的指导意见》,提出实施区域再生水循环利用等重点工程,要求选择缺水地区积极开展区域再生水循环利用试点示范。区域再生水循环利用是指达标排放的尾水经人工湿地水质净化工程等生态措施改善后,在一定区域统筹用于生产、生态、生活的污水资源化利用模式。与污水资源化利用的常规做法相比,区域再生水循环利用试点更加强调区域统筹、生态净化、调蓄利用,综合效益更加显著,对于推动缺水地区探索协同推进降碳减污扩绿增长的水生态环境保护新路径具有重要意义。2021 年 12 月,生态环境部会同国家发展和改革委员会、住房和城乡建设部、水利部发布了《区域再生水循环利用试点实施方案》,以京津冀地区、黄河流域等缺水地区为重点,选择再生水需求量大、再生水利用具备一定基础且工作积极性高的地级及以上城市开展试点,形成效果好、能持续、可复制的经验做法。生态环境部联合国家发展和改革委员会、住房和城乡建设部、水利部印发了《关于公布 2022 年区域再生水循环利用试点城市名单的通知》(环办水体函〔2022〕502 号),明确了首批纳入区域再生水循环利用试点范围的 19 个城市。

1.2.1 再生水利用途径

再生水是指生活污水、工业废水和集纳雨水经适当再生工艺处理后,达到规定水质标准,满足某种使用功能要求,可以被再次进行有益使用的水。再生水概念始于日本,其定义有多种,在污水工程方面称为“再生水”,在工厂方面称为“回用水”,一般以水质作为区分的标志。“再生水”有时往往被称为“中水”,但两者有明显的区别。中水指各种排污水经过一定的工艺处理之后,达到一定的国家标准,用于日常生活、市政等方面的杂用非饮用水[8]。污水再生处理指污水按照一定的水质标准或水质要求、采取相应的技术方法进行净化处理并使其恢复特定使用功能及安全性的过程,主要包含水质的再生、水量的回收和病原体的有效控制。污水再生处理技术方法包括但不限于二级处理、二级强化处理、三级处理(深度处理)和消毒处理。

再生水主要来源于城市污水,其数量巨大、水质稳定,受气候条件和其他自然条件的影响较小,是一种可靠且可再生的“二次水源”,利用再生水灌溉农田在国内外已经得到广泛推广与实践。再生水水质主要特征为:①盐分高,尤其是富含钠离子和氯离子;②氮、磷等营养元素含量较高;③含有一定量的重金属、微(痕)量有机污染物和病原菌等。再生水水源应取自建筑的生活排水和其他可以利用的水源,包括生活污水或市政排水、城市污水处理厂出水、处理达标的工业排水。再生水源应以生活污水为主,尽量减少工业废水所占比重。再生水水源水质应符合《污水排入城镇下水道水质标准》(GB/T 31962—2015)、《生物处理构筑物进水中有害物质允许浓度》和《污水综合排放标准》(GB 8978—1996)的要求。城镇污水再生利用的核心问题是水质安全,应加强源头管理,确保排入下水道的污水达到《污水排入城镇下水道水质标准》(GB/T 31962—2015)要求,同时要提高再生处理工艺及输配过程的可靠性,从系统上保障再生水水质安全。曲久辉等[9]总结了城市污水再生与循环利用研究中污染物的去除与转化、化学物质能源化以及再生水循环过程的生态风险控制等重点的关键科学问题,并提出了重点研究方向:①污水再生及循环的物质转化与能源转换机制;②再生水生态储存与多尺度循环利用原理;③城市水系统水质安全评价与生态风险控制方法;④基于"再生水+"的可持续城市水系统构建理论。感知有用性和感知易用性对公众参与再生水回用意愿有显著正向影响,技术准备度的消极因素极大地阻碍了公众再生水回用意愿的提升[10]。此外,再生水饮用回用的工程措施包括源头控制、再生水厂净化、环境缓冲和饮用水厂净化在内的多重屏障系统[11]。

再生水的循环利用,一方面可缓解水资源短缺的压力,提高有限的淡水资源的使用效益;另一方面又减少了污染物排放总量,是水资源保护与利用、水污染防治与环境保护的有效途径,具有明显的环境效益、经济效益和社会效益。再生水利用不应对设施设备及操作者的健康产生不良影响。放射性排水、医疗单位排水、含有毒有害物质或难降解化学物质的工业排水不应作为再生水来源。随着我国《关于推进污水资源化利用的指导意见》《"十四五"城镇污水处理及资源化利用发展规划》等相关政策措施的相继出台,未来再生水利用规划、设施建设、运营维护和管理具有巨大发展潜力和市场空间。

再生水的主要利用途径包括地下水回灌用水,工业用水,农、林、牧、渔业用水,城市杂用水,景观环境用水等五类。可以用于农田灌溉(粮食作物与经济作物)、园林绿化(公园、校园、高速公路绿化带、高尔夫球场和住宅区等)、工业(冷却水、锅炉水工艺用水)、大型建筑冲洗以及游乐与环境(改善湖泊、池塘、沼泽地,增加河水流量和水产养殖等),还有消防、冲洗和冲厕等市政杂用。我国《城市污水再生利用 分类》(GB/T 18919—2002)对再生水利用途径进行了分类(见表1-1)。

表1-1　城市污水再生利用类别

分类名称	范围	示例
农、林、牧、渔业用水	农田灌溉	种籽与育种、粮食与饲料作物、经济作物
	造林育苗	种籽、苗木、苗圃、观赏植物
	畜牧养殖	畜牧、家畜、家禽
	水产养殖	淡水养殖
城市杂用水	城市绿化	公共绿地、住宅小区绿化
	冲厕	厕所便器冲洗
	街道清扫	城市道路的冲洗及喷洒
	车辆冲洗	各种车辆冲洗
	建筑施工	施工场地清扫、浇洒、灰尘抑制、混凝土制备与养护、施工中混凝土构件和建筑物冲洗
	消防	消火栓、消防水炮

续表 1-1

分类名称	范围	示例
工业用水	冷却用水	直流式、循环式
	洗涤用水	冲渣、冲灰、消烟除尘、清洗
	锅炉用水	中压、低压锅炉
	工艺用水	溶料、水浴、蒸煮、漂洗、水力开采、水力输送、增湿、稀释、搅拌、选矿、油田回注
	产品用水	浆料、化工制剂、涂料
景观环境用水	娱乐性景观环境用水	娱乐性景观河道、景观湖泊及水景
	观赏性景观环境用水	观赏性景观河道、景观湖泊及水景
	湿地环境用水	恢复自然湿地、营造人工湿地
补充水源水	补充地表水	河流、湖泊
	补充地下水	水源补给、防止海水入侵、防止地面沉降

2012 年美国环境保护署《Guidelines for Water Reuse》中也做出相似的分类，如表 1-2 所示。

表 1-2 再生水回用类型(EPA，2012)

分类名称	范围	描述
城市回用	高尔夫球场灌溉、休闲场地灌溉	非限制性：在不限制公众进入的市政环境中将再生水用于非饮用水的使用；限制性：公众访问受到物理或制度障碍的控制或限制，如围栏、咨询标识或时间访问限制
农业回用	粮食作物灌溉、加工粮食作物和非粮食作物灌溉、牲畜饮用水	灌溉供人类食用的粮食作物，食用之前经过加工处理或非食用作物
蓄水回用	娱乐性与景观性蓄水、人工造雪	非限制性：没有与身体接触的水上娱乐活动；限制性：身体接触的娱乐性用水
环境回用	自然湿地与人工湿地、增加河流流量、含水层补给	利用再生水创造、改善、维持或增加水体水量，包括湿地、水生生境或溪流
工业回用	冷却水、补充锅炉水、石油天然气产出水、高科技产业用水、加工食品生产用水	再生水在工业应用和设施、电力生产和矿物燃料开采中的使用

续表 1-2

分类名称	范围	描述
非饮用回用	地下水回补	利用再生水对非饮用水源的含水层进行补给
饮用回用	有计划的间接性饮用水、直接性饮用水	在正常饮用水处理之前,利用再生水增加饮用水源(地表水或地下水); 将再生水直接引入水处理厂

2012 年住房和城乡建设部组织编制的《城镇污水再生利用技术指南》(试行)中指出应依据城市水资源供需现状及变化趋势、潜在用户分布,确定不同用途的再生水水质水量需求。具体包括:

(1)工业:宜在对当地产业结构以及工业用水大户的用水特点与现状进行充分调研的基础上,确定工业用再生水的水质水量需求。

(2)景观环境:宜根据水体功能、环境及质量标准、容量、蒸发耗散量、换水周期、地下渗透量、水体流动性(流速)、封闭或开放性等因素确定景观环境用再生水的水质水量需求。

(3)绿地灌溉:宜根据当地的气候条件、土壤特征、绿地类型以及灌溉面积和灌溉周期等确定绿地灌溉用再生水的水质水量需求。

(4)农田灌溉:宜统筹考虑气候条件、地理位置、土壤性质、农作物类型以及灌溉面积和灌溉周期等因素确定农业灌溉用再生水的水质水量需求。

(5)城市杂用:宜在对现有城市杂用水量调查的基础上,根据不同利用途径的特征和季节变化确定城市杂用再生水的水质水量需求,其中冲厕等用水量宜根据可接管用户数量进行确定。

(6)地下水回灌:宜根据水文地质条件、地下水资源现状、回灌方式等确定地下水回灌用再生水的水质水量需求。

1.2.2 再生水水质标准

再生水及其不同回用途径的相关标准、技术规程和指南适用范围存在较大差异,水质标准与灌溉利用的监测和控制指标适配性不高,且关联不紧密。基于作物类型、食用方式和加工方式的再生水农业灌溉利用缺乏细分,微生物学指标有待完善,应增补能够反映水质安全的关键性指标,如毒理学指标和生物学指标等,并充分考虑再生水利用对环境和人类健康产生的潜在风险。

1.2.2.1 世界各国再生水利用相关标准

目前,国际上还没有统一的再生水水质标准和农业回用指南,各国都是基于现有的水资源管理政策,结合实际的水资源供需状况和利用途径制定相关的标准、规范和技术规程,这些标准规范主要是为了保障水质、产地和农产品安全。基于“零风险”的概念,世界卫生组织提出了相对严格的污水回用指南,要求考虑污水处理过程、灌溉制度、暴露人群以及作物类型等,特别指出灌溉生食作物的再生水水质必须接近常规供水水质。《水回用水质分级》国际标准(ISO 20469)根据再生水的潜在暴露量和暴露途径,将再生水分为高、中和低 3 个等级,规定了满足再生水基本处理要求的限制性和非限制性利用。美国环境保护护署(US Environmental Protection Agency, EPA)《2012 Guidelines for Water Reuse》内容包括再生水规划和管理、回用途径、各州的规范和指南、再生水回用的区域差异、基于公众和环境健康的处理技术、公共宣传和公众参与与国内外经验等作了具体说明,各州可在推荐指南的基础上根据本州水资源实际需求自行设计再生水回用项目方案。指南中推荐用于灌溉的水质标准包括 21 种重金属和 2 种病原菌(总大肠菌群和粪大肠菌群)控制指标,但没有规定有机微污染物的浓度。美国加利福尼亚州(简称加州)关于再生水利用的主要法律规范有《加州水法》(2011)、《加州管制法》(2013)、《加州安全饮用水法》和《加州卫生安全法》(2011)。关于病原细菌在标准中的限值是通过以下四个步骤确定的:①制定限值的依据,目前一般采用在美国 EPA 推荐的健康危险度评价方法的基础上发展起来的定量微生物风险评价方法,选择年感染概率 10^{-4} 作为制定浓度限值的依据。②病原微生物一次感染概率的评价模型采用世界卫生组织的《水质指南、标准和健康:水相关传染疾病风险评价与风险管理》中提供的模型。③根据对不同污水再生利用途径职业人群和非职业人群的暴露评价结果,推算浓度限值。④根据最敏感原则,选择其中最严格的浓度限值作为指标建议值[12]。

在现有的水回用微生物标准中,各国的标准差别很大。一些国家采用了类似美国加州规定的水回收标准,而其他国家选择的标准则是基于世界卫生组织(WHO)的 Hazard characterization for pathogens in food and water:guidelines.(见表 1-3)。加州标准是基于技术的要求,旨在消除病原体的存在,而 WHO 的指南以流行病学证据为依据。大多数地中海国家既没有再生水利用的法规,也没有相关的指南规范。

表 1-3　世界各国及地区再生水用于非限制性灌溉的水质标准

国家(地区)或机构	类型	根据公众健康提出的水质要求
美国环保局	指南	粪大肠菌数不能超过 14 MPN/100 mL,这一数值意味着实际当中将检测不出粪大肠菌,二级处理后应进行混凝、沉淀、过滤和消毒处理
加利福尼亚州	法规	粪大肠菌数不超过 2.2 MPN/100 mL(每月不得少于 1 份样品中的大肠菌有机物不可超过 23 MPN/100 mL);二级处理后要有过滤和消毒处理
科罗拉多州	指南	总大肠菌数不能超过 2.2 MPN/100 mL(中间值),出水需经氧化、混凝、沉淀、过滤和消毒处理
佛罗里达州	法规	以 30 d 为期,在 75%的样品中粪大肠菌数不能超过 25 MPN/100 mL,二级处理加过滤和深度消毒;COD 20 mg/L(年平均值),TSS 5 mg/L(单样品)
爱达荷州	法规	总大肠菌数不能超过 2.2 MPN/100 mL(中间值);二级出水要求混凝、沉淀、过滤和消毒处理

续表 1-3

制定机构或地区	类型	根据公众健康提出的水质要求
印第安纳州	法规	粪大肠菌数不能超过 100 MPN/100 mL(中间值)、2 000 MPN/100 mL(单个样品)
北卡罗来纳州	法规	粪大肠菌数不能超过 1 MPN/100 mL,要求经过三级处理(TSS 月平均值为 5 mg/L,日最大值 10 mg/L)
新墨西哥州	指南	粪大肠菌数不能超过 1 000 MPN/100 mL
得克萨斯州	法规	粪大肠菌数不能超过 75 MPN/100 mL;经过氧化塘系统处理后最低应达到 BOD 20 mg/L,采用其他工艺 BOD 应达到 10 mg/L
华盛顿	指南	总大肠菌数不能超过 2.2 MPN/100 mL(平均值)和 24 MPN/100 mL(单个样品),最低要求经过包括过滤的二级处理
怀俄明州	法规	粪大肠菌数中不能超过 200 MPN/100 mL,出水 BOD 不超过 10 mg/L(日均值)
加拿大	法规	(在大于 20%的样品中)总大肠菌数不能超过 1 000 MPN/100 mL(几何平均数),粪大肠菌数不能超过 200 MPN/100 mL;灌溉蔬菜的回用水的总大肠菌数不能超过 2 400 MPN/100 mL(在任何一天)
塞浦路斯(1997)	标准	粪大肠菌数在每月 80%的样品中不超过 50 MPN/100 mL,最大允许值 100 MPN/100 mL;肠道线虫不超过 1 个/L;三级处理后接消毒处理
以色列(1978)	规定	总大肠菌数在 50%的样品中不超过 2.2 MPN/100 mL,在 80%的样品中不能超过 12 MPN/100 mL;二级处理或相当于二级处理(例如长期贮存过程)接消毒处理
约旦	法规	粪大肠菌数低于 200 MPN/100 mL
科威特	标准	总大肠菌数低于 100 MPN/mL;经过深度处理之后 BOD 和 TSS 均低于 10 mg/L
澳大利亚(新南威尔士)	指南	耐高温大肠菌数低于 10 MPN/100 mL(中间值);最低处理要求二级处理和过滤,出水浊度不超过 2 NTU
沙特阿拉伯	法规	总大肠菌数低于 2.2 MPN/100 mL,BOD 和 TSS 均低于 10 mg/L
突尼斯	法规/法律	肠道线虫小于或等于 1 个/L,最低处理要求稳定塘或相当工艺
世界卫生组织	指南	为降低健康风险,粪大肠菌数(灌溉用水)< 200 MPN/100 mL,肠道线虫≤ 1 个/L;要有一级、二级处理过程,适当增加过滤和消毒过程

考虑到再生水的成本效益,研究者提出了除地下水回灌外,四类再生水利用途径的准则(见表 1-4)[13]。污水处理及回用有多种选择方式(结合社会、经济、环境效益)。影响处理工艺选择的因素很多,包括病原微生物的类型及其对处理和环境衰减过程的抗性、再生水的针对性使用和从业者与普通大众接触概率。建立再生水回用方案之前评价污水回用健康风险需要考虑如下几点:①污水回用位置与居民区的距离和可能的接触形式;②气溶胶摄入和皮肤直接暴露于污水环境的可能性;③当地的经济社会发展状况;④与污水接触的持续时间和频率。

表 1-4　地中海地区再生水回用建议水质标准

水质分类	描述	FC 或 *E. coli*/(CFU/100 mL)	悬浮物/(mg/L)
Ⅰ类	1. 住宅回用:花园浇水、冲厕、洗车; 2. 城市回用:灌溉绿地、公园、高尔夫球场、运动场、街道清洁、消防、喷泉等休闲场所; 3. 娱乐性回用:景观、池塘、水体及溪流	≤ 200	≤10
Ⅱ类	1. 灌溉蔬菜作物(地面灌和喷灌)、饲料作物与牧草,喷灌果树等; 2. 景观蓄水设施:禁止公众直接接触的池塘、水体和观赏性溪流; 3. 工业回用(除食品行业外)	≤1 000 ≤150	≤20
Ⅲ类	1. 灌溉谷类和油料、纤维和种子作物;干饲料、不直接食用的绿色饲料作物; 2. 灌溉用于罐头制造业和工业的作物以及果树; 3. 灌溉不对外开放的园林苗圃、林区、绿地等	无要求	≤35 ≤150
Ⅳ类	1. 利用地表或地下滴灌(微喷灌除外)系统灌溉蔬菜(块茎类、根类等除外),保证再生水与蔬菜的可食用部分不直接接触; 2. 用滴灌系统(地下滴灌、微喷灌)灌溉第Ⅲ类作物; 3. 利用地表滴灌系统灌溉非公共区域的绿化带; 4. 利用地下滴灌系统灌溉公园、高尔夫球场、运动场等	无要求	—

1.2.2.2 我国再生水利用相关标准

我国水质指标限值引用标准主要由水环境质量标准、行业性水质标准和已颁布的再生水利用于不同使用功能的水质标准3部分组成。按照灌溉水的用途、农业灌溉水水质要求分为两类:一类是指工业废水或城市污水作为农业用水的主要水源,并长期利用的灌区;另一类是指工业废水或城市污水作为农业用水的补充水源,而实行清污混灌、轮灌的灌区。

近年来,我国陆续颁布了一系列再生水水质及污水再生利用的推荐性、强制性和行业标准(见表1-5),污水处理厂的出水必须满足环保部门制定的《城镇污水处理厂污染物排放标准》(GB 18918—2002)和《污水综合排放标准》(GB 8978—1996)相关水质要求才能排放。出水要经过适当处理后,满足水利部《再生水水质标准》(SL 368—2006)、《农田灌溉水质标准》(GB 5084—2021)、《城市污水再生利用 农田灌溉用水水质》(GB 20922—2007)才可以用于农业灌溉。现行《城镇污水处理厂污染物排放标准》(GB 18918—2012)中基本控制项目为19项,选择控制项目22项。《再生水水质标准》(SL 368—2006)回用于农业用水分类基本控制项目15项。《水回用导则 再生水分级》(GB/T 41018—2021)规定了以城镇污水为水源的再生水分级及其基本依据,突出再生水特点、可操作性和针对性,适用于城镇再生水配置利用规划、安全管理、效益评价、价格确定、再生水利用统计和标识等[14]。这一系列国家、行业和地方标准的制定,对于缓解我国农业用水紧张、保障农业生态健康和农产品质量安全、促进我国农业生产的可持续发展具有极其重要的意义。由于农业用水水质要求不高、水量大,重点考虑因素包括对土壤性状的影响、对植物生长的影响、对灌溉系统的影响。因此,回用于农业用水水质的指标主要包括:①影响土壤和植物生长的指标:五日生化需氧量(BOD_5)、溶解性总固体、化学需氧量(COD_{cr})、汞、镉、砷、铬、铅、氰化物;②防止灌溉系统堵塞的指标:悬浮物(SS)。

现行排放标准与再生水水质指标不匹配、不对应问题对于再生水工程规划、设计、回用途径、监管都会造成较大影响。《城市污水再生利用 农田灌溉用水水质》(GB 20922—2007)规定的基本控制项目19项,选择控制项目9项,该标准适用于以城市污水厂出水为水源的农田灌溉用水。城市再生水农田灌溉水质控制指标的确定主要基于以下原则:一是采用达到该标准要求的城市再生水灌溉农田不会明显影响农作物的正常生长和产量;二是适时、适量灌溉不会对农产品、土壤肥力性状、理化性质及地下水造成不良影响;三是与国家城镇污水处理厂污染物排放标准和农田灌溉水质标准相衔接,并参考国内外标准中的控制指标;四是需考虑到不同作物对灌溉水质的要求。《农田灌溉水质标准》(GB 5084—2021)则适用于全国以地表水、地下水和处理后的养殖废水及以农产品为原料加工的工业废水作为水源的农田灌溉用水,其针对水作、旱作和蔬菜作物规定了16项基本控制项目和11项选择性控制项目。各标准中规定的基本控制指标项目必须检测,选择控制项目一般是对环境有较长期影响或毒性较大的污染物,根据农业用水质量和水环境质量要求选择控制。由清华大学、中国标准化研究院、中科院生态环境研究中心联合提交的《集中式水回用系统设计指南》《集中式水回用系统管理指南》和《再生水安全性评价指标与方法指南》等3项国际标准提案已于2015年4月通过了为期3个月的立项投票,成为我国水回用领域首次获得立项的ISO标准提案,实现了我国在水回用领域首次获得立项的ISO标准提案,实现了我国在水回用领域国际标准零的突破,也增强了我国在水回用领域相关企业与科研机构的国际竞争力[15]。

表1-5　我国再生水利用相关国家标准

标准名称	标准号	发布部门
城市污水再生利用 分类	GB/T 18919—2002	住建部
城市污水再生利用 城市杂用水水质	GB/T 18920—2020	住房和城乡建设部
城市污水再生利用 景观环境用水水质	GB/T 18921—2019	住房和城乡建设部
城市污水再生利用 地下水回灌水质	GB/T 19772—2005	住建部
城市污水再生利用 工业用水水质	GB/T 19923—2005	住建部
城市污水再生利用 农田灌溉用水水质	GB/T 20922—2007	住建部
城市污水再生利用 绿地灌溉水质	GB/T 25499—2010	住房和城乡建设部
城镇污水再生利用工程设计规范	GB 50335—2016	住房和城乡建设部
建筑中水设计标准	GB 50336—2018	住房和城乡建设部
农田灌溉水质标准	GB 5084—2021	生态环境部
城市污水再生回灌农田安全技术规范	GB/T 22103—2008	农业农村部
水资源规划规范	GB/T 51051—2014	住房和城乡建设部
中水再生利用装置	GB/T 29153—2012	国家质量监督检验检疫总局、国家标准化管理委员会
水回用导则 再生水厂水质管理	GB/T 41016—2021	国家市场监督管理总局、国家标准化管理委员会
水回用导则 污水再生处理技术与工艺评价方法	GB/T 41017—2021	国家市场监督管理总局、国家标准化管理委员会
水回用导则 再生水分级	GB/T 41018—2021	国家市场监督管理总局、国家标准化管理委员会
水回用导则 再生水利用效益评价	GB/T 42247—2022	国家市场监督管理总局、国家标准化管理委员会

各省(市)有关再生水利用的相关标准见表1-6。标准中规定了农业利用再生水灌溉规划、设计的基本原则、要求和方法以及再生水灌区监测与管理,还涉及再生水厂设计、施工、运行和管理以及其他利用途径的规范与指南,如适用于北京地区农业利用再生水灌溉新建、改扩建工程的规划、设计与管理的《再生水农业灌溉技术导则》(DB11/T 740—2010);新乡市地方标准《再生水高效利用农田灌溉技术规范》(DB4107/T 463—2020)规定了根据再生水水质和水量、植物、气象、水文地质等基本资料,以安全利用为目的,对再生水灌区进行适宜性区域划分,并为了防止再生水灌溉对地表水源、地下水源以及公众健康等产生影响而设置缓冲区域。要求有条件的地区宜优先选用再生水作为灌溉水源,并依据相关标准建立再生水水质、灌区排水水质、地下水水质、土壤质量和农产品质量监测体系与评价制度。推荐宜采用地面灌、滴灌等灌溉方式,人员稀少时可采用喷灌或微

喷灌。

表 1-6　各省(市)有关再生水利用的相关标准

标准名称	标准号	发布省(市、区)
再生水热泵系统工程技术规范	DB11/T 1254—2022	北京
城镇再生水厂恶臭污染治理工程技术导则	DB11/T 1755—2020	
安全生产等级评定技术规范 第 65 部分:城镇污水处理厂(再生水厂)	DB11/T 1322.65—2019	
再生水灌溉绿地技术规范	DB11/T 672—2009	
再生水农业灌溉技术导则	DB11/T 740—2010	
再生水利用指南 第 1 部分:工业	DB11/T 1767—2020	
再生水利用指南 第 2 部分:空调冷却	DB11/T 1767.2—2022	
再生水利用指南 第 3 部分:市政杂用	DB11/T 1767.3—2022	
再生水利用指南 第 4 部分:景观环境	DB11/T 1767.4—2021	
地下再生水厂运行及安全管理规范	DB11/T 1818—2021	
生态再生水厂评价指标体系	DB11/T 1658—2019	
城镇再生水供水服务管理规范	DB12/T 470—2020	天津
天津市再生水设计标准	DB/T29-167—2019	
天津市再生水厂工程设计、施工及验收规范	DB/T29-235—2015	
天津市再生水管道工程技术规程	DB29-232—2015	
天津市二次供水工程技术标准	DB29-69—2018	
天津市再生水管网运行、维护及安全技术规程	DB29-225—2014	
天津市城镇再生水厂运行、维护及安全技术规程	DB/T29-194—2018	
太原市城市污水再生利用 总则	DB14/T 1102—2015	太原
太原市城市污水再生利用 城市杂用水水质	DB14/T 1103—2015	
太原市绿色经济园区再生水利用技术要求	DB14/T 505—2008	
城市生活污水再生利用设施运营管理规范	DB53/T 435—2012	云南
城市再生水管网工程技术标准	DB34/T 4290—2022	安徽
城市再生水厂工程技术标准	DB34/T 4291—2022	
再生水灌溉绿地技术规范	DB62/T 2573—2015	甘肃
再生水灌溉工程技术规范	DB13/T 2691—2018	河北
再生水灌溉工程技术规范	DB15/T 1092—2017	内蒙古
再生水高效利用农田灌溉技术规范	DB4107/T 463—2020	新乡

此外，为了发展循环经济，大力推进节能降耗，提高水资源高效利用和循环利用，促进再生水资源的合理、高效开发与利用，不同行业和团体也制定了一些再生水利用相关的标准和指南（见表 1-7），适用于地下水回灌、工业、农业、林业、牧业、城市非饮用水、景观环境用水中使用的再生水以及再生水处理、评价与管理等。

表 1-7　我国再生水利用行业/团体标准

标准名称	标准号	发布时间（年-月-日）	归口部门
再生水用于景观水体的水质标准	CJ/T 95—2000	2000-01-10	建设部
再生水水质标准	SL 368—2006	2007-03-01	水利部
循环冷却水用再生水水质标准	HG/T 3923—2007	2007-04-13	国家发展和改革委员会
城镇污水再生利用技术指南（试行）	—	2012-12-28	住房和城乡建设部
火力发电厂再生水深度处理设计规范	DL/T 5483—2013	2013-11-28	国家能源局
城镇污水再生利用设施运行、维护及安全技术规程	CJJ 252—2016	2016-11-15	住房和城乡建设部
城镇再生水利用规划编制指南	SL 760—2018	2018-06-01	水利部
再生水利用效益评价指南	T/CSES 01—2019	2019-07-15	中国环境科学学会
水回用指南 再生水分级与标识	T/CSES 07—2020	2020-07-14	中国环境科学学会
水回用指南 污水再生处理反渗透系统运行管理	T/CSES 10—2020	2020-10-10	中国环境科学学会
水回用指南 再生水中药品和个人护理品类微量污染物处理技术	T/CSES 42—2021	2021-12-22	中国环境科学学会
工业污水再生利用导则	T/CSES 92—2023	2023-03-30	中国环境科学学会
工业污水处理与回用工程运行维护管理规范	T/CIECCPA 006—2020	2020-12-31	中国工业节能与清洁生产协会
城镇污水再生利用 绿地灌溉水质	T/CECA-G 0222—2023	2023-02-23	中国节能协会

目前，我国已有的再生水利用水质标准生物学指标体系还不够健全，缺少科学依据。为确保再生水高效配置和保障再生水用水安全，不仅需要逐步完善再生水运行维护相关的标准规范，而且各行业、团体和地方也根据自身用水需求对具体水质指标提出了更高要求和检测标准。围绕再生水水质管理目标、水质管理措施、水质监控与报告和水质管理制度等方面提出了再生水水质管理内容和要求，但仍需要更多关注再生水化学稳定性、生物稳定性和微（痕）量有毒、有害污染物等水质安全指标，尤其是生物风险因子识别与风险分析、产生危害的关键控制点及关键限值。

1.3 再生水中生物污染物

水体生物污染是由生物有机体的存在引起的,如细菌、藻类、原生动物和病毒等,其每一种都会在水中引起不同的问题[16]。污水再生利用是缓解供水紧张和水环境问题的有效途径之一,也是保障水资源可持续利用的重大需求。然而,尽管经过一定的处理,再生水中仍可能存在高含量的生物污染物,给再生水回用带来高风险,与再生水有关的生物污染问题可能会阻碍其用于农业灌溉及其他利用途径。

1.3.1 病原微生物

表1-8中列举了原污水中可能存在的病原微生物及其在污水中的浓度范围,包括细菌、病毒、致病原虫(寄生虫)等[17]。

表1-8 原污水中存在的病原微生物及其浓度范围

病原微生物		引起的疾病	原污水中浓度/(个/L)
细菌	大肠杆菌	急性肠胃炎、腹泻	$10^{5}\sim10^{10}$
	肠球菌	败血症	$10^{6}\sim10^{7}$
	产气荚膜梭菌	人类气性坏疽、动物坏死性肠炎	$10^{4}\sim10^{6}$
	弯曲杆菌	腹泻	$<1\sim10^{5}$
	沙门氏菌	胃肠炎、伤寒和副伤寒	$<1\sim10^{6}$
	志贺氏杆菌	腹泻、肠胃胀气、痢疾	$<1\sim10^{4}$
	霍乱弧菌	霍乱	$<1\sim10^{6}$
病毒	腺病毒	胃肠炎、呼吸道和眼部感染	$<1\sim10^{4}$
	诺如病毒	腹泻	$<1\sim10^{6}$
	肠道病毒	乏力、器官受损	$<1\sim10^{6}$
	轮状病毒	腹泻	$<1\sim10^{5}$
	大肠杆菌噬菌体	肠胃炎	$<1\sim10^{9}$
	F-RNA噬菌体	肠道疾病	$<1\sim10^{7}$
原生动物	隐孢子虫	腹泻	$<1\sim10^{5}$
	痢疾内变形虫	阿米巴痢疾	$<1\sim10^{2}$
	梨形鞭毛虫	腹泻	$<1\sim10^{5}$
寄生虫	蛔虫	蛔虫病	$<1\sim10^{3}$
	鞭虫	腹泻、便血	$<1\sim10^{3}$

1.3.1.1 细菌

污水再生利用的关键是水质安全保障和风险控制。污水中含有多种有害和无害成分,如果处理不当,排放或再利用可导致严重的公共卫生影响,比如传染病的暴发以及急性和慢性毒性事件的发生。病原微生物是污水再生利用的主要健康风险来源,由病原微生物引发的生物风险感染概率高、致害剂量低、显效时间短且危害程度大[18]。微生物风险控制是再生水生物风险研究的重点关注对象。目前,我国现行污水及再生水相关标准中对于微生物风险的描述和控制,仅以卫生指示菌作为微生物指标无法全面反映再生水的生物风险[19]。史亮亮等[20]基于微生物定量风险评价(QMRA)方法,以年感染风险 10^{-4} 作为公众最大可容忍风险,计算了我国再生水中大肠杆菌、沙门氏菌、隐孢子虫和贾第鞭毛虫 4 种常见病原微生物在 4 种主要使用用途下的基准浓度。城市污水二级出水中的粪大肠菌群的浓度为 10~100 MPN/mL,沙门氏菌的浓度为 300~3 000 CFU/L,隐孢子虫浓度为 0.02~50 卵囊/L,贾第鞭毛虫为 0.1~1 000 包囊/L,肠道病毒为 0.01~1 000 个/L[21]。在污水处理过程中,由于混合、飞溅、曝气及其他过程,生物气溶胶会释放出来,并可能影响特别是在封闭和通风不良空间的人员。与二级处理和三级处理相比,一级处理(粗机械处理和精细机械处理)中观察到的微生物水平更高,结果还受到环境条件(温度、相对湿度)和季节的影响[22]。暴露于再生水气溶胶中的军团菌会带来健康风险,应制定可行的军团菌控制策略和排放限值[23]。污水处理厂检测到分布广泛的条件致病菌属 *Colinsella*、*Dermatophilus*、*Enterobacter*、*Escherichia-Shigella*、*Legionella*、*Selenomonas*、*Xanthobacter*、*Veillonella*,风险评估表明吸入是气溶胶的主要暴露途径[24]。再生水氯化处理后肠球菌、沙门氏菌等病原菌再生会对其回用过程的公共卫生安全造成威胁[25]。进水和产生飞溅、冒泡和喷洒的污水处理过程被认为是工人暴露的潜在风险,中等风险也可能与具有致敏性和/或炎症特性的细菌种类的存在有关[26]。在丹麦 14 家污水处理厂的再生水中检测到多种高丰度的弓形菌属,其中包括人类致病性嗜冷弓形菌和布氏弓形菌[27]。铜绿假单胞菌、鼠伤寒沙门氏菌、霍乱弧菌、肠杆菌、军团菌、大肠杆菌、志贺氏菌等细菌可以传播水源性疾病和人类急性疾病,这些微生物可能从城市污水管网、养殖场或医院释放到环境中,并通过公共供水系统进入食物链[28]。再生水中存在多种粪指示菌、异养细菌、条件致病菌(如军团菌、气单胞菌)、自由生活阿米巴原虫及多种病毒(人腺病毒、多瘤病毒、诺如病毒和戊型肝炎病毒)[29]。再生水中通常含有足够的有机物、氮和磷来支持微生物的生长。军团菌与磷、氨含量呈正相关,表明营养物对再生水系统中军团菌的发生率起到了重要作用[30]。再生水中发现的病原菌主要来源于肠道,可通过受感染宿主粪便进入环境,处理后排放入水体或土壤。这些病原菌经水传播感染的风险可能取决于病原菌数量和分布、感染剂量、暴露人群的易感性、与污染水体接触的概率等一系列因素[31]。

1.3.1.2 原生动物

肠道原生动物是单细胞真核生物,属于专性寄生虫。再生水中常见的原生动物病原包括溶组织内阿米巴虫、贾第鞭毛虫、隐孢子虫以及蠕虫(绦虫、蛔虫、鞭虫和钩虫)等。水质和卫生与土壤传播的寄生虫感染流行和控制有着密不可分的联系,隐孢子虫和贾第鞭毛虫是严重危害水质的两种典型致病性原生动物。2006 年,国际标准化组织提出了“水质-水中隐孢子虫卵囊和贾第鞭毛虫囊孢的分离和鉴定”的标准方法,用于检测这两种原生动物。Zhang 等[32]建立的优化方法检测再生水中的隐孢子虫和贾第鞭毛虫检出率高、水质适应性强和稳定性好。上海某污水处理厂出水和受纳水体中均检测到隐孢子虫和贾第鞭毛虫，表明水源存在一定的生物安全风险[33]。消毒后的再生水中仍含有传染性的隐孢子虫，平均7个卵/L[34]。另一项研究报道，原污水中贾第鞭毛虫检出率达90%，而再生水中卵囊和粪大肠菌群均未检出[35]。硫酸还原梭菌和大肠杆菌可作为替代指标监测再生水中隐孢子虫卵[36]。美国西南部7个再生水处理厂的调查结果显示，贾第鞭毛虫比隐孢子虫感染风险高1~2个数量级，同时使用氯处理和紫外线消毒卵囊的综合风险符合每年可接受的风险1.0^{-4}[37]。贾第鞭毛虫、隐孢子虫、环孢子虫、弓形虫和阿米巴虫仅在原污水中检出，而经消毒的再生水中均未检出，但仍需改进检测方法并确定相应的污染源[38]。再生水中隐孢子虫和贾第鞭毛虫含量分别在0.088~28.5个/L和0.4~349个/L，卵囊和囊孢含量呈显著正相关。这两种原虫的高流行率和相关性不仅是由于其感染剂量低，而且还可能造成免疫缺陷人群和普通牲畜共同感染。在大多数国家和地区，污水厂进水和河流中卵囊的浓度在炎热季节高于寒冷季节[39]。值得注意的是，再生水中鉴定出10种隐孢子虫，一、二级处理后的卵囊去除率未降低，隐孢子虫卵囊在冬季和春季的感染强度高于夏季和秋季[40]。蛔虫是一种主要的土壤传播蠕虫，对人类具有高度传染性，其卵能够在污水处理中存活，从而使其成为有效水处理的卫生指示生物。因此，为了安全使用再生水，必须从污水中去除蛔虫卵。研究人员开发了一种快速、高度特异性、灵敏性和经济的重组酶聚合酶扩增方法来检测蠕虫卵[41]。Mahvi等[42]研究发现原污水中含有更多种类的蠕虫卵以及更高的虫卵总数，处理后再生水中虫卵数降至≤1个卵/L。

1.3.1.3　病毒

由于包括高度稳定的病原体，且可以抵抗传统的污水处理过程，病毒成为一个值得重点关注的群体。尽管脱离宿主的病毒不能进行增殖，但其在污水系统中仍可长期存活并保持传染性。介水病毒的传播主要取决以下方面：①病毒进入污水处理系统；②管道传输中与终端排放污染其他水体；③在系统内分散和灭活。当病毒颗粒以聚集状态存在或附着于泥沙、黏土矿物表面会增加其存活率，但暴露在高温环境中的病毒极易被灭活[43]。再生水中检测到的肠道病毒，包括呼肠孤病毒、星状病毒、轮状病毒、诺如病毒、腺病毒、甲型肝炎病毒和肠道病毒等。污水处理中的大多数微生物学研究都是针对生物指示生物，如粪大肠菌群，以间接反映肠道细菌和病毒的存在，但有研究表明污水中粪大肠菌群与病毒的发生无相关性[44]。再生水中病毒样颗粒的含量是饮用水的1 000倍，每毫升约有10^8个VLPs。再生水和饮用水中的DNA病毒群落均以噬菌体为主，但根据噬菌体家族的分布和宿主代表性，再生水具有不同的噬菌体群落。再生水病毒宏基因组中未检出已知的人类病原体，包括大量与植物、动物和昆虫病毒相关的新型单链DNA和RNA病毒[45]。美国环境保护署正在考虑将体内和F+噬菌体作为再生水管理的病毒指标[46]。以10^{-4}/年为病毒感染可接受个人年风险，再生水回用于城市绿化、道路降尘、景观用水、家用绿化以及冲洗厕所途径时，腺病毒对暴露人群均存在健康风险且对职业人员的一次受感染风险Pi略高于非职业人员[47]。辣椒轻斑驳病毒在原污水和再生水中均普遍存在，病毒减少的季节性不明显；与其他人类肠道病毒相比，爱知病毒的丰度更高，并且处理过程中减少的程度更低[48]。张崇芹等[49]基于剂量-反应模型进行风险评价，指出再生水中腺病毒对职业和非职业人员暴露均具有一定的健康风险。有研究表明，氯处理的再生水用于农田灌溉和地下水回灌可降低肠道病毒的感染风险[50]。冬季在再生水中观察到更高的诺如病毒载量[51]。新冠病毒是一种较易于被氯灭活的病毒。在水中,新冠病毒对自由氯的耐受能力低于同为包膜病毒的 H5N1 病毒和脊髓灰质炎病毒 I 型,也低于多种非包膜病毒(埃科病毒 E1、人类轮状病毒、埃科病毒 E12 和柯萨奇病毒 B5)。有研究表明,在去离子水中,投加 5 mg/L 自由氯 5 min 即可使新冠病毒达到 99.9%的灭活率,但在污水中,为达到同样的灭活率,反应时间需延长至 60 min[52]。COVID-19 在污水中可存在数天,主要通过水传播和雾化途径导致潜在的健康风险。传统的废水处理只能部分去除病毒,因此安全处置或再利用将取决于最终消毒的效果[53]。

1.3.2　抗生素抗性菌及其抗性基因

抗菌剂,即抗生素、抗病毒药物、抗真菌药和抗寄生虫药,是广泛用于预防和治疗人类、水产养殖、牲畜和作物生产中感染的物质。联合国环境规划署于 2023 年发布了旗舰报告《防范超级细菌:加强“同一个健康”应对抗菌素耐药性的环境行动》。当细菌、病毒、寄生虫或真菌等微生物对它们以前易感的抗微生物治疗产生耐药性时,就会产生抗微生物药物耐药性。世界卫生组织将抗生素耐药性列为全球健康的十大威胁之一。世界卫生组织称包括抗生素在内的药品及其代谢产物可以通过多种途径进入环境,涉及生产场所、来自家庭和医院的未经处理废水、污水处理厂、城市废物、畜牧业、污水污泥和水产养殖。联合国环境规划署的报告指出,世界各地的人们在不知不觉中暴露在含有抗生素的水体中,这可能引发耐药病原体的增加,并可能引发另一场全球大流行。在全球范围内,对抗生素耐药性构成的威胁没有给予足够的关注。2019 年,抗生素耐药感染与近 500 万人的死亡有关。报告发现,如果不立即采取行动,到 2050 年,这些感染每年可能导致多达 1 000 万人死亡。世界卫生组织与联合国粮食及农业组织、世界动物卫生组织和环境署合作,制定了抗微生物药物耐药性合作战略框架。通过《抗微生物药物耐药性联合行动计划》,到 2050 年,每年可以避免数百万人死亡。

抗生素作为一类新污染物,广泛存在于各种环境介质及生物体中,长期暴露于抗生素环境会对人体健康、生态环境产生一定的潜在威胁。农村污水处理设施进水和出水中均检出不同程度的抗生素,浓度范围分别在 ND~417.57 ng/L 和 ND~253.68 ng/L,其中土霉素浓度最高,其次是氧氟沙星。农村污水处理设施对目标抗生素的去除率较低,生态风险评估表明氧氟沙星是处理后污水中的高风险污染物[54]。再生水中抗生素表现出高检出率,其中喹诺酮类抗生素和氧氟沙星普遍存在[55]。除抗生素本身造成的化学污染外,抗生素的使用还可能诱发抗生素耐药菌和抗生素抗性基因的产生,对人类和动物构成健康风险。抗生素抗性基因污染属于生物污染,而生物污染具有爆发性的特征,会引发一系列公共安全事件。抗性基因是生物学传播,与化学污染物存在很大不同,生物污染物没有总量的概念。抗生素抗性细菌(antibiotic resistant bacteria, ARB)和抗生素耐药基因(antibiotic resistance genes, ARGs)的存在可能会增加人们对再生水回用的担忧。Pruden 等[56]于 2006 年首次提出将抗生素抗性基因作为一种新型环境污染物,逐渐引起全球科学家和公众的高度关注。联合国环境规划署将 ARB 和 ARGs 视为微生物新污染物。再生水回用过程中耐药菌的出现对公共卫生构成了新的威胁。相对于抗生素敏感的大肠杆菌,四环素耐药大肠杆菌对紫外线有相同的耐受性,并且可能对氯有更高的耐受性,对再生水进行氯化处理可能会增加四环素耐药大肠杆菌的选择风险[57]。污水处理过程中抗生素和抗真菌药物残留量存在季节和地域差异,旱季显著高于雨季,在空间上东北低于西北和东南[58]。污水处理厂进水和出水中均不同程度检出磺胺甲恶唑、红霉素、四环素和卡马西平等抗生素,以及多种红霉素抗性基因[59]。再生水通过分配系统后,检测到范围更广的 ARGs,氯处理可减少再生水中 16S rRNA 和 *sul*2 基因的拷贝数,强调需要考虑细菌再生和使用对整体水质的重要性,研究揭示了再生水可能是 ARGs 的重要储库[60]。再生水工业回用过程促进了总异养细菌的增殖,从而提高了抗性菌的浓度[61]。有研究表明,游离态 ARGs 与细胞态 ARGs 共存于污水处理系统的各个阶段废水中,细胞态 *sul*2、*tetC*、*blaPSE*-1 和 *ermB* 的相对丰度和绝对丰度均远高于游离态[62]。临床相关 ARGs 在环境中发生的增加以及环境细菌和人类病原体之间耐药性水平传播的证据表明了环境抗性组(宏基因组中耐药基因的集合)的重要性,基于组群分析发现抗性基因和移动基因之间存在相当多的共定位,并且存在涉及人类细菌病原体的大量水平抗性转移[63]。15 个不同城市再生水中抗生素浓度范围为 212~4 035 ng/L,抗生素及抗生素抗性基因(ARGs)分布都表现出了一定的地区差异,北方地区再生水中抗性基因的绝对量均高于南方地区,再生水中磺胺类抗性基因 *sul*1 和 *sul*2 丰度最高[64]。通过基因水平转移(HGT)抗性基因可传递到某些致病菌中,反之毒力基因也可传递到抗性菌中,促进了抗性致病菌的出现。85.7%的再生水中存在人源微生物污染风险,并从中共分离到多株耐药大肠杆菌[65]。再生水补给景观水体中磺胺类 ARGs 占主导,并且磺胺类 ARGs 与粪大肠菌群和大肠杆菌间存在显著相关性[66]。磺胺甲恶唑、甲氧苄氨嘧啶和磺胺嘧啶是再生水补给河流中前三种丰富的抗生素,再生水补给导致磺胺类抗性基因和 *intI*1 丰度增加[67]。尽管污水处理厂出水中 ARGs 的绝对丰度显著降低,但相对丰度并未降低,再生水长期排放导致受纳水域碳青霉烯酶基因分布广泛[68]。另一项研究提出再生水不是河流中抗生素及其抗性基因的主要来源,再生水和地表水中主要的 ARGs 为 *sul*1、*sul*2 和 *ermB*,通过加氯处理、臭氧处理和过滤过程中抗生素及其抗性基因水平增加[69]。消毒前后的污水处理厂出水中耐药菌含量没有显著差异,包括气单胞菌、大肠杆菌、假单胞菌、不动杆菌等[70]。Garner 等[71]综述了再生水中 ARB 和 ARGs 的最佳实践和监测目标,旨在更好地支持以再生水利用和抗生素耐药性为重点的定量微生物风险评估。除抗生素耐药性外,抗生素、杀菌剂和金属抗性的共同选择也日益受到关注[72]。尽管医院废水被认为是耐药细菌和抗生素基因的热点,但宏基因组研究揭示社区流入大量非医院来源的 ARGs,宿主携带的 ARGs、杀菌剂、金属抗性基因的数量之间存在很强的相关性[73]。污水处理过程产生的生物气溶胶也可能是抗生素耐药基因的重要来源,这些基因可以传播相当远的距离,并可能对暴露人群构成潜在风险[74]。

1.3.3 杀菌剂及其抗性基因

抗菌剂是用来杀死或抑制病原体生长的药物,包括抗生素、杀菌剂、抗病毒药物、杀寄生虫剂,以及一些消毒剂、防腐剂和天然产品。European Parliament and Council 提出杀菌剂的使用是为了"通过化学或生物手段摧毁、阻止、使其无害、防止其活动或以其他方式对任何有害生物体施加控制作用"[75]。由于水体中杀菌剂来源广泛,很难对其追踪溯源。

Bollmann 等[76]研究了天气条件和降雨事件对杀菌剂的贡献,发现在干燥天气和降雨条件下处理不当会导致污水中出现杀菌剂。多菌灵在污水处理厂进水和出水中的浓度分别为110~920 ng/L 和 50~980 ng/L[77]。城市供水系统中存在氯菊酯和多菌灵,其在毫克范围内对水生生物有毒性效应[78]。Kahle 等[79]研究了污水处理厂和湖泊中农用唑类杀菌剂的迁移归趋,发现丙环康唑和戊康唑 2 种杀菌剂在进水和出水中浓度分别为 1~30 ng/L 和 1~40 ng/L,来自农业或城市径流的雨水导致湖泊中杀菌剂含量增加。污水处理厂出水中氯丙酸平均浓度最高为 1 010 ng/L,比其他杀菌剂高出 1~2 个数量级[80]。通过对比 NaClO、异噻唑啉酮、1227、XR-128 和氯锭 5 种杀菌剂发现,XR-128 具有良好的杀菌效果,NaClO 和 NaBr 具有良好的协同效应[81]。三氯卡班作为一种高效、广谱、安全的新型抗菌剂,由于其疏水性和化学稳定性,在陆地和水生环境中无处不在,其长期暴露对生态系统和人类健康造成了潜在的危害。直到 2005 年,三氯卡班的残留才被视为环境问题并引起公众关注。美国、中国和加拿大经处理后的污水中三氯卡班的最大残留量分别为 380 ng/L、227.7 ng/L 和 3.3 ng/L[82]。污水处理厂进水和出水中均含有一定量的三氯生,并且其与红霉素抗性基因呈显著相关性[83]。在污水处理厂等不同环境中暴露于抗生素、生物杀菌剂、化学防腐剂和重金属可能会施加选择性压力,导致多重耐药、共耐药和交叉耐药菌株的富集。污水厂中分离鉴定出潜在致病性的三氯生和氯二酚耐受细菌,并且在杀菌剂和选定抗生素之间具有协同作用和拮抗作用[84]。铜绿假单胞菌是一种条件致病菌,具有较高的内在抗性,研究发现再生水中铜绿假单胞菌多重耐药和杀菌剂-抗生素交叉耐药较临床环境发生率高[85]。污水处理过程中检测到细菌病原体中存在 ARGs/BRGs,其通过 MGE 介导的水平基因转移传播频率高,可能会带来潜在健康风险[86]。从污水处理厂分离出三氯生和苯扎氯胺抗性细菌,三氯生抗性细菌表现出更高的多重耐药性[87]。再生水中分离了芽孢杆菌属、类芽孢杆菌属、假单胞菌属、短芽孢杆菌属和肠球菌属等三氯生抗性细菌,高浓度三氯生会增加抗生素的耐药性[88]。采出水回用暴露导致土著细菌和模式细菌对常用杀菌剂戊二醛的耐受性增强,对杀菌剂次氯酸盐的敏感性增加,这种抗性的改变与水中含盐量有关[89]。从城市污水、医院废水和养殖废水中分离的两株肠球菌对甲醛、苯扎氯氨、三氯生和氯己定等杀菌剂的耐受性高,并携带与杀菌剂耐受性相关的基因 *qacA/B*、*qacED*1、*emeA*、*sigV* 和 *gasp*65[90]。对 11 座污水处理厂调查结果显示,季铵盐类化合物在污泥中含量最高,苯并三唑在进水和出水中最常见[91]。三氯生暴露诱导了嗜水气单胞菌和爱德华菌的可逆性和耐药性,减少三氯生的使用可以显著降低致病菌对杀菌剂的耐药性和交叉耐药性[92]。

1.3.4　蓝藻及其毒素基因

有害藻华(harmful algal blooms, HABs)已成为全球范围内严重的环境问题,其在许多方面造成严重的负面影响,如释放有毒化合物(蓝藻毒素)、产生天然有机污染物和恶臭化合物,还会影响饮用水供应和引起水体氧衰竭,并降低水的娱乐价值[93]。预防藻华是一个紧迫的世界性问题,减少营养物质是实现这一目标的关键。然而,由于点源和面源不断向水体输入养分,短期内很难实现这一目标。目前,防治 HABs 的方法大多为紧急消除,如硫酸铜、氯化、臭氧氧化、絮凝等。这些方法存在争议,因为可能会对非目标生物造成伤害,并随后释放细胞内毒素和恶臭化合物。此外,大多数方法的可操作性较差,因此在河流、湖泊、水库、近海水域等大规模水域应用时,效果往往较差。蓝藻菌群通常由鱼腥藻、微囊藻和浮丝藻等组成,它们可产生环七肽肝毒素和微囊藻毒素。肝毒性的发生比神经毒性更普遍,迄今为止,已有60多种表现出不同肝毒性的微囊藻毒素结构变体被描述。由于人类和动物毒理学研究结果显示微囊藻毒素对一些哺乳动物有不良影响,许多国家已开始监测原水来源和再生水中的蓝藻细胞密度和微囊藻毒素浓度[94]。产生毒素的蓝藻细菌种类不易确定,因为不同属的蓝藻细菌可能产生类似的微囊藻毒素变体。环境因素,如营养浓度、光照和温度,也可能影响细胞内微囊藻毒素的浓度[95]。城市污水处理厂稳定、营养丰富的环境易于蓝藻的增殖,但蓝藻会产生阻碍微过滤处理的胞外聚合物和毒素,从而影响处理过程和再生水的供应。污水生物处理阶段有利于微囊藻、假鱼腥藻、鞘丝藻、颤藻、丝藻、念珠藻、集胞藻、隐球藻、平裂藻和聚球藻等藻属的增殖[96]。有文献报道,污水处理厂中占优势的蓝藻种类为浮丝藻、微囊藻和假鱼腥藻,其可能是水体污染与蓝藻毒素的来源[97]。与蓝藻毒素产生调节有关的因素包括光照强度和暴露浓度、营养物质浓度、水温和分层,以及竞争生物产生的化感物质[98]。污水中的蓝藻毒素可能通过包括再生水农业和工业回用过程的吸入或排放到湿地和娱乐用水中对公众健康构成重大威胁。蓝藻毒素类型根据靶器官分为肝毒素、神经毒素和皮肤毒素,在世界各地的污水处理厂肝毒素存在更加普遍。最常见的微囊藻毒素属于肝毒素,是由五种氨基酸和一对可变氨基酸组成的单环七肽化合物,通过氨基酸取代和甲基化等方式,已经分离出了大约250种结构类似物[99]。有研究发现,在夏季降低水深、加快流速,可以降低再生水补给河道中浮游藻类的生长潜势[100]。再生水水质条件下铜绿微囊藻的生长潜力更大[101]。混凝-超滤处理后再生水中大多数污染物浓度均低于娱乐用水的回用标准,铜绿微囊藻的生长潜势随处理工艺的进程而降低,但低浓度可溶性磷有利于铜绿微囊藻的生长[102]。再生水回用于景观水体容易导致水华爆发的风险[103]。与氮相比,磷浓度的变化对于铜绿微囊藻和小球藻的生长影响更明显,建议严格控制再生水中的总磷浓度(<0.1 mg/L)[104]。Ao等[105]研究了3个再生水补给的池塘,发现再生水对补给水体富营养化有很强的影响。而另一项研究报道再生水补给并未引起富营养化风险[106]。水温、盐度、TN/TP等是影响再生水补水景观湖藻类群落结构的主要因素[107]。通过比较不同再生水工艺对景观水体富营养化的影响程度,表明控制水体富营养化需从加强水力条件和控制进水氮、磷含量等方面采取综合措施[108]。小球藻是以再生水为景观补水水体中的优势藻种[109]。持续再生水补给显著影响藻类生长和病原体风险[110]。不同浓度的氧化石墨烯会促进藻毒素基因的表达,产生更多的微囊藻毒素,同时也可能导致ARGs的扩散[111]。Humpage等[112]开发了一种不受污水中高有机负荷影响的微囊藻毒素检测方法。

1.4 再生水灌溉生物污染风险识别

联合国报告指出,至少有50个国家正在利用再生(污)水进行灌溉,每天约有1 500万 m^3 的再生水用于灌溉,占世界总可灌溉面积的10%[113]。再生水农业灌溉涉及的两个主要问题是环境和健康安全。国内外学者开展了多项研究和实践,以量化再生水农业利用可能对土壤环境、作物生长以及地表水和地下水资源造成环境污染和公众健康的风险。再生水利用对人类造成健康风险，主要与病原微生物、消毒副产物以及药品和个人护理品有关，再生水中的病原微生物主要来源于粪便污染以及自然水体中的气单胞菌和军团菌等[114]。再生水灌溉病原菌传播对人类构成的风险难以有效评估，主要取决于病原菌在环境中的存活能力、感染剂量和宿主免疫力[115]。Chhipi-Shrestha 等[116]调查研究并提出了用于各种非饮用城市用途的再生水的微生物水质推荐值，提议的推荐值是基于指示生物大肠杆菌。利用未经氯化处理的再生水灌溉的蔬菜中检出较高的粪便大肠菌群浓度[117]。地下水因污水灌溉而受到粪便污染，风险评估表明病毒感染的风险高，部分处理后的污水用于灌溉能源作物病原菌传播风险较低[118]。再生水中病原微生物风险采用定量微生物风险评估(quantitative microbial risk assessment, QMRA)[119]。定量微生物风险评估结果表明，再生水灌溉生食蔬菜和水果超过了因腺病毒和肠球菌引起的 0.015 基准发病率；作物中检测到 8 种不同的耐药基因，表明再生水灌溉的作物存在抗生素耐药菌[120]。再生水灌溉高峰期(春季和夏季)除分析腺病毒或诺如病毒外，还应关注再生水中病原菌在作物中的内化作用[121]。再生水进行灌溉可能导致作物受诺如病毒污染[122]。基于人类腺病毒和诺如病毒浓度的定量风险评估表明，用于灌溉蔬菜的再生水需要进行深度处理才可达到可接受的风险水平[123]。随着再生水应用的不断增加，其健康风险值得到关注。再生水中存活的蠕虫卵和幼虫需要引起公共卫生关切，尤其是在将未经处理或部分处理的污水用于农业和水产养殖的发展中国家。世界卫生组织的一项研究表明，在使用未经处理的污水灌溉土地的农民及其家庭中，蛔虫病、贾第鞭毛虫病和隐孢子虫病等胃肠道疾病的患病率很高[124]。再生水用于农业和娱乐用水以及部分城市实践中，原生动物感染的风险通常高于世界卫生组织定义的 10^{-4} 阈值[125]。WHO 建议可接受的微生物感染年化风险为每人每年 10^{-4}(pppy)，或可接受的伤残调整生命年(DALY)为 10^{-6}。假设每天通过生菜摄入 1.3 mL 再生水，隐孢子虫和贾第鞭毛虫感染的年化风险中位数分别为 2.0×10^{-4} 和 8.5×10^{-5}[126]。再生水灌溉公园和高尔夫球场的隐孢子虫感染风险不到 1/10 000，经过活性污泥法处理的再生水不会造成隐孢子虫病的过度风险[127]。有研究发现，隐孢子虫和贾第鞭毛虫偶尔可以在二级处理和三级处理的污水和滴灌番茄表面检测到[128]。再生水灌溉蔬菜中检出蛔虫、鞭虫和钩虫，肠道蠕虫在种植蔬菜中阳性比例高，可能对公众健康造成严重危害[129]。此外，还应关注再生水灌溉土壤中引入的植物病原体。尽管相关文献少有报道植物病原体通过再生水灌溉向土壤传播的风险，但人们已经认识到包括细菌、真菌、病毒及寄生虫等植物病原体可经水传播[130]。在灌溉系统中发现的植物病原菌包括棒状杆菌、欧文氏菌、丁香假单胞菌、青枯雷尔氏菌和黄单胞菌等[131]。

抗生素在污水、污泥以及再生水灌溉和污泥改良土壤、地表水和地下水及再生水受纳水体的沉积物中被广泛检出。由于 ARGs 属于新污染物，风险评估尚处于起步阶段，目前还没有关于安全水平的指导。再生水灌溉土壤中检测到高浓度的四环素类和喹诺酮类抗生素以及丰度较高的 *tetG*、*sul*1、*sul*2 和 *intI*1、*sul*2 和 *intI*1 克隆均与克雷伯氏菌、鲍曼不动杆菌、福氏志贺氏菌等致病菌具有高度同源性，可能引发潜在的公众健康问题[132]。再生水灌溉后 ARGs 水平不随时间变化，观察到 *sul*1 和 *sul*2 基因水平升高，并伴随存在致病性嗜肺军团菌[60]。再生水样中总肠球菌和耐万古霉素肠球菌检出率分别为 71%和 4%，紫外处理使再生水喷灌总肠球菌减少到未检出水平，灌区分离的粪肠球菌对奎奴普丁和达福普丁表现出内在抗性[133]。尽管抗生素耐药细菌和抗生素耐药基因日益受到关注，但作为新兴污染物，现有的再生水利用标准和指南未能充分解决这些问题[134]。再生水灌溉可能导致农业环境持续暴露于各种抗生素、抗生素耐药菌和耐药基因。有研究发现，再生水灌溉土壤中累积的抗生素浓度比灌溉水中高出数倍[135]。Grossberger 等[136]发现再生水灌溉土壤中磺胺甲恶唑浓度在 0.12~0.28 μg/kg。应结合基于培养和非培养方法分析，开展全面的田间规模和微观研究衡量 ARGs 和 MGEs 丰度与模式的影响，支撑建立通过再生水—农业—土壤—作物—人类途径进行抗性传播潜在风险评估的信息体系。抗生素在土壤中的生物转化和降解受其初始浓度、微生物活动、土壤中的氧状态、土壤类型和环境（湿度、温度、盐度、pH）、有机质和黏土含量以及抗生素的理化性质影响，降解产物（代谢物）的毒性可能累积的浓度更高，与母体化合物相比发挥更高的毒性作用[137]。再生水灌溉可能导致水中的 ARB 和 ARGs 持续释放到农业环境中，由于与人类相关的易感致病菌可能通过获得土壤环境中已有的耐药基因而具有耐药性对人类健康造成潜在风险[138]。另有研究指出，再生水长期灌溉较清水灌溉土壤中 ARB 和 ARGs 丰度一致或处于更低的水平[139]。

上述发现表明，再生水灌溉土壤中释放的抗生素耐药元素无法在土壤环境中竞争或生存，并且其对土壤细菌不会贡献显著的 ARGs，这证实了土壤微生物组中存在天然的抗生素耐药性。Wu 等[140]在再生水灌溉蔬菜组织（根、茎、叶和果实）中检测到磺胺甲恶唑和甲氧苄氨嘧啶。再生水灌溉萝卜和红薯中检测出磺胺甲恶唑（0.05~0.24 μg/kg），卷心菜和胡萝卜可食用组织中检测到环丙沙星（5~10 μg/kg）[141-142]。磺胺甲恶唑和甲氧苄氨嘧啶在果实中的浓度随再生水灌溉时间的延长而增加，第三年收获时达到最大值[143]。再生水喷灌小麦秸秆中氧氟沙星浓度更高，甲氧苄氨嘧啶仅在秸秆和籽粒表面检出，而磺胺甲恶唑富集在籽粒中[144]。有研究揭示了再生水灌溉条件下 ARB 和 ARGs 在植物中的内化作用[145-146]。再生水灌溉番茄中检测出多种磺胺类化合物，其中磺胺甲恶唑浓度最高，为 30 μg/kg，所有磺胺类药物均低于可接受的每日摄入量[147]。污水处理厂的总药物去除率在 23%~54%。根据风险比分析，阿替洛尔在夏季和冬季对鱼类具有较高的风险（风险商>10）[148]。关于生物杀菌剂的作用机制和耐药性的信息不断积累，防腐剂、消毒剂、杀菌剂等生物杀菌剂不像抗生素那样得到充分研究，细菌对生物杀菌剂和抗生素这两类抗菌化学物质采用了相同的主要耐药策略[149]。多菌灵、克里巴唑、克霉唑、对羟基苯甲酸甲酯、咪康唑、三氯卡班和三氯生在污水、地表水、沉积物和污泥改良土壤中检出低 ng/L 或 ng/g 水平[150]。污水处理厂污泥中富集广谱消毒剂季铵化合物使其在污泥农用过程中释放到农田环境，需要建立污泥固体吸附过程细菌交叉和共同抗性机制的联系，以确定其暴露水平和污染源[151]。

1.5 再生水水质风险控制技术

1.5.1 物理处理

基于传质策略的物理处理通常在生化处理之前,包括筛选、沉淀、曝气、热处理、吸附、膜处理等。再生水处理工艺包含多种微生物去除手段,其中物理手段包括膜过滤、紫外线,化学手段主要包括加氯消毒及臭氧消毒。再生水的微生物安全是管理与废水回收有关的潜在健康风险的最重要问题之一。好氧异养生物膜慢滤对污水处理厂二级出水中军团菌、铜绿假单胞菌和大肠杆菌有良好的去除效果,并且对颗粒黏附态条件致病菌具有更高的去除率。同时,紫外线处理对出水中军团菌的去除率更高,而次氯酸钠消毒主要作用于大肠杆菌[152]。适当延长过滤周期在一定程度上可以降低生物活性炭工艺出水中寄生虫及水蚤的丰度[153]。传统污水处理工艺对病毒的灭活率很低,一级处理过程对污水中病毒的影响较小[154]。活性污泥法对诺如病毒-GII 的去除效果高于诺如病毒-GI,MBR/RO 系统对病毒的去除效果最好[51]。超滤与混凝-沉淀是一种潜在的高效病毒去除方法,辣椒轻斑驳病毒经超滤后仍在水中普遍存在,混凝-沉淀处理也不能显著提高其去除率[155]。再生水反渗透产水中有机物浓度升高、种类增加,提出了基于新兴自由基氧化和新型光源利用等再生水超高标准处理技术[156]。Wu 等[157]揭示了由氯消毒引起的 RO 系统中潜在的 ARGs 风险,发现氯消毒后典型 ARGs 丰度增加,考虑到膜破损的可能性,ARGs 可能会污染渗透膜,带来更大的生物风险。纳滤作为一种深度处理工艺对大部分微量有机污染物有很好的截留效果,但对双酚 A 和卡马西平截留率较低[158]。吸附法是去除三氯卡班最常用的物理方法,但其受温度、pH 和溶解有机质等多种因素影响。采用活性炭或多壁碳纳米管观察了低温或溶解有机质对三氯卡班的低吸附特性,符合 Freundlich 模型[159-160]。

1.5.2 化学处理

化学处理通常是指在一系列反应中使用化学物质来促进废水消毒过程,通过添加特定的目标物质,使废水中存在的溶解污染物分离,包括离子交换、中和和沉淀以及氯化、紫外线和臭氧消毒处理。再生水紫外线和氯单独消毒处理对细菌总数、总大肠菌群和粪大肠菌群均有良好的去除效果[161]。臭氧化是有效去除有机微污染物和二级出水消毒的现有成熟技术之一,储存经臭氧处理过的再生水会促进潜在有害细菌的过度生长,从而影响再生水回用[162]。污水处理厂只要保持正常稳定运行,就能够有效降低污水中病毒的浓度,可阻断肠道病毒和呼吸道病毒通过污水处理厂出水进行传播。张宁等[163]建立的电化学处理器可以有效减少再生水中的微生物,防控再生水滴灌堵塞问题。有研究表明,再生水处理过程的多级屏障作用可以有效去除病毒,结合工艺控制可以保障出水安全[164]。目前,紫外线消毒已成为一项成熟的技术,在水处理中得到了广泛的应用。UV-C 辐射防治有害藻华的优点包括:①不含化学物质,因此消毒副产物的形成和对生态系统的负面影响的可能性较小;②UV-C 辐射设备结构简单,可安装在移动设备上,适用范围更大。Li

等[165]系统总结了 UV-C 辐射抑制有害藻华生长的效果、机理、影响因素、再生模式和设施等方面的研究进展，以期为进一步的研究和应用提供理论依据。50~200 mJ/cm^2 紫外线辐照(UV-C)处理可抑制再生水中铜绿微囊藻和小球藻生长，并且会对藻类造成膜损伤，藻类生长的抑制作用与 UV-C 剂量呈正相关[166]。有研究发现，UV-C 与小檗碱联合处理可在较低剂量条件下有效处理再生水中铜绿微囊藻和斜生栅藻[167]。过氧化氢可有效去除污水中的有害藻类[168]。30 mg/L 氯消毒可以去除 90%以上的 ARB 和 ARGs[169]。常规的紫外线消毒剂量不能有效控制再生水储存或运输过程中抗生素耐药菌的复活[170]。Guo 等[171]报道了氯化和紫外线消毒能显著降低 ARGs 丰度，但对 ARB 去除无显著贡献。3 mg/L 臭氧浓度使 ARB 和 ARGs 降低 90%以上[172]。零价铁因其具有强还原性被广泛用于强化污水处理过程，零价铁可有效灭活水中耐药菌，有利于降低 ARGs 丰度水平[173-174]。一体化膜工艺系统可以有效减少 ARGs、*intI*1 和 16S rRNA 基因，检测到的 ARGs 绝对丰度较原污水降低 2~3 个数量级，并且可有效去除潜在的多重耐药菌[175]。高级氧化处理技术，包括 TiO_2 光催化、UV/H_2O_2、Fenton 等不仅能高效去除污水中抗性菌和抗性基因，而且能有效控制抗性基因的传播[176]。杀菌剂的去除主要是由污水处理过程中污泥吸附和生物降解驱动的，紫外线处理下氯菊酯和多菌灵的去除率分别为 92%和 37%[77]。有文献报道，污水处理厂中杀菌剂的平均去除率通常低于 50%[80]。常规污水处理工艺对卵囊的去除效果有限[177]。污水处理对贾第鞭毛虫的去除效果优于隐孢子虫，再生水与污泥中均发现存活的卵囊[178]。紫外线、臭氧和电芬顿被认为是具有应用前景的有机污染物去除方法。紫外光解在 10 min 内的降解率为 99%，在模拟光照下 60 min 内的降解率为 33.6%[179]。光解在实际污水处理过程中应用受浑浊度限制，提高温度和臭氧浓度可以提高三氯卡班的降解率[180]。

1.5.3 生物处理

生物处理是利用不同的生物有机体或生物过程来消除污染物，生物处理因其比化学处理或物理处理更具成本效益而被广泛使用。生物处理通常是在二级处理或三级处理阶段，目的是通过生物降解去除污染物，协同代谢机制有利于微生物生长并促进污染物降解[181-182]。比较 MBR 系统和二氧化氯处理对军团菌的去除效果，发现 MBR 对军团菌有良好的处理效果，适用于再生水回用，同时提出需要对污水处理工艺的有效性进行评估，以防控可能发生的公众健康风险[183]。生物处理(AAO)降低了污水中粪大肠菌群数量，但对布氏弓形菌处理效果不佳，可能导致出水回用环境中病原菌数量和多样性增加[184]。活性污泥法是一种以活性污泥为主体的污水好氧生物处理技术。活性污泥法可以作为有效屏障去除污水中的肠道病毒(>3)[185]。与稳定塘处理废水相比，活性污泥法处理对蠕虫去除更有效且符合再生水回用标准[186]。膜生物反应器(MBR)具有高效的颗粒和微生物截留能力，已成为污水再生回用的重要技术途径。由于 MBR 停留时间较长，病原菌会在活性污泥中累积，因此在膜破损时可能对健康造成威胁。已有研究表明，膜的完整性对保持低水平的病原菌至关重要，并且需要建立多重屏障以保证出水的生物安全性[187]。A^2O 二级生物处理和人工湖近自然系统，能有效降低污水及再生水的生物毒性，而消毒副产物会使 MBR-消毒出水毒性增大，开放式的生态系统可进一步去除在污水处理过程中未被去除的遗传毒性物质[188]。污水生物处理过程中产生大量胞外抗生素抗性基因，序批式活性污泥反应器启动期产生大量胞外抗性基因，游离型胞外抗性基因增加倍数和持续时间高于结合型，稳定运行后抗性基因丰度显著降低[189]。与膜生物反应器（MBR）相比，传统的活性污泥（CAS）工艺去除病原微生物和抗生素抗性基因（ARGs）的能力有限[190]。吸附和生物降解是抗生素的两种主要去除途径。吸附是四环素类、氟喹诺酮类和大环内酯类抗生素去除的主要机制，而磺胺类和β-内酰胺类抗生素的去除机制主要是生物降解。此外，微生物共代谢过程有助于抗生素的生物降解[191]。曝气生物滤池对磺胺类抗生素及其代谢物有良好的去除效果[192]。AAO+AAO+MBR 系统对大多数抗生素具有较好的去除效果，提高了抗生素的吸附和生物降解能力。由于微生物活性随温度升高而升高，夏季的抗生素去除率比冬季提高了 25%～141%[193]。Munir 等[194]也报道了 MBR 对 ARB 和 ARGs 的去除效率显著优于传统的活性污泥法。MBR 处理有利于与三氯生相关耐药基因的去除，而 CAS 出水含有与具有临床重要性的抗生素相关的 ARGs[86]。污水厂消除 ARGs 的三级处理技术包括基于化学工艺的氯化、臭氧化、紫外线和高级氧化技术，吸附、分类等物理工艺，以及人工湿地、膜生物反应器和土地渗滤系统等生物工艺[195]。人工湿地常被用于污水处理厂二级出水的深度处理，湿地类型、基质及植被种类、太阳辐照程度、温度、水力负荷及水力停留时间等因素均会影响 ARGs 的去除效果。与污水处理厂紫外线消毒和曝气生物滤池工艺相比，水平潜流人工湿地可降低 ARGs 1～3 个数量级[196]。有研究表明，潜流人工湿地对 ARGs 的去除率优于表面流人工湿地[197]。最常用的生物处理（传统活性污泥法、膜生物反应器、移动床生物膜生物反应器）通常不能有效地去除废水中的抗生素。因此，在常规生物工艺的下游应用昂贵的高级处理工艺（膜过滤，如反渗透；活性炭吸附；活性氧化工艺，如臭氧化、芬顿氧化或超声波分解）和消毒（紫外线照射），以显著提高抗生素去除效率[198-199]。在降低环境风险方面，真菌反应器比传统活性污泥对有害化合物（抗生素类和精神类药物）的去除效果更好，可以作为传统处理技术消除污水中药物的替代方案[200]。三氯生对铜绿微囊藻细胞的超微结构有破坏作用，而铜绿微囊藻可以通过甲基化对三氯生进行生物转化，并且促进三氯生的光降解[201]。Ho 等[202]通过生物砂滤处理和静态间歇式反应器研究了微囊藻毒素在污水中的生物降解潜力，结果表明，污水中土著微生物可有效去除微囊藻毒素，且未检出毒素降解后的肝毒性副产物。与化学方法相比，生物转化或降解三氯卡班具有相对较高的效率、成本效益和环境友好性。对微生物而言，在温和的条件下通过特定的代谢或共代谢转化微污染物。然而，不同来源的微生物在好氧或厌氧条件下具有不同的生物转化能力。污水处理厂中好氧活性污泥对三氯卡班的去除有一定的促进作用。活性污泥法的硝化和反硝化过程中三氯卡班去除率达到 18%，但在硝化条件下 171 h 内未检测到转化产物[203]。从河流沉积物和污水处理厂分离到多株三氯卡班降解菌：*Sphingomonas* sp. 和 *Ochrobactrum* sp.[204-205]。污水处理厂对三氯卡班的去除率在 11.4%～97%，约 3%随污水排出，约 21%的被降解，76%～79%以固相形式随污泥排出[206]。

1.5.4　组合处理

组合处理是利用两种或多种处理技术形成的复合处理体系，通过物理、化学和生物作用实现水质净化目标,在处理效率和节能方面具有可持续性和稳定性。姜晓华等[207]针对北京市某再生水厂微滤-反渗透(MF-RO)工艺,以粪大肠菌超标作为危害控制目标,确定了工艺进水水质、微滤、反渗透、清水池等4个关键控制点。MBR-纳滤组合系统用于污水再生回用,总大肠菌群、耐热大肠菌群、大肠埃希氏菌均未检出[208]。MBR-反渗透组合工艺处理生活污水符合《生活饮用水卫生标准》(GB 5749—2022),表明该组合工艺生产直接饮用再生水是可行的[209]。纳米铁复合材料与人工湿地协同可强化再生水中消毒产物的去除效能[210]。A^2O-超滤膜过滤-活性炭吸附-氯消毒深度处理工艺没有有效减低铜绿微囊藻的生长潜力,难以减小水华风险[101]。高呈[211]研究了过硫酸盐及其纳米铁和超声与超滤组合工艺对二级出水中ARGs和有机污染物的去除效果和影响因素,发现三种活化方式可以有效改善超滤对ARGs和有机物的去除效果,降低再生水回用的安全风险。采用人工湿地与臭氧联合处理技术深度净化污水厂尾水,可以防止以再生水为补水水源的景观湖水发生富营养化[212]。曝气生物滤池+臭氧深度处理的再生水经由粒状氢氧化铁+岸滤处理系统可有效控制再生水补给湖体富营养化的发生[213]。Tang等[214]采用浸没-煅烧法制备了滤膜状碳布固定化$Fe_2O_3/g-C_3N_4$光催化剂,过氧二硫酸盐耦合光催化系统可产生高能活性物质(OH、SO_4^-、h^+、O_2^-和$^1O_2$),可见光照射下在静态和连续流动过程中均表现出优异的四环素降解性能。采用高级氧化预处理可降低ARGs潜在宿主的相对丰度,降低后续生物处理ARGs传播的潜在风险。Bailey等[215]提出了成本更低、操作维护更简单的物理、化学和生物多重屏障的再生水处理方法,NC2型再生水回用系统由三级处理组成,包括紫外线辐射和氯化消毒过程,细菌、病毒和寄生虫均有显著降低。针对再生水新兴微量有机污染物风险控制需求,瑞士、美国等提出了多级屏障再生水处理工艺,如反渗透-化学氧化深度处理、介质过滤-臭氧-活性炭联用、反渗透-紫外联合工艺[216]。紫外线-氯联合消毒工艺可有效提高再生水消毒效果,并控制消毒副产物生成量[217]。臭氧/次氯酸钠组合工艺较单独消毒方式的再生水中总大肠菌群和粪大肠菌群更低[218]。复合人工湿地系统可有效去除类固醇激素和杀菌剂[219]。采用"MBR+臭氧高级氧化+活性炭滤池"工艺保障高品质再生水回用的要求[220]。好氧异养生物膜慢滤-纳滤(NF)组合工艺可以有效去除二级出水中的ARGs和溶解性有机物[221]。采用生物粉末活性炭-超滤组合工艺,通过生物降解和吸附作用对再生水中ARGs有较好的去除效果[222]。

参考文献

[1] Hardy D, Cubillo F, Han M, et al. Alternative water resources: A review of concepts, solutions and experiences[R]. The international water association IWA, Alternative water resources cluster Google Scholar, 2015.

[2] Mekonnen M M, Hoekstra A Y. Four billion people facing severe water scarcity[J]. Science Advances, 2016, 2(2): 1500323.

[3] 高传昌, 刘兴. 城市非常规水资源的应用研究进展[J]. 灌溉排水学报, 2007, 26(S1): 68-70.

[4] 倪欣业, 郝天, 王真臻, 等. 我国非常规水资源利用标准规范体系研究[J]. 中国给水排水, 2022,

38(14): 52-59.

[5] 张海涛, 王保良, 仇亚琴, 等. 我国非常规水源利用结构及空间分布研究[J]. 中国水利, 2023(7): 19-23.

[6] 曹淑敏, 陈莹. 我国非常规水源开发利用现状及存在问题[J]. 水利经济, 2015, 33(4): 47-49, 61, 79.

[7] Chen C Y, Wang S W, Kim H, et al. Non-conventional water reuse in agriculture: A circular water economy[J]. Water Research, 2021, 199(8): 117193.

[8] 胡洪营, 吴乾元, 黄晶晶, 等. 再生水水质安全评价与保障原理[M]. 北京: 科学出版社, 2011.

[9] 曲久辉, 赵进才, 任南琪, 等. 城市污水再生与循环利用的关键基础科学问题[J]. 中国基础科学, 2017, 19(1): 6-12.

[10] 刘晓君, 陈诗祺, 付汉良. 再生水回用公众参与意愿两阶段影响因素分析[J]. 中国环境管理, 2022, 14(3): 97-104.

[11] 胡洪营, 杜烨, 吴乾元, 等. 系统工程视野下的再生水饮用回用安全保障体系构建[J]. 环境科学研究, 2018, 31(7): 1163-1173.

[12] 宫飞蓬, 张静慧, 李魁晓, 等. 城市污水再生利用中病原菌指示微生物及其限值研究[J]. 给水排水, 2011, 47(4): 45-47.

[13] Bahri A, Brissaud F. Setting up microbiological water reuse guidelines for the Mediterranean[J]. Water Science and Technology, 2004, 50(2): 39-46.

[14] 陈卓, 胡威, 巫寅虎, 等.《水回用导则 再生水分级》国家标准解读[J]. 给水排水, 2022, 58(2): 152-156.

[15] 我国在水回用领域 3 项 ISO 国际标准获立项[J]. 中国标准导报, 2015(6): 10.

[16] Sharma S, Bhattacharya A. Drinking water contamination and treatment techniques[J]. Applied Water Science, 2017, 7(3): 1043-1067.

[17] WHO. Potable reuse: Guidance for producing safe drinking-water[R]. World Health Organization, Geneva, Switzerland, 2017.

[18] Soller J A, Schoen M E, Bartrand T, et al. Estimated human health risks from exposure to recreational waters impacted by human and non-human sources of faecal contamination[J]. Water Research, 2010, 44(16): 4674-4691.

[19] 陈卓, 崔琦, 曹可凡, 等. 污水再生利用微生物控制标准及其制定方法探讨[J]. 环境科学, 2021, 42(5): 2558-2564.

[20] 史亮亮, 陆韻, 陈梦豪, 等. 病原微生物基准对再生水检测的指导意义[J]. 环境工程, 2021, 39(3): 22-28.

[21] 胡洪营. 水质研究方法[M]. 北京: 科学出版社, 2015.

[22] Stellacci P, Liberti L, Notarnicola M, et al. Hygienic sustainability of site location of wastewater treatment plants A case study. Ⅱ. Estimating airborne biological hazard[J]. Desalination, 2010, 253(1-3): 106-111.

[23] Hamilton K A, Hamilton M T, Johnson W, et al. Health risks from exposure to Legionella in reclaimed water aerosols: Toilet flushing, spray irrigation and cooling towers[J]. Water Research, 2018, 134: 261-279.

[24] Yang T, Han Y, Liu J, et al. Aerosols from a wastewater treatment plant using oxidation ditch process: Characteristics, source apportionment and exposure risks[J]. Environmental Pollution, 2019, 250: 627-638.

[25] Li D, Zeng S Y, Gu A Z, et al. Inactivation, reactivation and regrowth of indigenous bacteria in reclaimed water after chlorine disinfection of a municipal wastewater treatment plant[J]. Journal of Environmental Sciences, 2013, 25(7): 1319-1325.

[26] Fracchia L, Pietronave S, Rinaldi M, et al. Site-related airborne biological hazard and seasonal variations in two wastewater treatment plants[J]. Water Research, 2006, 40(10): 1985-1994.

[27] Kristensen J M, Nierychlo M, Albertsen M. Bacteria from the genus Arcobacter are abundant in effluent from wastewater treatment plants[J]. Applied and Environmental Microbiology, 2020, 86(9): e03044-19.

[28] Kesari K K, Soni R, Jamal Q M S, et al. Wastewater treatment and reuse: A review of its applications and health implications[J]. Water, Air and Soil Pollution, 2021, 232: 208.

[29] Fernandez-Cassi X, Silvera C, Cervero-Aragó S, et al. Evaluation of the microbiological quality of reclaimed water produced from a lagooning system[J]. Environmental Science and Pollution Research, 2016, 23: 16816-16833.

[30] Caicedo C, Rosenwinkel K H, Exner M, et al. Legionella occurrence in municipal and industrial wastewater treatment plants and risks of reclaimed wastewater reuse: Review[J]. Water Research, 2018, 149: 21-34.

[31] Toze S. Reuse of effluent water—benefits and risks[J]. Agricultural Water Management, 2006, 80(1-3): 147-159.

[32] Zhang T, Xie X, Hu H Y, et al. Improvement of detection method of Cryptosporidium and Giardia in reclaimed water[J]. Frontiers of Environmental Science & Engineering in China, 2008, 2(3): 380-384.

[33] 白晓慧, 曾莉, 朱斌, 等. 上海某污水厂出水及其排放水体中隐孢子虫和贾第鞭毛虫的分析检测[J]. 中国卫生检验杂志, 2006(1): 4-5.

[34] Gennaccaro A L, McLaughlin M R, Quintero-Betancourt W, et al. Infectious Cryptosporidium parvum oocysts in final reclaimed effluent[J]. Applied and Environmental Microbiology, 2003, 69: 4983-4984.

[35] Ahmad R A, Lee E, Tan I, et al. Occurrence of Giardia cysts and Cryptosporidium oocysts in raw and treated water from two water treatment plants in Selangor, Malaysia[J]. Water Research, 1997, 31(12): 3132-3136.

[36] Agulló-Barceló M, Oliva F, Lucena F. Alternative indicators for monitoring Cryptosporidium oocysts in reclaimed water[J]. Environmental Science and Pollution Research, 2013, 20: 4448-4454.

[37] Ryu H, Alum A, Mena K D, et al. Assessment of the risk of infection by Cryptosporidium and Giardia in non-potable reclaimed water[J]. Water Science & Technology, 2007, 55(1-2): 283-290.

[38] Súnchez C, López M C, Galeano L A, et al. Molecular detection and genotyping of pathogenic protozoan parasites in raw and treated water samples from southwest Colombia[J]. Parasites & Vectors, 2018, 11: 563.

[39] Han M, Xiao S, An W, et al. Co-infection risk assessment of Giardia and Cryptosporidium with HIV considering synergistic effects and age sensitivity using disability-adjusted life years[J]. Water Research, 2020, 175: 115698.

[40] Xiao D, Lyu Z, Chen S, et al. Tracking Cryptosporidium in urban wastewater treatment plants in a cold region: Occurrence, species and infectivity[J]. Frontiers of Environmental Science & Engineering, 2022, 16(9): 1-14.

[41] Ravindran V B, Khallaf B, Surapaneni A, et al. Detection of helminth ova in wastewater using recombi-

nase polymerase amplification coupled to lateral flow strips[J]. Water, 2020, 12(3): 691.

[42] Mahvi A H, Kia E B. Helminth eggs in raw and treated wastewater in the Islamic Republic of Iran[J]. EMHJ-Eastern Mediterranean Health Journal, 2006, 12(1-2): 137-143.

[43] 柳兰洲, 何宁. 城市生活污水处理与回用过程病毒的传播及防控[J]. 水处理技术, 2021, 47(11): 31-35.

[44] Harwood V J, Levine A D, Scott T M, et al. Validity of the indicator organism paradigm for pathogen reduction in reclaimed water and public health protection[J]. Applied and Environmental Microbiology, 2005, 71:3163-3170.

[45] Rosario K, Nilsson C, Lim Y W, et al. Metagenomic analysis of viruses in reclaimed water[J]. Environmental Microbiology, 2010, 11(11): 2806-2820.

[46] Bailey E S, Price M, Casanova L M, et al. E. coli CB390: An alternative E. coli host for simultaneous detection of somatic and F+ coliphage viruses in reclaimed and other waters[J]. Journal of Virological Methods, 2017, 250: 25-28.

[47] 丁笑寒. 城市污水再生水中典型病毒与药物的风险评价[D]. 青岛: 青岛理工大学, 2021.

[48] Kitajima M, Iker B C, Pepper I L, et al. Relative abundance and treatment reduction of viruses during wastewater treatment processes—Identification of potential viral indicators[J]. Science of the Total Environment, 2014, 488-489: 290-296.

[49] 张崇芹, 董晓婉, 王然, 等. 不同回用途径下再生水中病毒健康风险评价[J]. 环境科学与技术, 2022, 45(1): 37-144.

[50] 何星海, 马世豪, 李安定. 再生水利用中肠道病毒的健康风险[J]. 中国给水排水, 2005(3): 88-90.

[51] Prado T, Bruni A D C, Funada Barbosa M R, et al. Noroviruses in raw sewage, secondary effluents and reclaimed water produced by sand-anthracite filters and membrane bioreactor/reverse osmosis system[J]. Science of the Total Environment, 2019, 646: 427-437.

[52] Greaves J, Fischer R J, Shaffer M, et al. Sodium hypochlorite disinfection of SARS-CoV-2 spiked in water and municipal wastewater[J]. Science of the Total Environment, 2022, 807: 150766.

[53] Bogler A, Packman A, Furman A, et al. Rethinking wastewater risks and monitoring in light of the COVID-19 pandemic[J]. Nature Sustainability, 2020,3: 981-990.

[54] 刘邓平, 李彦澄, 李江, 等. 贵州农村污水典型抗生素污染水平及生态风险[J]. 环境科学与技术, 2020, 43(2): 162-169.

[55] 王建凤. 再生水中喹诺酮抗生素检测技术、迁移规律及去除机理研究[D]. 北京: 北京化工大学, 2020.

[56] Pruden A, Pei R T, Storteboom H, et al. Antibiotic resistance genes as emerging contaminants: Studies in northern Colorado[J]. Environmental Science & Technology, 2006, 40(23): 7445-7450.

[57] Huang J J, Hu H Y, Wu Y H, et al. Effect of chlorination and ultraviolet disinfection on tetA-mediated tetracycline resistance of Escherichia coli[J]. Chemosphere, 2013, 90(8): 2247-2253.

[58] Yang Y, Ji Y, Gao Y, et al. Antibiotics and antimycotics in waste water treatment plants: Concentrations, removal efficiency, spatial and temporal variations, prediction, and ecological risk assessment[J]. Environmental Research, 2022, 215: 114135.

[59] Gao P, He S, Huang S, et al. Impacts of coexisting antibiotics, antibacterial residues, and heavy metals on the occurrence of erythromycin resistance genes in urban wastewater[J]. Applied Microbiology & Biotechnology, 2015, 99(9): 3971-3980.

[60] Fahrenfeld N, Ma Y, O'Brien M, et al. Reclaimed water as a reservoir of antibiotic resistance genes: Distribution system and irrigation implications[J]. Frontiers in Microbiology, 2013, 4: 130.

[61] Pang Y C, Xi J Y, Li G Q, et al. Prevalence of antibiotic-resistant bacteria in a lake for the storage of reclaimed water before and after usage as cooling water[J]. Environmental Science: Processes & Impacts, 2015, 17(6): 1182-1189.

[62] 张衍, 陈吕军, 谢辉, 等. 两座污水处理系统中细胞态和游离态抗生素抗性基因的丰度特征[J]. 环境科学, 2017, 38(9): 3823-3830.

[63] Ju F, Beck K, Yin X, et al. Wastewater treatment plant resistomes are shaped by bacterial composition, genetic exchange, and upregulated expression in the effluent microbiomes[J]. ISME J, 2019, 13: 346-360.

[64] 马业萍. 再生水入渗过程抗生素及抗性基因的分布及关联性分析[D]. 北京: 清华大学, 2015.

[65] 卢汉清, 张铮, 郑琳, 等. 污水厂再生水中耐氯大肠杆菌筛查及细菌耐药性分析[J]. 中国给水排水, 2022, 38(3): 43-49.

[66] 陈惠鑫, 佟娟, 陈奕童, 等. 再生水补给型城市景观水体中抗生素抗性基因的污染特征——以圆明园为例[J]. 环境科学学报, 2019, 39(12): 4057-4063.

[67] Zhang N, Liu X, Liu R, et al. Influence of reclaimed water discharge on the dissemination and relationships of sulfonamide, sulfonamide resistance genes along the Chaobai River, Beijing[J]. Frontiers of Environmental Science & Engineering, 2019, 13(1): 8.

[68] Proia L, Anzil A, Borrego C, et al. Occurrence and persistence of carbapenemases genes in hospital and wastewater treatment plants and propagation in the receiving river[J]. Journal of Hazardous Materials, 2018, 358: 33-43.

[69] Wang R M, Ji M, Zhai H Y, et al. Occurrence of antibiotics and antibiotic-resistant genes in WWTP effluent-receiving water bodies and reclaimed wastewater treatment plants[J]. Science of the Total Environment, 2021, 796: 148919.

[70] Bouki C, Venieri D, Diamadopoulos E. Detection and fate of antibiotic resistant bacteria in wastewater treatment plants: A review[J]. Ecotoxicology and Environmental Safety, 2013, 91: 1-9.

[71] Garner E, Organiscak M, Dieter L, et al. Towards risk assessment for antibiotic resistant pathogens in recycled water: A systematic review and summary of research needs[J]. Environmental Microbiology. 2021, 23(12): 7355-7372.

[72] Di Cesare A, Eckert E M, D'Urso S, et al. Co-occurrence of integrase 1, antibiotic and heavy metal resistance genes in municipal wastewater treatment plants[J]. Water Research, 2016, 94: 208-214.

[73] Zhang D W, Peng Y, Chan C L, et al. Metagenomic survey reveals more diverse and abundant antibiotic resistance genes in municipal wastewater than hospital wastewater[J]. Frontiers in Microbiology, 2021, 12: 712843.

[74] Banchón C, Vivas T, Aveiga A, et al. Airborne bacteria from wastewater treatment and their antibiotic resistance: A Meta-analysis[J]. Journal of Ecological Engineering 2021, 22(10): 205-214.

[75] European Parliament and Council, 2012. REGULATION (EU) No 528/2012 concerning the making available on the market and use of biocidal products[Z]. Official J. Eur. Union L167, 1e122.

[76] Bollmann U E, Tang C, Eriksson E, et al. Biocides in urban wastewater treatment plant influent at dry and wet weather: Concentrations, mass flows and possible sources[J]. Water Research, 2014, 60: 64-74.

[77] Kupper T, Plagellat C, Braendli R C, et al. Fate and removal of polycyclic musks, UV filters and

biocides during wastewater treatment[J]. Water Research, 2006, 40 (14): 2603-2612.

[78] Plagellat C, Kupper T, De Alencastro L F, et al. Biocides in sewage sludge: quantitative determination in some Swiss wastewater treatment plants[J]. Bulletin of Environmental Contamination and Toxicology, 2004, 73 (5): 794-801.

[79] Kahle M, Buerge I J, Hauser A, et al. Azole fungicides: occurrence and fate in wastewater and surface waters[J]. Environmental Science & Technology, 2008, 42 (19): 7193-7200.

[80] Singer H, Jaus S, Hanke I, et al. Determination of biocides and pesticides by on-line solid phase extraction coupled with mass spectrometry and their behaviour in wastewater and surface water[J]. Environmental Pollution, 2010, 158 (10): 3054-3064.

[81] 季思彤. 再生水中杀菌剂对SS316L表面生物膜活性及其电化学腐蚀行为影响的研究[D]. 北京：北京交通大学，2018.

[82] Hui Y, Bl C, Dkc D, et al. Fate, risk and removal of triclocarban: A critical review[J]. Journal of Hazardous Materials, 2020, 387: 121944.

[83] Gao P, He S, Huang S, et al. Impacts of coexisting antibiotics, antibacterial residues, and heavy metals on the occurrence of erythromycin resistance genes in urban wastewater[J]. Applied Microbiology & Biotechnology, 2015, 99(9): 3971-3980.

[84] Mann B C, Bezuidenhout J J, Bezuidenhout C C. Biocide resistant and antibiotic cross-resistant potential pathogens from sewage and river water from a wastewater treatment facility in the North-West, Potchefstroom, South Africa[J]. Water Science & Technology, 2019, 80(3): 551-562.

[85] Amsalu A, Sapula S A, De Barros Lopes M, et al. Efflux pump-driven antibiotic and biocide cross resistance in Pseudomonas aeruginosa isolated from different ecological niches: A case study in the development of multidrug resistance in environmental hotspots[J]. Microorganisms, 2020, 8(11): 1647.

[86] Popi K, Sotirios V, Stella M G, et al. Shotgun metagenomics assessment of the resistome, mobilome, pathogen dynamics and their ecological control modes in full-scale urban wastewater treatment plants[J]. Journal of Hazardous Materials, 2021, 11: 126387.

[87] Gray H K, Arora-Williams K K, Preheim S P, et al. Contribution of time, taxonomy, and selective antimicrobials to antibiotic and multidrug resistance in wastewater bacteria[J]. Environmental Science & Technology, 2020, 54(24): 15946-15957.

[88] Coetzee I, Bezuidenhout C C, Bezuidenhout J J. Triclosan resistant bacteria in sewage effluent and cross-resistance to antibiotics[J]. Water Science Technology, 2017, 76(6): 1500-1509.

[89] Vikram A, Lipus D, Bibby K. Produced water exposure alters bacterial response to biocides[J]. Environmental Science & Technology, 2014, 48(21): 13001-13009.

[90] Kheljan M N, Teymorpour R, Doghaheh H P, et al. Antimicrobial biocides susceptibility and tolerance-associated genes in Enterococcus faecalis and Enterococcus faecium isolates collected from human and environmental sources[J]. Current Microbiology, 2022, 79: 170.

[91] Ostman M, Lindberg R H, Fick J, et al. Screening of biocides, metals and antibiotics in Swedish sewage sludge and wastewater[J]. Water Research, 2017, 115: 318-328.

[92] Karmakar S, Abraham T J, Kumar S, et al. Triclosan exposure induces varying extent of reversible antimicrobial resistance in Aeromonas hydrophila and Edwardsiella tarda[J]. Ecotoxicology and Environmental Safety, 2019, 180: 309-316.

[93] Huisman J, Codd G A, Paerl H W, et al. Cyanobacterial blooms[J]. Nature Reviews Microbiology, 2018, 16: 471.

[94] Vaitomaa J, Rantala A, Halinen K, et al. Quantitative real-time PCR for determination of microcystin synthetase E copy numbers for Microcystis and Anabaena in lakes[J]. Applied & Environmental Microbiology, 2003, 69(12): 7289-7297.

[95] Namikoshi M, Rinehart K L, Sakai R, et al. Identification of 12 hepatotoxins from a Homer Lake bloom of the cyanobacteria Microcystis aeruginosa, Microcystis viridis, and Microcystis wesenbergii: Nine new microcystins[J]. Journal of Organic Chemistry, 1992, 57(3): 866-872.

[96] Romanis C S, Pearson L A, Neilan B A. Cyanobacterial blooms in wastewater treatment facilities: Significance and emerging monitoring strategies[J]. Journal of Microbiological Methods, 2021, 180: 106123.

[97] Vasconcelos V M, Pereira E. Cyanobacteria diversity and toxicity in a wastewater treatment plant (Portugal)[J]. Water Research, 2001, 35(5): 1354-1357.

[98] Neilan B A, Pearson L A, Muenchhoff J, et al. Environmental conditions that influence toxin biosynthesis in cyanobacteria[J]. Environmental Microbiology, 2013, 15 (5): 1239-1253.

[99] Spoof L, Catherine A. Appendix 3: Tables of microcystins and nodularins [B]. In: Handbook of cyanobacterial monitoring and cyanotoxin analysis, 2016:526-537.

[100] 魏桢, 贾海峰, 姜其贵, 等. 再生水补水河道中流速对浮游藻类生长影响的模拟试验[J]. 环境工程学报, 2017, 11(12): 6540-6546.

[101] 杨佳, 胡洪营, 李鑫. 再生水水质环境中典型水华藻的生长特性[J]. 环境科学, 2010, 31(1): 76-81.

[102] Jin C J, Chang H A, Lee S, et al. Algal growth potential of Microcystis aeruginosa from reclaimed water [J]. Water Environment Research, 2016, 88(1): 54-62.

[103] 周律, 李春丽, 吴薇薇, 等. 以再生水为补水的景观水体水华爆发特征调查和药剂应急控藻效果评价[J]. 环境工程学报, 2012, 6(12): 4429-4435.

[104] 倪雪琳, 吴光学, 管运涛, 等. 景观用再生水氮磷条件下两种典型水华藻类的生长及竞争规律[J]. 环境工程, 2013, 31(S1): 240-244.

[105] Ao D, Chen R, Wang X C, et al. On the risks from sediment and overlying water by replenishing urban landscape ponds with reclaimed wastewater[J]. Environmental Pollution, 2018, 236: 488-497.

[106] Li J, Sun Y, Wang X, et al. Changes in microbial community structures under reclaimed water replenishment conditions[J]. International Journal of Environmental Research and Public Health, 2020, 17 (4): 1174.

[107] 许洪斌, 王文东, 王楠, 等. 再生水补水景观湖浮游藻类群落结构特征及与环境因子的关系[J]. 环境工程学报, 2016, 10(11): 6416-6424.

[108] 李娜, 杨建, 常江, 等. 不同工艺再生水补给对景观湖水质变化的影响[J]. 环境工程学报, 2012, 6(4): 1276-1280.

[109] 范婧, 周北海, 张鸿涛, 等. 再生水补充景观水体中藻类的生长比较[J]. 环境科学研究, 2012, 25(5): 573-578.

[110] Chen R, Ao D, Ji J Y, et al. Insight into the risk of replenishing urban landscape ponds with reclaimed wastewater[J]. Journal of Hazardous Materials, 2017, 324: 573-582.

[111] Wu S C, Ji X Y, Li X, et al. Mutual impacts and interactions of antibiotic resistance genes, microcystin synthetase genes, graphene oxide, and Microcystis aeruginosa in synthetic wastewater[J]. Environmental Science and Pollution Research, 2022, 29: 3994-4007.

[112] Humpage A R, Froscio S M, Lau H M, et al. Evaluation of the Abraxis Strip Test for Microcystins™ for use with wastewater effluent and reservoir water[J]. Water Research, 2012, 46(5): 1556-1565.

[113] WWAP-UNESCO World Water Assessment Programme. The United Nations World Water Development Report[R]. Wastewater: the untapped resource. Paris: UNESCO, 2017.

[114] Health Canada. Guidance on Waterborne Bacterial Pathogens. Catalogue. ed. Water, Air and Climate Change Bureau, Healthy Environments and Consumer Safety Branch, Health Canada, Ottawa, Ontario, 2013.

[115] Shuval H, Fattal B. Control of pathogenic microorganisms in wastewater recycling and reuse in agriculture. In: Mara, D., Horan, N. (Eds.), The Handbook of Water and Wastewater Microbiology[J]. Elsevier, 2003, 241-262.

[116] Chhipi-Shrestha G, Hewage K, Sadiq R. Microbial quality of reclaimed water for urban reuses: Probabilistic risk-based investigation and recommendations[J]. Science of the Total Environment, 2017, 576: 738-751.

[117] Nikaido M, Tonani K A A, Julião F C, et al. Analysis of bacteria, parasites, and heavy metals in lettuce (Lactuca sativa) and rocket salad (Eruca sativa L.) irrigated with treated effluent from a biological wastewater treatment plant[J]. Biological Trace Element Research, 2010, 134: 342-351.

[118] Carlander C. Energy forest irrigated with wastewater: a comparative microbial risk assessment[J]. Journal of Water and Health, 2009, 7(3): 1-21.

[119] Harder R, Heimersson S, Svanstrom M, et al. Including pathogen risk in life cycle assessment of wastewater management. 1. Estimating the burden of disease associated with pathogens[J]. Environmental Science & Technology, 2014, 48(16): 9438-9445.

[120] Weidhaas J, Olsen M, McLean J E, et al. Microbial and chemical risk from reclaimed water use for residential irrigation[J]. Water Reuse, 2022, 12 (3): 289-303.

[121] Rusiol M, Hundesa A, Cárdenas-Youngs Y, et al. Microbiological contamination of conventional and reclaimed irrigation water: Evaluation and management measures[J]. Science of the Total Environment, 2019, 710: 136298.

[122] López-Gálvez F, Truchado P, Sánchez G, et al. Occurrence of enteric viruses in reclaimed and surface irrigation water: Relationship with microbiological and physicochemical indicators[J]. Journal of Applied Microbiology, 2016, 121(4): 1180-1188.

[123] Eloy G G, Marta R, Gertjan M, et al. Quantitative risk assessment of norovirus and adenovirus for the use of reclaimed water to irrigate lettuce in Catalonia[J]. Water Research, 2019, 153: 91-99.

[124] WHO. Guidelines for the safe use of wastewater, excreta and greywater v2[R]. World Health Organisation (WHO), Paris. 2006.

[125] Zhu K, Ren H, Lu Y. Potential biorisks of Cryptosporidium spp. and Giardia spp. from reclaimed water and countermeasures[J]. Current Pollution Reports, 2022, 8: 456-476.

[126] Tal A. Rethinking the sustainability of Israel's irrigation practices in the Drylands[J]. Water Research, 2016, 90: 387-394.

[127] Jolis D, Pitt P, Hirano R. Risk assessment for Cryptosporidium parvum in reclaimed water[J]. Water Research, 1999, 33(13): 3051-3055.

[128] Orlofsky E, Bernstein N, Sacks M, et al. Comparable levels of microbial contamination in soil and on tomato crops after drip irrigation with treated wastewater or potable water[J]. Agriculture, Ecosystems & Environment, 2016, 215: 140-150.

[129] Gupta N, Khan D K, Santra S C. Prevalence of intestinal helminth eggs on vegetables grown in wastewater-irrigated areas of Titagarh, West Bengal, India[J]. Food Control, 2009, 20(10):942-945.

[130] Becerra-Castro C, Lopes A R, Vaz-Moreir I, et al. Wastewater reuse in irrigation: A microbiological perspective on implications in soil fertility and human and environmental health[J]. Environment International, 2015, 75(4): 117-135.

[131] Hong C X, Moorman G W. Plant pathogens in irrigation water: challenges and opportunities[J]. Critical Reviews in Plant Sciences, 2005, 24: 189-208.

[132] Wang F H, Qiao M, Lv Z E, et al. Impact of reclaimed water irrigation on antibiotic resistance in public parks, Beijing, China[J]. Environmental Pollution, 2014, 184(1): 247-253.

[133] Carey S A, Goldstein R E R, Gibbs S G, et al. Occurrence of vancomycin-resistant and susceptible Enterococcus spp. in reclaimed water used for spray irrigation[J]. Environmental Research, 2016, 147: 350-355.

[134] Hong P Y, Julian T R, Pype M L, et al. Reusing treated wastewater: Consideration of the safety aspects associated with antibiotic-resistant bacteria and antibiotic resistance genes[J]. Water, 2018, 10(3): 244.

[135] Kinney C A, Furlong E T, Werner S L, et al. Presence and distribution of wastewater-derived pharmaceuticals in soil irrigated with reclaimed water[J]. Environmental Toxicology and Chemistry, 2006, 25: 317-326.

[136] Grossberger A, Hadar Y, Borch T, et al. Biodegradability of pharmaceutical compounds in agricultural soils irrigated with treated wastewater[J]. Environmental Pollution, 2014, 185: 168-177.

[137] Christou A, Aguera A, Maria Bayona J, et al. The potential implications of reclaimed wastewater reuse for irrigation on the agricultural environment: The knowns and unknowns of the fate of antibiotics and antibiotic resistant bacteria and resistance genes - A review[J]. Water Research, 2017, 123: 448-467.

[138] Berendonk T U, Manaia C M, Merlin C, et al. Tackling antibiotic resistance: The environmental framework[J]. Nature Reviews Microbiology, 2015, 13(5): 310-317.

[139] Negreanu Y, Pasternak Z, Jurkevitch E, et al. Impact of treated wastewater irrigation on antibiotic resistance in agricultural soils[J]. Environmental Science & Technology, 2012, 46 (9): 4800-4808.

[140] Wu X, Conkle J L, Ernst F, et al. Treated wastewater irrigation: Uptake of pharmaceutical and personal care products by common vegetables under field conditions[J]. Environmental Science & Technology, 2014, 48 (19): 11286-11293.

[141] Malchi T, Maor Y, Tadmor G, et al. Irrigation of root vegetables with treated wastewater: Evaluating uptake of pharmaceuticals and the associated human health risks[J]. Environmental Science & Technology, 2014, 48 (16): 9325-9333.

[142] Riemenschneider C, Al-Raggad M, Moeder M, et al. Pharmaceuticals, their metabolites, and other polar pollutants in field-grown vegetables irrigated with treated municipal wastewater[J]. Journal of Agricultural and Food Chemistry, 2016, 64 (29): 5784-5792.

[143] Christou A, Karaolia P, Hapeshi E, et al. Long-term wastewater irrigation of vegetables in real agricultural systems: concentration of pharmaceuticals in soil, uptake and bioaccumulation in tomato fruits and human health risk assessment[J]. Water Research, 2017, 109: 24-34.

[144] Franklin A M, Williams C F, Andrews D M, et al. Uptake of three antibiotics and an antiepileptic drug by wheat crops spray irrigated with wastewater treatment plant effluent[J]. Journal of Environmental Quality, 2016, 45 (2): 546-554.

[145] Ye M, Sun M, Feng Y, et al. Effect of biochar amendment on the control of soil sulfonamides, antibiotic-resistant bacteria, and gene enrichment in lettuce tissues[J]. Journal of Hazardous Materials,

2016, 309: 219-227.

[146] Zhang Y, Sallach J B, Hodges L, et al. Effects of soil texture and drought stress on the uptake of antibiotics and the internalization of Salmonella in lettuce following wastewater irrigation[J]. Environmental Pollution, 2016, 208: 523-531.

[147] Camacho-Arévalo R, García-Delgado C, Mayans B, et al. Sulfonamides in tomato from commercial greenhouses irrigated with reclaimed wastewater: Uptake, translocation and food safety[J]. Agronomy, 2021, 11(5): 1016.

[148] Ulvi A, Aydın S, Aydın M E. Fate of selected pharmaceuticals in hospital and municipal wastewater effluent: Occurrence, removal, and environmental risk assessment[J]. Environmental Science Pollution Research, 2022, 29: 75609-75625.

[149] Chapman J S. Biocide resistance mechanisms[J]. International Biodeterioration & Biodegradation, 2003, 51(2): 133-138.

[150] Chen Z F, Ying G G, Lai H J, et al. Determination of biocides in different environmental matrices by use of ultra-highperformance liquid chromatography-tandem mass spectrometry[J]. Analytical and Bioanalytical Chemistry, 2012, 404(10): 3175-3188.

[151] Godfrey R, Townsend R, Desbrow C, et al. QuEChERS: a simple extraction for monitoring quaternary ammonium biocide pollution in soils and antimicrobial resistance[J]. Analytical methods, 2020, 12(35): 4387-4393.

[152] 刘烨辉. 慢滤—消毒对二级出水中条件致病菌的去除效能及机制[D]. 北京: 北京建筑大学, 2021.

[153] 王辉. 生物活性炭工艺中生物风险及控制措施研究[D]. 哈尔滨: 哈尔滨工业大学, 2012.

[154] Lucena F, Duran A E, Moron A, et al. Reduction of bacterial indicators and bacteriophages infecting faecal bacteria in primary and secondary waste water treatments[J]. Journal of Applied Microbiology, 2004, 97: 1069-1076.

[155] Lee S, Hata A, Yamashita N, et al. Evaluation of virus reduction by ultrafiltration with coagulation-sedimentation in water reclamation[J]. Food Environmental Virology, 2017, 9: 453-463.

[156] 黄南, 王文龙, 吴乾元, 等. 城市污水再生处理反渗透产水的水质特征与超高标准处理技术[J]. 中国环境科学, 2022, 42(5): 2088-2094.

[157] Wu H Y, Wang Y H, Xue S, et al. Increased risks of antibiotic resistant genes (ARGs) induced by chlorine disinfection in the reverse osmosis system for potable reuse of reclaimed water[J], Science of the Total Environment, 2022, 815: 152860.

[158] 张攀, 文湘华, 王波, 等. 纳滤生产再生水示范工程运行效果分析[J]. 环境工程学报, 2017, 11(9): 4985-4992.

[159] Ion I, Senin R M, Ivan G R, et al. Adsorption of triclocarban on pristine and irradiated MWCNTs in aqueous solutions[J]. Revista de Chimie, 2019, 70: 2835-2842.

[160] Nam S W, Choi D J, Kim S K, et al. Adsorption characteristics of selected hydrophilic and hydrophobic micropollutants in water using activated carbon[J]. Journal of Hazardous Materials, 2014, 270: 144-152.

[161] 王俭龙, 郑晓英, 李魁晓, 等. 再生水紫外和氯单独与组合消毒试验研究[J]. 中国给水排水, 2015, 31(9): 75-78.

[162] Ribeirinho-Soares S, Moreira N, Graa C, et al. Overgrowth control of potentially hazardous bacteria during storage of ozone treated wastewater through natural competition[J]. Water Research, 2022,

209: 117932.
[163] 张宁, 李云开, 司哺春, 等. 电化学法对滴灌用再生水的杀菌和碱度硬度去除效果[J]. 农业工程学报, 2017, 33(10): 154-160.
[164] 王连杰, 李金河, 郑兴灿, 等. 城镇污水系统中病毒特性和规律相关研究分析[J]. 中国给水排水, 2020, 36(6): 14-21.
[165] Li S, Tao Y, Zhan X M, et al. UV-C irradiation for harmful algal blooms control: A literature review on effectiveness, mechanisms, influencing factors and facilities[J]. Science of the Total Environment, 2020, 723: 137986.
[166] Li S, Dao G H, Tao Y, et al. The growth suppression effects of UV-C irradiation on Microcystis aeruginosa and Chlorella vulgaris under solo-culture and co-culture conditions in reclaimed water[J]. Science of the Total Environment, 2020, 713: 136374.
[167] Li S, Tao Y, Dao G H, et al. Synergetic suppression effects upon the combination of UV-C irradiation and berberine on Microcystis aeruginosa and Scenedesmus obliquus in reclaimed water: Effectiveness and mechanisms[J]. Science of the Total Environment, 2020, 744: 140937.
[168] Barrington D J, Ghadouani A. Application of hydrogen peroxide for the removal of toxic Cyanobacteria and other phytoplankton from wastewater[J]. Environmental Science & Technology, 2008, 42(23): 8916-8921.
[169] Yoon Y, Chung H J, Wen Di D Y, et al. Inactivation efficiency of plasmid-encoded antibiotic resistance genes during water treatment with chlorine, UV, and UV/H_2O_2[J]. Water Research, 2017, 123: 783-793.
[170] 黄晶晶, 汤芳, 席劲瑛, 等. 再生水中5种抗生素抗性菌的紫外线灭活及复活特性研究[J]. 环境科学, 2014, 35(4): 1326-1331.
[171] Guo M T, Yuan Q B, Yang J. Distinguishing effects of ultraviolet exposure and chlorination on the horizontal transfer of antibiotic resistance genes in municipal wastewater[J]. Environmental Science & Technology, 2015, 49(9): 5771-5778.
[172] Sousa J M, Macedo G, Pedrosa M, et al. Ozonation and UV 254 nm radiation for the removal of microorganisms and antibiotic resistance genes from urban wastewater[J]. Journal of Hazardous Materials, 2017, 323: 434-441.
[173] Wang Y W, Gao J F, Duan W J, et al. Inactivation of sulfonamide antibiotic resistant bacteria and control of intracellular antibiotic resistance transmission risk by sulfide-modified nanoscale zero-valent iron [J]. Journal of Hazardous Materials, 2020, 400: 123226.
[174] Zhang W Z, Gao J F, Duan W J, et al. Sulfidated nanoscale zero-valent iron is an efficient material for the removal and regrowth inhibition of antibiotic resistance genes[J]. Environmental Pollution, 2020, 263: 114508.
[175] Lu J, Zhang Y, Wu J, et al. Fate of antibiotic resistance genes in reclaimed water reuse system with integrated membrane process[J]. Journal of Hazardous Materials, 2019, 382: 121025.
[176] 陈蕾, George (Zhi) Zhou. 污水中抗生素抗性菌及抗性基因的去除技术[J]. 生态环境学报, 2018, 27(11): 2163-2169.
[177] Kitajima M, Haramoto E, Iker B C, et al. Occurrence of Cryptosporidium, Giardia, and Cyclospora in influent and effluent water at wastewater treatment plants in Arizona[J]. Science of the Total Environment, 2014, 484: 129-136.
[178] Ramo A, Cacho E D, C Sánchez-Acedo, et al. Occurrence and genetic diversity of Cryptosporidium and

Giardia in urban wastewater treatment plants in north-eastern Spain[J]. Science of the Total Environment, 2017, 598: 628-638.

[179] Ali A, Arshad M, Zahir Z A. Influence of triclosan and triclocarban antimicrobial agents on the microbial activity in three physicochemically differing soils of south Australia[J]. Soil Environment, 2011, 30: 95-103.

[180] Tizaoui C, Grima N, Hilal N. Degradation of the antimicrobial triclocarban (TCC) with ozone[J]. Chemical Engineering and Processing - Process Intensification, 2011, 50: 637-643.

[181] Ahmed S F, Rahman M M, Nuzhat S, et al. Recent developments in physical, biological, chemical, and hybrid treatment techniques for removing emerging contaminants from wastewater[J]. Journal of Hazardous Materials, 2021, 416: 125912.

[182] Zhang M L, Yan H, Pan G. Microbial degradation of microcystin-LR by Ralstonia solanacearum[J]. Environmental Technology, 2011, 32: 1779-1787.

[183] Bonetta S, Pignata C, Gasparro E, et al. Impact of wastewater treatment plants on microbiological contamination for evaluating the risks of wastewater reuse[J]. Environmental Sciences Europe, 2022, 34: 20.

[184] Webb A L, Taboada E N, Selinger L B, et al. Efficacy of wastewater treatment on Arcobacter butzleri density and strain diversity[J]. Water Research, 2016, 105: 291-296.

[185] Sidhu J, Sena K, Hodgers L, et al. Comparative enteric viruses and coliphage removal during wastewater treatment processes in a sub-tropical environment[J]. Science of the Total Environment, 2018, 616-617: 669.

[186] Chaoua S, Boussaa S, Khadra A, et al. Efficiency of two sewage treatment systems (activated sludge and natural lagoons) for helminth egg removal in Morocco[J]. Journal of Infection and Public Health, 2018, 11(2): 197-202.

[187] Zhang Y, Chen Z M, An W, et al. Risk assessment of Giardia from a full scale MBR sewage treatment plant caused by membrane integrity failure[J]. Journal of Environmental Sciences, 2015, 30: 252-258.

[188] 戴迪楠，刘永军，马晓妍，等．污水处理与回用过程对生态毒性的削减和水质安全评价[J]．安全与环境学报，2017，17(4)：1442-1447.

[189] 梁张岐，李国鸿，黄雅梦，等．城市污水生物处理过程中结合型和游离型胞外抗生素抗性基因的产生特征[J]．生态毒理学报，2021，16(5)：70-78.

[190] Karkman A, Johnson T A, Lyra C, et al. High-throughput quantification of antibiotic resistance genes from an urban wastewater treatment plant[J]. FEMS Microbiology Ecology, 2016, 92(3): 1-7.

[191] Zhu T T, Su Z X, Lai W X, et al. Insights into the fate and removal of antibiotics and antibiotic resistance genes using biological wastewater treatment technology[J]. Science of the Total Environment, 2021, 776: 145906.

[192] Wang D, Zhang X, Yan C. Occurrence and removal of sulfonamides and their acetyl metabolites in a biological aerated filter (BAF) of wastewater treatment plant in Xiamen, South China[J]. Environmental Science Pollution Research, 2019, 26: 33363-33372.

[193] Pu M, Ailijiang N, Mamat A, et al. Occurrence of antibiotics in the different biological treatment processes, reclaimed wastewater treatment plants and effluent-irrigated soils[J]. Journal of Environmental Chemical Engineering, 2022, 10: 107715.

[194] Munir M, Wong K, Xagoraraki I, et al. Release of antibiotic resistant bacteria and genes in the effluent

of biosolids of five wastewater utilities Michigan[J]. Water Research, 2011, 45(2): 681-693.

[195] Pei M K, Zhang B, He Y L, et al. State of the art of tertiary treatment technologies for controlling antibiotic resistance in wastewater treatment plants [J]. Environment International, 2019, 131: 105026.

[196] Chen H, Zhang M. Effects of advanced treatment systems on the removal of antibiotic resistance genes in wastewater treatment plants from Hangzhou, China[J]. Environmental Science & Technology, 2013, 47(15): 8157-8163.

[197] Chen J, Ying G G, Wei X D, et al. Removal of antibiotics and antibiotic resistance genes from domestic sewage by constructed wetlands: effect of flow configuration and plant species[J]. Science of the Total Environment, 2016, 571: 974-982.

[198] Luo Y, Guo W, Ngo H H, et al. A review on the occurrence of micropollutants in the aquatic environment and their fate and removal during wastewater treatment[J]. Science of the Total Environment, 2014, 473-474: 619-641.

[199] Michael I, Rizzo L, McArdell C S, et al. Urban wastewater treatment plants as hotspots for the release of antibiotics in the environment: A review[J]. Water Research, 2012, 47(3): 957-995.

[200] Lucas D, Barcelo D, Rodriguez-Mozaz S. Removal of pharmaceuticals from wastewater by fungal treatment and reduction of hazard quotients[J]. Science of the Total Environment, 2016, 571: 909-915.

[201] Huang X L, Tu Y N, Song C F, et al. Interactions between the antimicrobial agent triclosan and the bloom-forming cyanobacteria Microcystis aeruginosa[J]. Aquatic Toxicology, 2016, 172: 103-110.

[202] Ho L, Hoefel D, Palazot S, et al. Investigations into the biodegradation of microcystin-LR in wastewaters[J]. Journal of Hazardous Materials, 2010, 180(1-3): 628-633.

[203] Lozano N, Rice C P, Ramirez M, et al. Fate of triclocarban, triclosan and methyltriclosan during wastewater and biosolids treatment processes[J]. Water Research, 2013, 47: 4519-4527.

[204] Mulla S I, Hu A, Wang Y, et al. Degradation of triclocarban by a triclosan-degrading Sphingomonas sp. Strain YL-JM2C[J]. Chemosphere, 2016, 144: 292-296.

[205] Sipahutar M K, Vangnai A S. Role of plant growth-promoting Ochrobactrum sp. MC22 on triclocarban degradation and toxicity mitigation to legume plants[J]. Journal of Hazardous Materials, 2017, 329: 38-48.

[206] Jochen H, Amir S, Halden R U. Partitioning, persistence, and accumulation in digested sludge of the topical antiseptic triclocarban during wastewater treatment[J]. Environmental Science & Technology, 2006, 40: 3634-3639.

[207] 姜晓华, 汤芳, 孙丽娟, 等. 基于 HACCP 原理的再生水粪大肠菌安全控制管理研究[J]. 中国给水排水, 2015, 31(14): 7-11,15.

[208] 王永刚, 王旭, 李中锟, 等. MBR-NF 组合工艺用于再生水回用的试验研究[J]. 干旱区资源与环境, 2018, 32(6): 126-135.

[209] 王永刚, 李中锟, 董婧, 等. MBR-RO 组合工艺生产直接饮用再生水的试验研究[J]. 南水北调与水利科技, 2016, 14(4): 91-98.

[210] 王苗苗. 纳米铁复合材料去除再生水中消毒副产物的效果、应用及机理探讨[D]. 济南: 山东大学, 2018.

[211] 高呈. 纳米铁/超声活化过硫酸盐与超滤组合对二级出水中抗生素抗性基因的去除效能及机制[D]. 北京: 北京建筑大学, 2020.

[212] 刘洋, 林武, 王小江. 人工湿地与臭氧联合处理技术用于以再生水为补水水源的景观湖净

化[J]. 环境工程, 2017, 35(5): 16-19.

[213] 杨建, 李娜, 赵璇, 等. 再生水景观水体水质保障的 GFH+BF 处理系统[J]. 环境科学, 2011, 32(5): 1377-1381.

[214] Tang H F, Shang Q, Tang Y H, et al. Filter-membrane treatment of flowing antibiotic-containing wastewater through peroxydisulfate-coupled photocatalysis to reduce resistance gene and microbial inhibition during biological treatment[J]. Water Research, 2021, 207: 117819.

[215] Bailey E S, Casanova L M, Simmons O D, et al. Tertiary treatment and dual disinfection to improve microbial quality of reclaimed water for potable and non-potable reuse: A case study of facilities in North Carolina[J]. Science of the Total Environment, 2018, 630: 379.

[216] 王文龙, 吴乾元, 杜烨, 等. 城市污水中新兴微量有机污染物控制目标与再生处理技术[J]. 环境科学研究, 2021, 34(7): 1672-1678.

[217] 庞宇辰, 席劲瑛, 胡洪营, 等. 再生水紫外线-氯联合消毒工艺特性研究[J]. 中国环境科学, 2014, 34(6): 1429-1434.

[218] 郑晓英, 王靖宇, 李魁晓, 等. 次氯酸钠、臭氧及其组合再生水消毒技术研究[J]. 环境工程, 2017, 35(11): 23-27.

[219] Chen J, Liu Y S, Deng W J, et al. Removal of steroid hormones and biocides from rural wastewater by an integrated constructed wetland[J]. Science of the Total Environment, 2019, 660: 358-365.

[220] 朱强. MBR+O_3 活性炭组合工艺在北京冬奥会保障再生水项目的应用实践[J]. 水处理技术, 2023, 49(3): 147-151.

[221] 丁宇. 慢滤—低压纳滤对二级出水中抗生素抗性基因的去除效能及膜污染机制[D]. 北京: 北京建筑大学, 2021.

[222] 阳兵兵. 再生水中抗性基因在 BPAC-UF 工艺中的去除及水平转移机制[D]. 北京: 北京建筑大学, 2019.

第2章　再生水中生物污染物动态分布特征研究

2.1　试验取样点概况

本研究用再生水取自新乡市骆驼湾污水处理厂，处理量15万m^3/d，污水深度处理工程采用“A^2O+高效沉淀池+反硝化深床滤池”工艺，消毒采用次氯酸钠。处理后的出水水质满足《地表水环境质量标准》(GB 3838—2002)Ⅴ类水质标准及《城镇污水处理厂污染物排放标准》(GB 18918—2002)一级A排放标准要求，同时也符合《农田灌溉水质标准》(GB 5084—2021)要求。再生水的理化性质见表2-1。

表2-1　再生水的理化性质

指标	再生水	指标	再生水
pH	7.88~8.31	Zn/(mg/L)	0.008~0.013
EC/(μS/cm)	1 884~2 510	Pb/(mg/L)	< 0.001
COD/(mg/L)	15~93	Cd/(mg/L)	< 0.000 1
NH_3-N (mg/L)	0.12~0.20	大肠菌群/(MPN/100 mL)	6.5×10^3~1.0×10^4
TP/(mg/L)	0.33~0.67	细菌总数/(CFU/100 mL)	1.0×10^5~1.13×10^5
Cu/(mg/L)	< 0.009		

入河排放口位于骆驼湾污水处理厂南卫河沿岸，混合废水排放量15万m^3/d，连续入河排污。

2.2　试验材料

2.2.1　试验试剂

试验试剂和来源为：pGEM-T Easy载体，美国Promega公司；0.2 mL平盖八联排管，英国Bio-Rad公司；GoTaq® qPCR Master Mix，美国Promega公司；Fast DNA SPIN Kit for Soil试剂盒，美国MP公司；100 bp DNA Ladder，上海生工生物工程股份有限公司；E.Z.N.A™ Gel Extraction Kit，美国Omega Bio-tek公司；LB固体及液体培养基，上海生工生物工程股份有限公司；大肠杆菌感受态细胞DH5α，北京博迈德基因技术有限公司；E.Z.N.A™ Gel Extraction Kit试剂盒，美国Omega Bio-tek公司；E.Z.N.A.® Plasmid Mini Kit I Spin Kit，美国Omega Bio-tek公司；100 mg/mL氨苄青霉素(Amp)：0.1 g Amp溶于1 mL

灭菌超纯水;50 mg/mL 异丙基-β-D-硫代吡喃半乳糖苷(IPTG),北京索莱宝科技有限公司;20 mg/mL 5-溴-4-氯-3-吲哚-β-D-半乳糖苷(X-Gal),北京索莱宝科技有限公司。

2.2.2 试验材料与仪器

试验材料与仪器:微孔滤膜 0.22 μm,美国 Millipore 公司;HZ-9211KB 恒温振荡器,太仓市科教器材厂;Gel Doc™XR+ 成像系统,英国 Bio-Rad 公司;快速核酸提取仪 FP120A-230,美国 Thermo 公司;LRH-70 生化培养箱,上海一恒科学仪器有限公司;核酸蛋白测定仪 ND-2000,美国 ThermoFisher 公司;电泳仪 BG-Power 600i,北京百晶生物技术有限公司;高速离心机 H165-W,湖南湘仪离心机仪器有限公司;基因扩增仪 EDC-810,北京东胜创新生物科技有限公司;SHB-Ⅲ循环水式多用真空泵,郑州长城科工贸有限公司;迷你离心机,海门市其林贝尔仪器制造有限公司;GL-88B 漩涡混合器,海门市其林贝尔仪器制造有限公司;CFX Connect™ 荧光定量 PCR 检测系统,英国 Bio-Rad 公司;便携式多参数水质分析仪雷磁 DZB-718,上海仪电科学仪器股份有限公司。

2.3 试验方法

2.3.1 水样采集与处理

本研究中的污水处理厂位于新乡市骆驼湾污水处理厂(113°92′48″E,35°31′29″N),占地面积 120 000 m^2,采用“A^2O+高效沉淀池+反硝化深床滤池”工艺,主要收纳处理当地居民的生活污水,日处理量 15 万 m^3。日实际处理生活污水能力 11 万 m^3,日产生约 60 m^3(含水率 80%)污泥送至新乡市无害化垃圾处理场进行处理。整个处理工艺流程由粗格栅井、进水泵房、细格栅、沉沙池、A^2O 池、配水井、二沉池、提升泵房、活性沙滤池、接触消毒池和再生水清水池组成。水样按照《生活饮用水标准检验方法水样的采集与保存》(GB/T 5750.2—2006)和《城镇污水处理厂污染物排放标准》(GB 18918—2002)从再生水清水池采集 1 L,各取 3 次。第一阶段取样时间分别为 2021 年 4 月、5 月、6 月、7 月、8 月和 9 月,第二阶段取样时间分别为 2022 年 1 月、4 月、7 月、9 月、10 月和 11 月,分别采集污水处理厂再生水清水池和入河排污口(污水处理厂南卫河沿岸,113°54′36″E,35°18′51″N)。采样容器材质为聚乙烯塑料桶和高硼硅玻璃瓶,测定水质一般理化指标的采集容器经过 10%硝酸或盐酸浸泡,取出用自来水反复冲洗,并用蒸馏水洗净放置烘箱烘干;微生物指标采样容器用自来水冲洗数次,10%盐酸溶液浸泡过夜,依次用自来水和蒸馏水冲洗,之后容器经过高压蒸汽灭菌备用。利用便携式多参数水质分析仪实时测定部分水质参数如 pH、电导率等,同时采集足量水样保存于 4 ℃,24 h 内送至实验室测定总氮、总磷、氨氮、铜、锌、镉、铅等其他水质参数。

采集的水样在实验室于 8 h 内预处理。再生水分别取 500 mL 用真空抽滤装置以 0.22 μm 微孔滤膜(Millipore, USA)过滤,处理后所有样品立即放入-80 ℃冰箱保存用于微生物分析。

2.3.2 质粒制备及提取

利用文献报道的相关病原菌引物序列(见表2-2)进行常规PCR扩增反应,50 μL PCR反应体系:5 μL 10×PCR buffer(含20 mmol/L $MgCl_2$),4 μL dNTPs(10 mmol/L),上下游引物各1 μL(10 μmol/L),2.5 U *Taq* DNA聚合酶(5 U/μL),1 μL DNA模板,无菌的 ddH_2O 补至50 μL。PCR反应条件:95 ℃ 10 min;95 ℃ 30 s,55~62 ℃ 30 s,72 ℃ 30 s,35个循环;72 ℃ 10 min,4 ℃保持。PCR扩增产物用1.0%的琼脂糖凝胶电泳检测目的条带大小,100 bp DNA Ladder作为Marker,110 V电压条件下电泳30~40 min。

表2-2 定量PCR引物

	序列(5′-3′)	扩增片段	参考文献
Aeromonas hydrophila	GAGAAGGTGACCACCAAGAACA	232	[1]
	AACTGACATCGGCCTTGAACTC		
Arcobacter butzleri	ATACTTTCTTGGTCTTGTGGTGTA	132	[2]
	CCACAAAGACACTCATAATCTTTTAC		
Arcobacter cryaerophilus	TGCTGGAGCGGATAGAAGTA	257	[2]
	AACAACCTACGTCCTTCGAC		
E. coli	CTGCTGCTGTCGGCTTTA	205	[3]
	CCTTGCGGACGGGTAT		
Klebsiella pneumoniae	TGCCCAGACCGATAACTTTA	142	[4]
	CTGTTTCTTCGCTTCACGG		
Enterococcus faecium	AGAAATTCCAAACGAACTTG	92	[5]
	CAGTGCTCTACCTCCATCATT		
Total coliforms	ATGAAAGCTGGCTACAGGAAGGCC	264	[6]
	GGTTTATGCAGCAACGAGACGTCA		
Pseudomonas syringae	AACTGAAAAACACCTTGGGC	304	[7]
	CCTGGGTTGTTGAAGTGGTA		
Bacillus cereus	CTGTAGCGAATCGTACGTATC	185	[8]
	TACTGCTCCAGCCACATTAC		
Staphylococcus aureus	GCGATTGATGGTGATACGGTT	276	[9]
	CAAGCCTTGACGAACTAAAGC		
Legionella sp.	GAGGGTTGATAGGTTAAGAGC	430	[10]
	GTCAACTTATCGCGTTTGCT		
Mycobacterium sp.	ATGCACCACCTGCACACAGG	470	[11]
	GGTGGTTTGTCGCGTTGTTC		

续表 2-2

	序列(5′-3′)	扩增片段	参考文献
Acanthamoeba sp.	CCCAGATCGTTTACCGTGAA	180	[12]
	TAAATATTAATGCCCCCAACTATCC		
Hartmannella vermiformis	TTACGAGGTCAGGACACTGT	502	[13]
	GACCATCCGGAGTTCTCG		
Aspergillus niger	ACTACCGATTGAATGGCTCG	307	[14]
	ACGCTTTCAGACAGTGTTCG		
Botrytis cinerea	CCGTCATGTCCGGTGTTACCAC	235	[7]
	CGACCGTTACGGAAATCGGAAG		
Fusarium oxysporum	ACATACCACTTGTTGCCTCG	340	[15]
	CGCCAATCAATTTGAGGAACG		
Total bacteria	ACTCCTACGGGAGGCAGCAG	200	[16]
	ATTACCGCGGCTGCTGG		
Total fungi	GTAGTCATATGCTTGTCTC	350	[17]
	ATTCCCCGTTACCCGTTG		
Alphaproteobacteria	ACTCCTACGGGAGGCAGCAG	365	[18]
	TCTACGRATTTCACCYCTAC		
Betaproteobacteria	ACTCCTACGGGAGGCAGCAG	360	[18]
	TCACTGCTACACGYG		
Gammaproteobacteria	TCGTCAGCTCGTGTYGTGA	170	[19]
	CGTAAGGGCCATGATG		
Actinobacteria	CGCGGCCTATCAGCTTGTTG	300	[18]
	ATTACCGCGGCTGCTGG		
Acidobacteria	GAT CCT GGC TCA GAA TC	500	[18]
	ATT ACC GCG GCT GCT GG		
Bacteroidetes	GTA CTG AGA CAC GGA CCA	220	[18]
	ATT ACC GCG GCT GCT GG		
Firmicutes	GCA GTA GGG AAT CTT CCG	180	[18]
	ATT ACC GCG GCT GCT GG		
Ammonia-oxidizing archaea	STAATGGTCTGGCTTAGACG	635	[20]
	GCGGCCATCCATCTGTATGT		

续表 2-2

	序列(5′-3′)	扩增片段	参考文献
Ammonia-oxidizing bacteria	GGGGTTTCTACTGGTGGT	491	[21]
	CCCCTCKGSAAAGCCTTCTTC		
Nitrogen-fixing bacteria	AAAGGYGGWATCGGYAARTCCACCAC	432	[22]
	TTGTTSGCSGCRTACATSGCCATCAT		

PCR 扩增产物经过测序确定为目的片段,纯化回收产物与 pGEM-T Easy 载体连接后导入大肠杆菌感受态细胞(DH5α),摇床培养后取适量转化液涂布于含有 5-溴-4-氯-3-吲哚-β-D-半乳糖苷(X-Gal)、异丙基-β-D-硫代吡喃半乳糖苷(IPTG)和氨苄青霉素(Ampicillin)的 LB 平板进行蓝白斑筛选。挑取白色单克隆菌落利用载体特异性引物 T7 和 SP6 确定插入片段的大小,经 PCR 鉴定为阳性的菌落转入含 Amp 的 LB 液体培养基中,于 37 ℃条件下 200 r/min 摇床过夜培养。使用 E. Z. N. A.® Plasmid Mini Kit I 试剂盒按照说明书步骤提取质粒,NanoDrop 2000 测定质粒 DNA 浓度。取 1.5 mL 培养菌液送测序公司(北京睿博兴科生物技术有限公司)对插入基因片段进行鉴定,测序结果通过 NCBI 的 BLAST 进行序列同源性检索比对。

2.3.3　定量标准品的制备及定量 PCR 体系的建立

根据已知浓度的重组质粒 DNA 和载体序列以及插入的基因序列片段大小,按以下公式计算标准品的拷贝数:

$$拷贝数=(质量/分子量)\times 6.02\times 10^{23} \tag{2-1}$$

通过计算得出各病原菌基因每微升的绝对模板量,将这些质粒模板分别按 10 倍梯度稀释成标准曲线浓度。

定量 PCR 反应在 CFX Connect™ 荧光定量 PCR 检测系统上进行。反应体系为 20 μL:10 μL GoTaq qPCR Master Mix,上下游引物各 0.4 μL (10 μM/L),模板 2 μL,加无菌 ddH_2O 补齐至 20 μL,反应于八联排管中进行。荧光定量 PCR 程序为:95 ℃ 2 min;94 ℃ 15 s,60 ℃ 30 s,72 ℃ 45 s,40~45 个循环;72 ℃ 10 min。熔解曲线条件:95 ℃ 1 min,55 ℃ 30 s,95 ℃ 30 s,所有反应均设置 3 个重复,起始模板浓度由 C_t 值确定。每轮反应均以无菌 ddH_2O 代替模板 DNA 作为阴性对照。

2.4　数据分析

采用 Excel 2007 进行数据统计分析和绘图。

2.5　结果分析

2.5.1　再生水中病原菌丰度变化

基于特异性引物的筛选利用普通 PCR 和定量 PCR 对再生水进行连续监测,结果如表 2-3 和图 2-1 所示。再生水中检测出嗜水气单胞菌、嗜低温弓形菌、布氏弓形菌、大肠杆菌、蜡样芽孢杆菌、军团菌、分枝杆菌、粪链球菌、大肠菌群、肺炎克雷伯氏菌、金黄色葡萄球菌、棘阿米巴原虫和哈曼属原虫等多种人类条件致病菌;丁香假单胞菌、成团泛菌、青枯菌、镰孢霉菌、灰葡萄孢霉菌和黑曲霉等植物病原菌。值得注意的是,由于受季节温度影响,丰度变化被分为两簇集合,4~6 月的目标基因丰度大多低于 7~9 月的水平。

表 2-3　再生水中病原菌丰度　　单位:基因 copies/L

	4 月	5 月	6 月	7 月	8 月	9 月
α-变形菌纲	6.54c	6.79bc	6.88bc	7.70a	7.22ab	7.53a
β-变形菌纲	8.30a	8.48a	7.61b	8.10a	8.30a	8.39a
γ-变形菌纲	6.88bc	7.12bc	6.73c	8.15a	7.22b	7.34b
酸杆菌门	6.71c	6.45bc	6.60bc	7.05ab	7.08ab	7.47a
放线菌门	7.22c	7.16cd	7.09cd	7.46bc	7.38b	7.92a
拟杆菌门	6.64cd	6.79cd	6.42e	8.03a	6.91c	7.54b
厚壁菌门	7.21c	7.11c	7.62b	8.49a	7.30c	7.57b
氨氧化古菌(*AOA*)	5.36b	5.11c	5.08c	5.51a	4.71d	5.46ab
氨氧化细菌(*AOB*)	4.00d	3.48e	4.17c	4.76b	5.23a	4.66b
布氏弓形菌(arcB)	4.92a	5.05a	4.97a	4.95a	4.91a	4.79a
嗜冷弓形菌(arcC)	3.96a	4.02a	3.33a	4.32a	4.57a	4.93a
肺炎克雷伯氏菌(KPN)	4.65a	4.36a	4.76a	4.55a	4.96a	4.40a
金黄色葡萄球菌(SA)	3.78bc	3.03c	4.08ab	3.42bc	4.46a	4.25ab
棘阿米巴原虫(AC)	4.53a	4.36a	4.40a	4.36a	4.71a	4.61a
哈曼属原虫(HA)	4.60a	4.42ab	4.16bc	3.79c	3.86c	4.70a
细菌总数(TB)	8.11bc	8.25bc	7.30c	9.57a	8.06bc	9.01ab
真菌总数(TF)	5.45b	5.26b	5.57b	7.32a	5.54b	5.97b

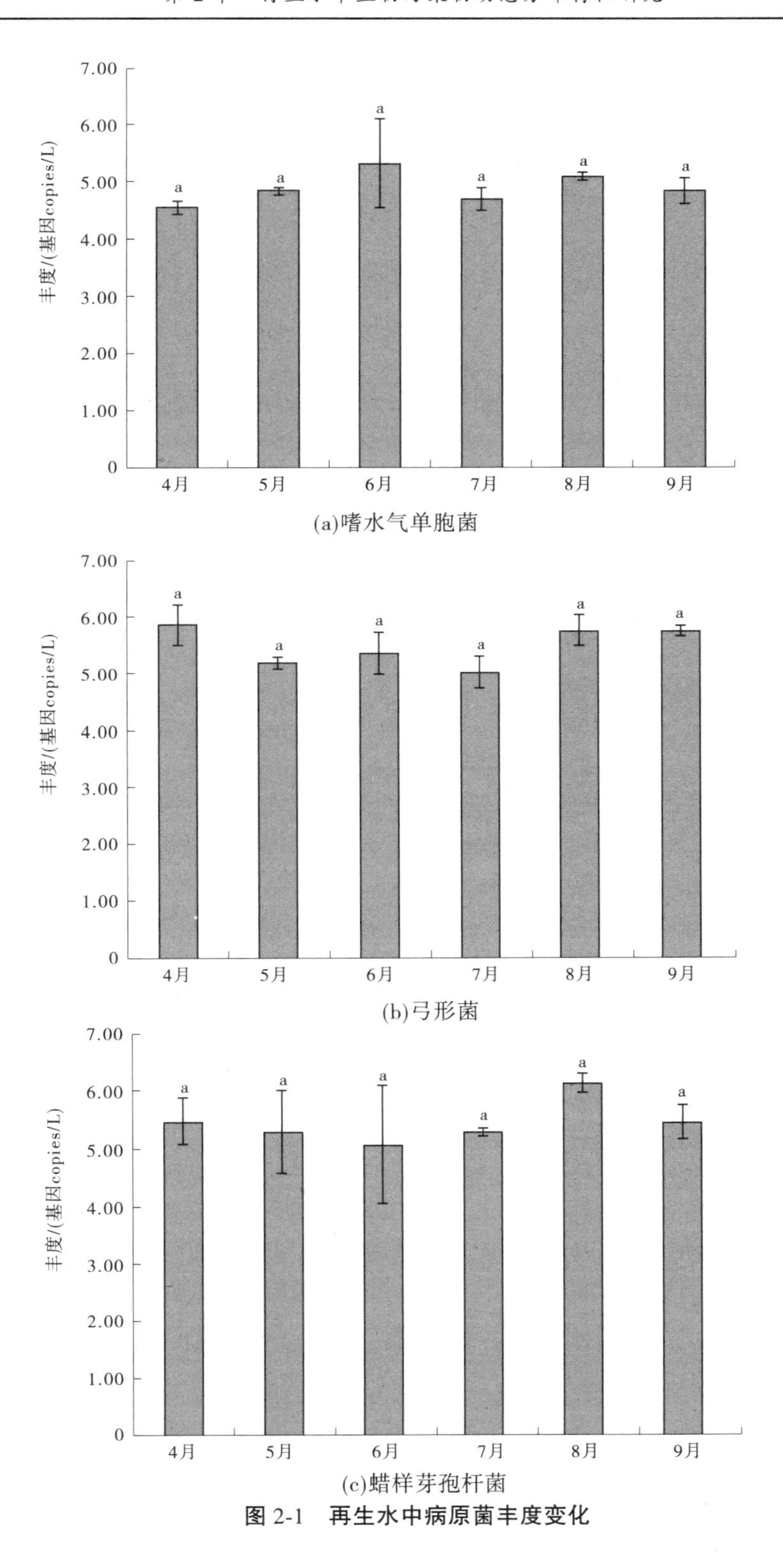

图 2-1　再生水中病原菌丰度变化

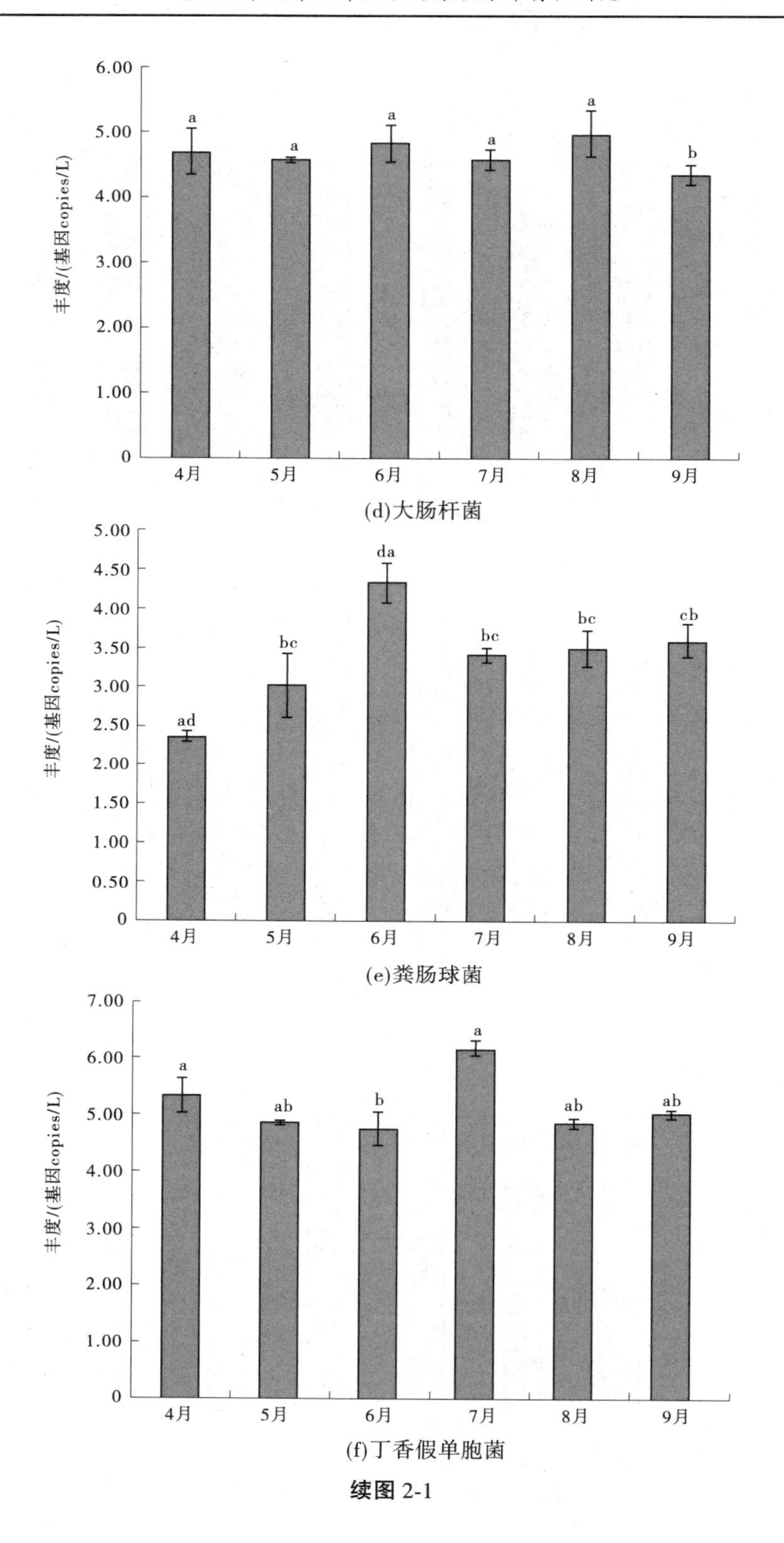

6.00
5.00
4.00
3.00
2.00
1.00
0
丰度/(基因copies/L)
a
a
a
a
a
b
4月
5月
6月
7月
8月
9月
(d)大肠杆菌
5.00
4.50
4.00
3.50
3.00
2.50
2.00
1.50
1.00
0.50
0
丰度/(基因copies/L)
ad
bc
da
bc
bc
cb
4月
5月
6月
7月
8月
9月
(e)粪肠球菌
7.00
6.00
5.00
4.00
3.00
2.00
1.00
0
丰度/(基因copies/L)
a
ab
b
a
ab
ab
4月
5月
6月
7月
8月
9月
(f)丁香假单胞菌

续图 2-1

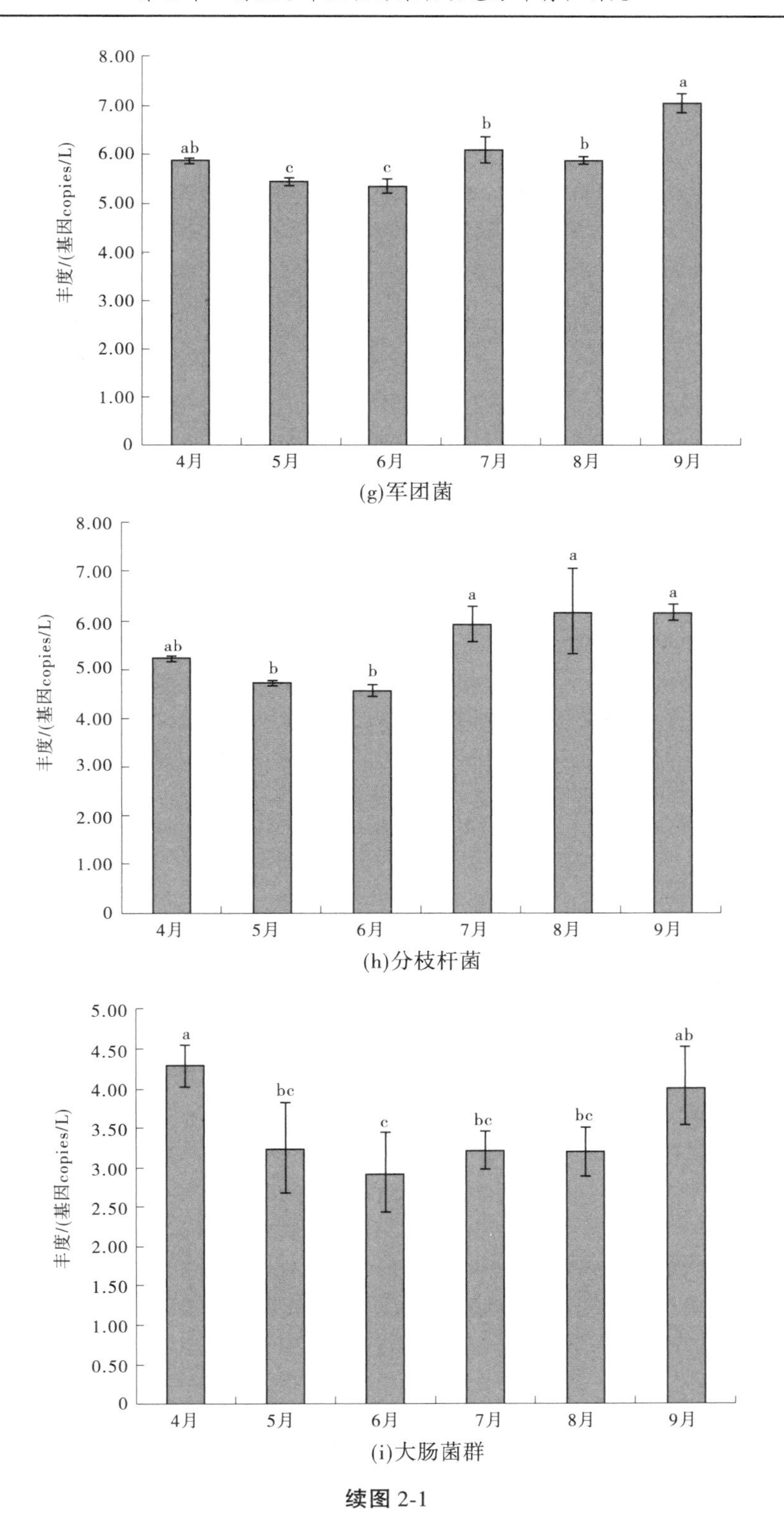

(g)军团菌

(h)分枝杆菌

(i)大肠菌群

续图 2-1

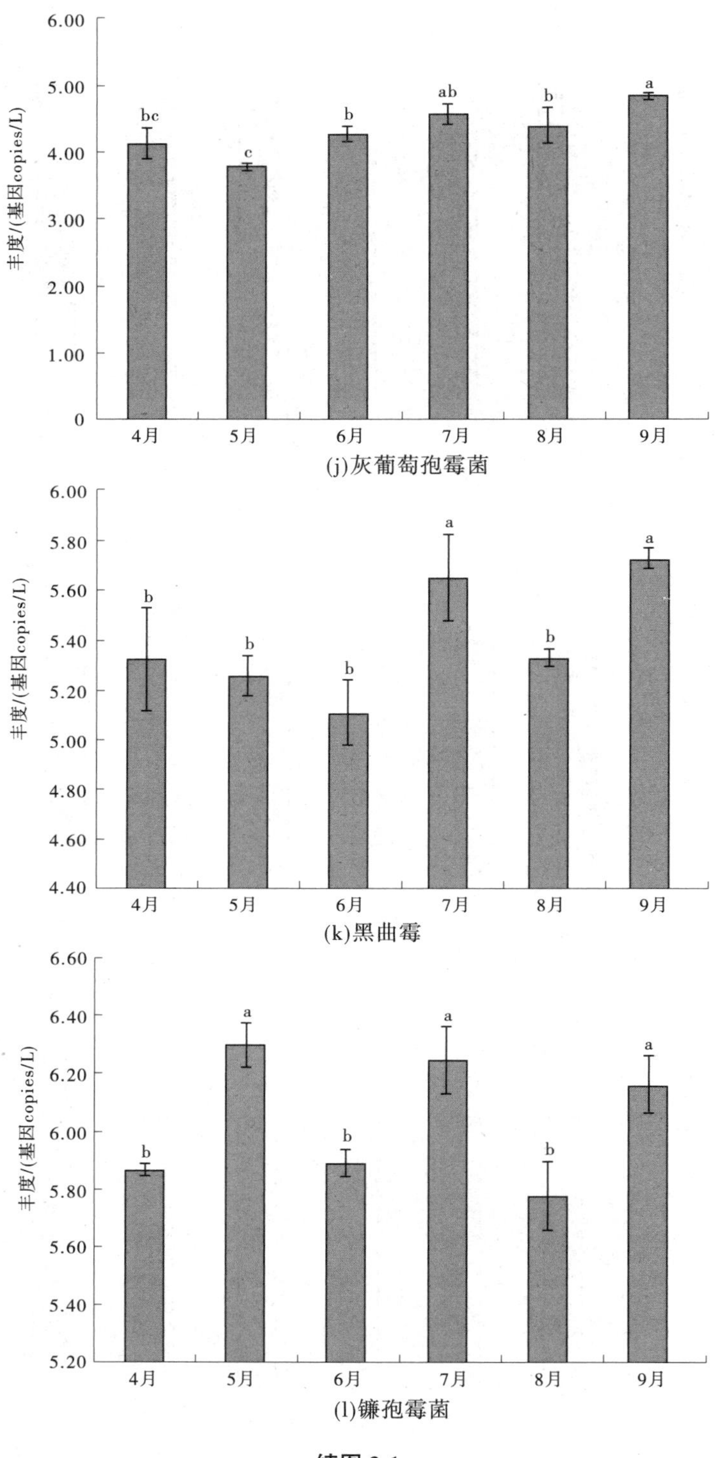
6.00
5.00
4.00
3.00
2.00
1.00
0
丰度/(基因copies/L)
bc
c
b
ab
b
a
4月
5月
6月
7月
8月
9月
(j)灰葡萄孢霉菌
6.00
5.80
5.60
5.40
5.20
5.00
4.80
4.60
4.40
丰度/(基因copies/L)
b
b
b
a
b
a
4月
5月
6月
7月
8月
9月
(k)黑曲霉
6.60
6.40
6.20
6.00
5.80
5.60
5.40
5.20
丰度/(基因copies/L)
b
a
b
a
b
a
4月
5月
6月
7月
8月
9月
(l)镰孢霉菌

续图 2-1

污水厂再生水(RW1)和入河排放口再生水(RW2)中病原菌丰度变化如图 2-2 所示。不同位点再生水中病原菌丰度变化无明显规律,但整体随月份不同呈现出丰度差异。从图 2-2 中可以看出,弓形菌丰度在再生水中呈现无规律变化,弓形菌和肺炎克雷伯氏菌在温度较低的月份丰度增加。污水厂再生水中弓形菌、肺炎克雷伯氏菌、丁香假单胞菌和粪肠球菌在 4 月丰度高于入河排放口的再生水。

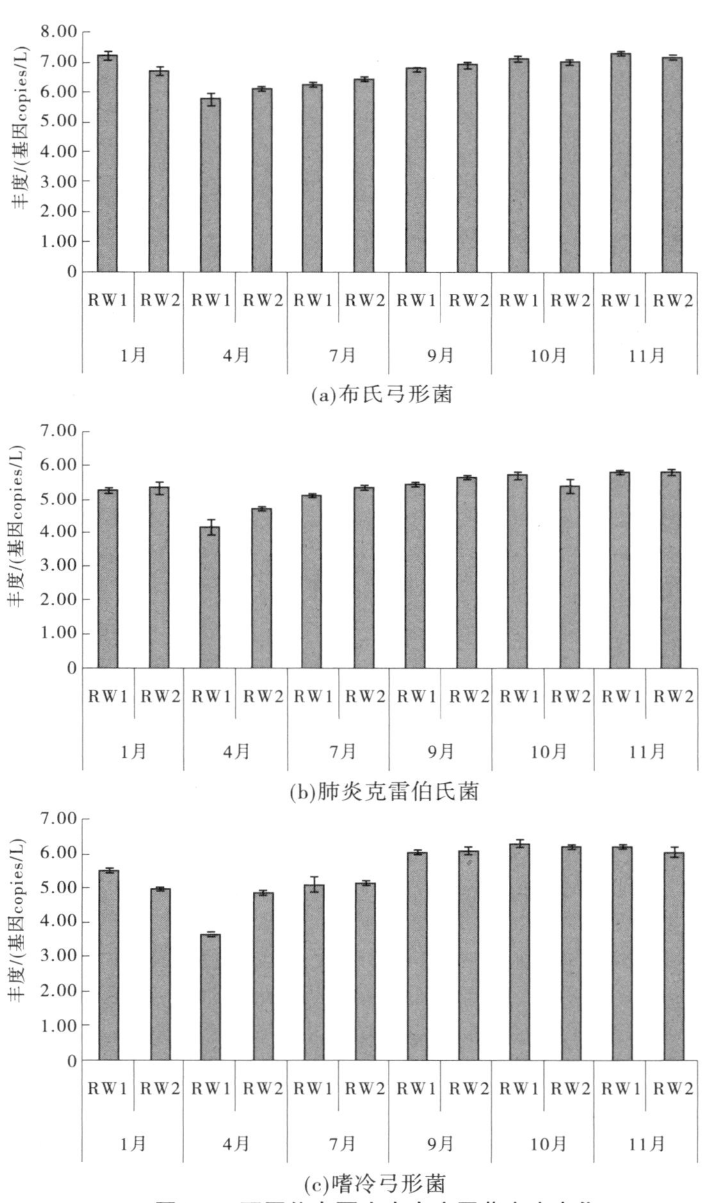

(a)布氏弓形菌

(b)肺炎克雷伯氏菌

(c)嗜冷弓形菌

图 2-2　不同位点再生水中病原菌丰度变化

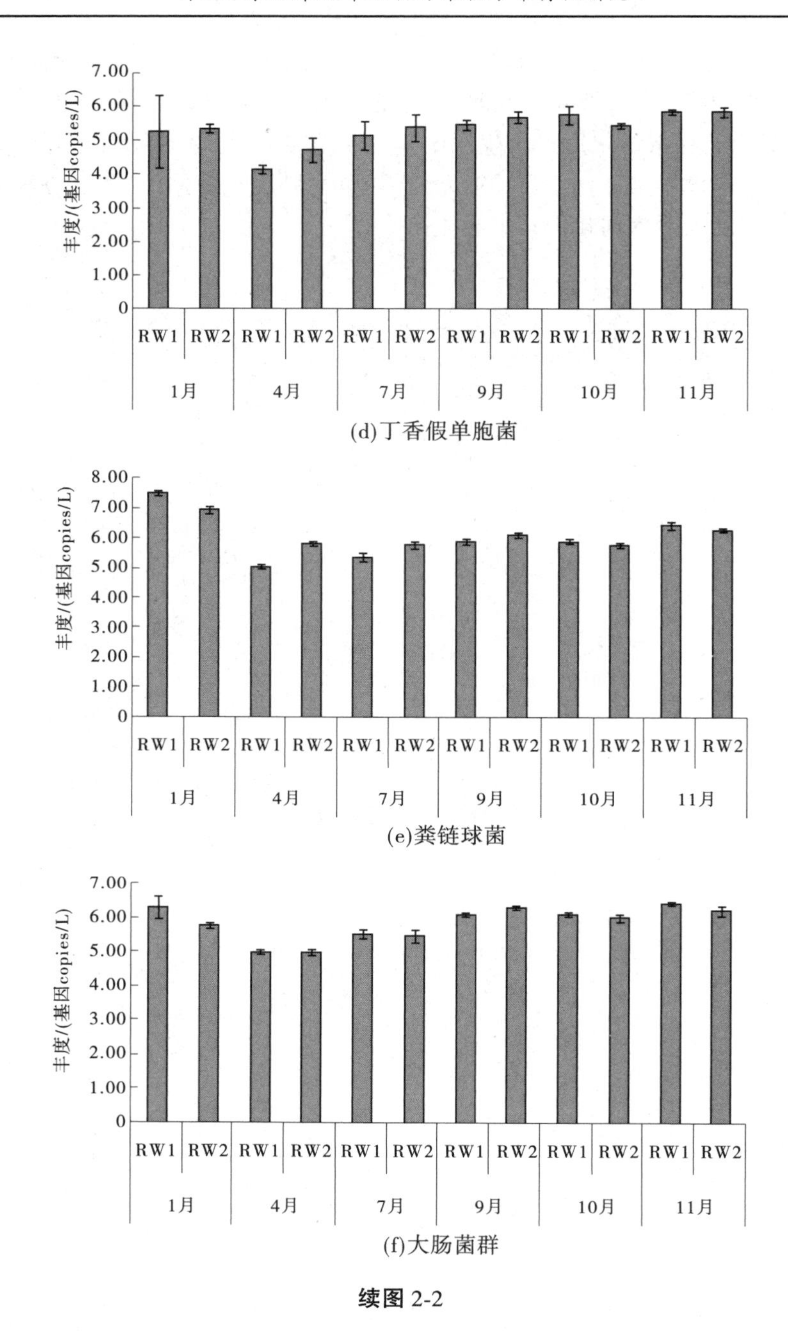

(d)丁香假单胞菌

(e)粪链球菌

(f)大肠菌群

续图 2-2

2.5.2　再生水中抗生素抗性基因丰度变化

图 2-3 显示不同位点再生水随时间的抗生素抗性基因丰度变化。本研究定量分析了四环素类抗生素抗性基因(*tetA*、*tetQ*、*tetW*)的丰度变化,研究发现抗生素抗性基因丰度变化趋势与病原菌丰度变化类似,但多数情况下抗生素抗性基因在入河排放口再生水中的丰度较高。

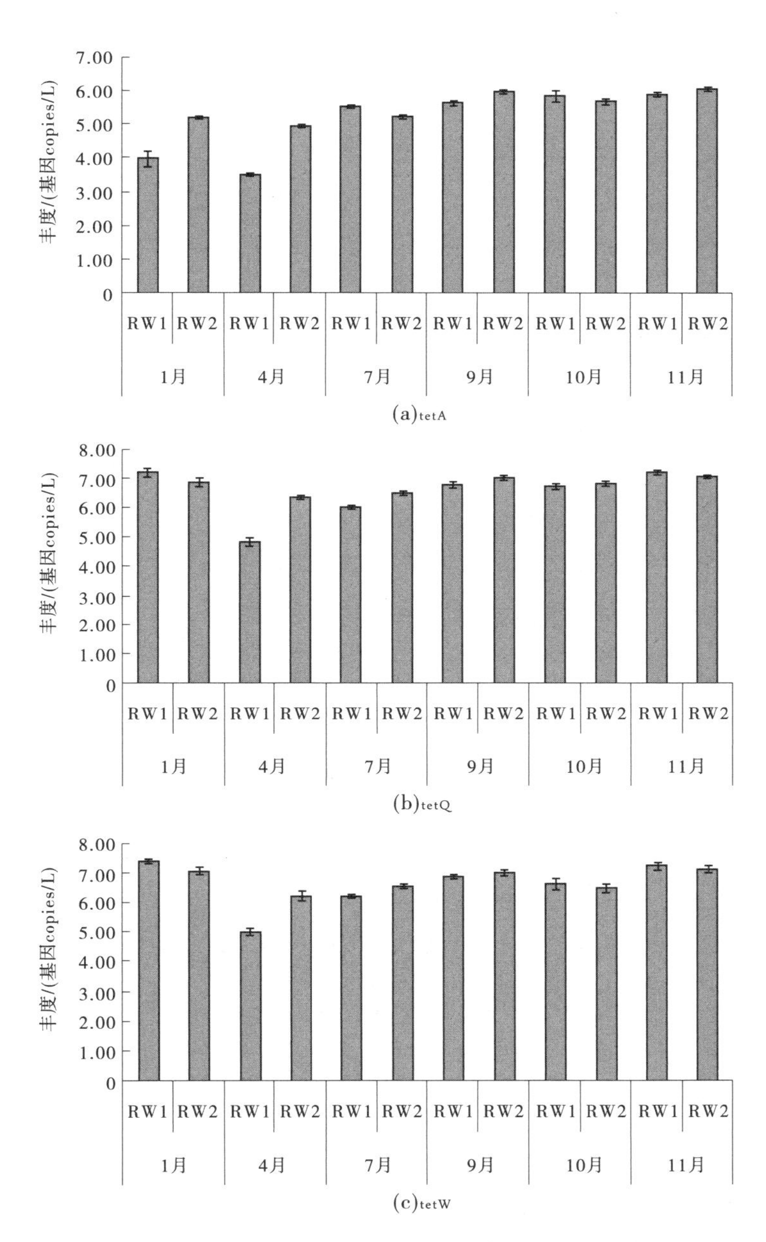

图 2-3　不同位点再生水随时间的抗生素抗性基因丰度变化

2.5.3　再生水中蓝藻毒素基因丰度变化

图 2-4 定量分析了再生水中蓝藻毒素的基因丰度变化。从图 2-4 中可以看出，蓝藻毒素基因丰度始终维持较高的水平，而微囊藻毒素基因丰度变化较大。*mcyD* 和 *mcyG* 基因丰度水平均高于 *mcyE*，这些蓝藻毒素基因丰度并无明显的规律。RW1 和 RW2 中 *mcyD* 基因在 7 月、9 月和 10 月维持较高的丰度水平。

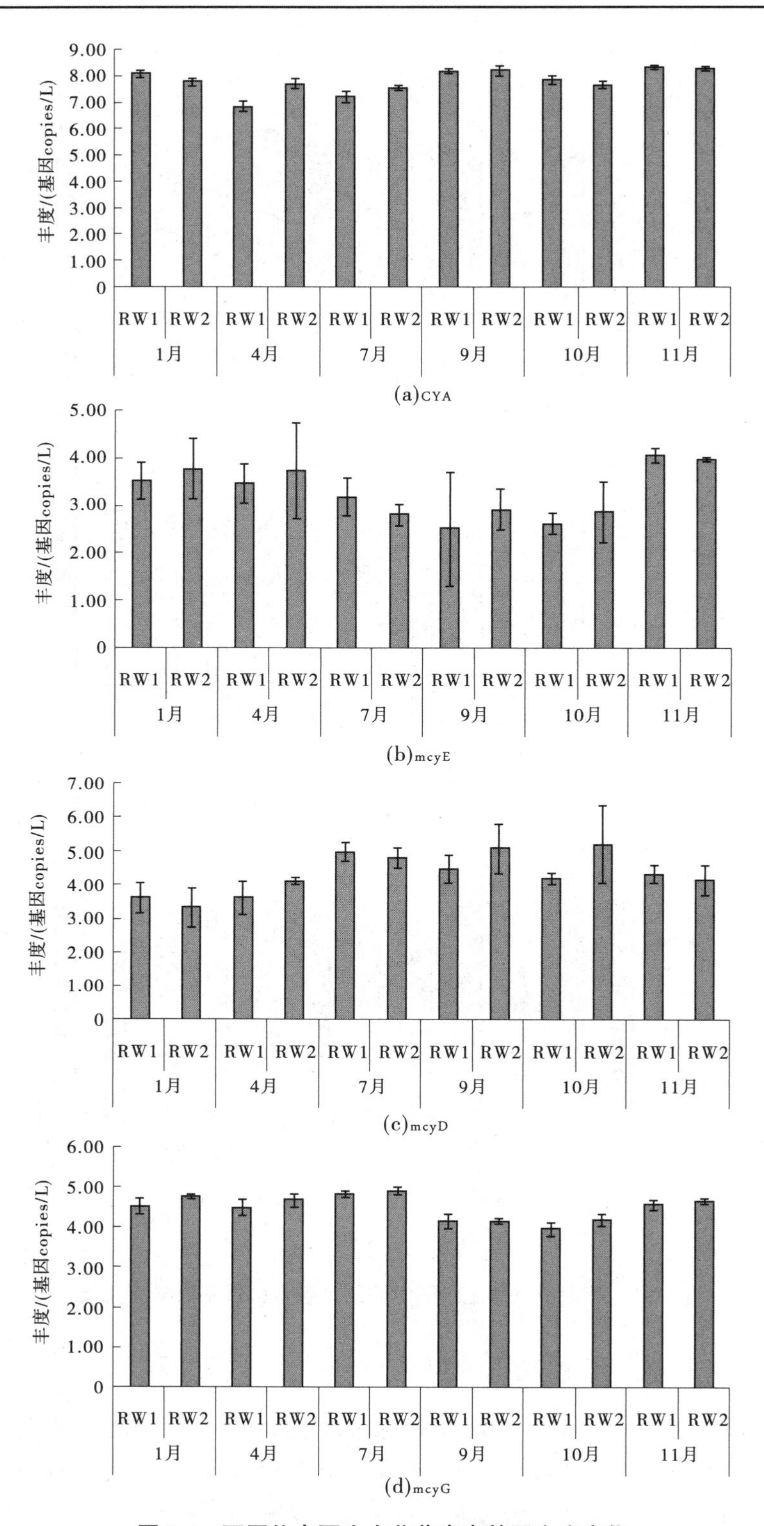

图 2-4　不同位点再生水蓝藻毒素基因丰度变化

2.6 讨 论

国内外针对再生水不同利用途径制定了相应的标准规范,但生物学控制指标仅限于与人类健康有关的大肠杆菌、粪大肠菌群和蛔虫卵等指示生物,其并不能有效表征再生水的生物安全性和风险程度[23]。再生水是各种潜在致病菌的重要环境储库,高通量测序结果显示再生水中变形菌门是主要的优势菌群,并含有大量的李斯特菌、弧菌、布氏弓形菌、嗜水气单胞菌、结核分枝杆菌和军团菌等人类条件致病菌[24-27];研究发现加氯处理和紫外线消毒后再生水中嗜肺军团菌、菲氏军团菌和戈登分枝杆菌丰度均有所增加,这些条件致病菌在再生水分配系统中也维持较高的丰度[28-29]。由于农业生产季节对再生水的需求量高,应加强再生水监测管理并考虑补充潜在致病菌检测指标[30]。通常认为,再生水储存设施有助于提高回用过程水质的可靠性,但由于残留消毒剂的消耗和可同化有机碳水平升高,处于活性且不可培养状态(viable but non-culturable, VBNC)的病原菌在再生水储存设施及分配系统中会重新生长与繁殖[31-32]。目前针对再生水中植物病原菌的研究较少,受污染的水体或土壤是植物病原菌传播的主要方式,这可能会导致农作物病害和产量损失,因此污水和再生水作为植物病原菌的重要储库之一,逐渐开始被研究者所关注[33-34]。上述研究使我们了解了再生水中复杂的微生物群落结构和有限的病原菌信息,但对污水处理厂、储存设施及回用管网等不同位点的再生水中微生物群落组成以及病原菌种类与数量缺乏系统的定量研究。

Pruden 等[35]2006 年首次提出将抗生素抗性基因(ARGs)作为一种新型环境污染物,逐渐引起全球科学家和公众的高度关注。再生水既是 ARGs 的重要储存库,又是向环境传播抗性的重要污染源。需要更多地关注再生水进入受纳水体和沉积物的抗生素抗性菌及其抗性基因的绝对数量,而不仅仅是抗生素的浓度[36-37]。污水厂 ARGs 和 BRGs 受细菌群落组成和基因交换驱动且出水中抗性表达活跃,污水厂排放到环境中抗性基因的绝对数量在很大程度上取决于出水中残留的细菌绝对生物量[38]。另一项研究揭示了潜在致病菌与 ARGs 的分布具有显著的相关性[39]。再生水的安全性一定程度上取决于抗性菌的再生能力,也取决于编码在游离态 DNA 上 ARGs 的归趋特征。游离态 ARGs 在总 ARGs 中的比重随着污水处理的进程不断提高,处理后的污水中游离态 ARGs 表现出长期稳定性[40-41]。研究表明,杀菌剂和重金属对抗生素抗性有共选择作用,被认为是促进抗生素抗性增殖的潜在机制之一[42-44]。蓝藻毒素是某些蓝藻细胞破裂后释放出的有毒次级代谢产物,被认为是一种新兴的环境污染物,常规水处理工艺难以有效去除[45]。多项研究表明,再生水含有足够的养分可供蓝藻增殖,甚至形成有害藻华[46-47]。蓝藻和蓝藻毒素与病原菌、重金属、杀虫剂和微塑料可以共存,这种联合毒性效应正在成为一个日益突出的研究领域[48]。

病原菌和抗生素耐药基因(ARGs)等生物污染物由于其环境耐受性和传播潜力而成为再生水安全评价中值得关注的问题。研究发现,再生水中同时含有较高丰度的人类条件致病菌和植物病原菌,其丰度变化呈现季节性规律。再生水中也发现高检出丰度的四环素类、磺胺类、红霉素类等抗生素耐药基因。前期研究已发现,再生水中含有较高丰度的条件致病菌和耐药基因,但其储存过程的丰度变化及汇入环境水体的迁移分布特征还有待进一步深入研究。研究发现,尽管再生水适宜农业灌溉,但不同灌溉方式可能不同程度上引入微生物污染问题,尤其是新新人类条件致病菌和抗生素耐药基因值得关注。局限于大肠杆菌、粪大肠菌群和蛔虫卵的生物学控制指标,已不能有效表征再生水的生物安全性和风险程度。随着再生水农业灌溉量的增加,应加强并补充再生水中潜在致病菌和耐药基因的监测与管理。

2.7 小 结

(1)再生水中检测出嗜水气单胞菌、弓形菌、大肠杆菌、蜡样芽孢杆菌、军团菌、分枝杆菌、粪链球菌、大肠菌群、肺炎克雷伯氏菌、金黄色葡萄球菌、棘阿米巴原虫和哈曼属原虫等多种人类条件致病菌,丁香假单胞菌、成团泛菌、青枯菌、镰孢霉菌、灰葡萄孢霉菌和黑曲霉等植物病原菌。

(2)再生水及入河再生水中典型病原菌、抗生素抗性基因及蓝藻毒素基因无明显的变化规律,但污水厂再生水的这些生物污染物呈现出季节性变化。

(3)关于再生水中生物污染这类重要的风险因子在再生水生产、管网输配、储存以及终端利用各个环节中的变化规律和相互影响进一步地深入研究,有助于采取合理的管控策略从源头有效控制及削减生物污染,保障再生水农业利用的安全性和可持续性。

参考文献

[1] Kingombe C I, Huys G, Tonolla M, et al. PCR detection, characterization, and distribution of virulence genes in Aeromonas spp[J]. Applied & Environmental Microbiology, 1999, 65: 5293-5302.

[2] Brightwell G, Mowat E, Clemens R, et al. Development of a multiplex and real time PCR assay for the specific detection of Arcobacter butzleri, and Arcobacter cryaerophilus[J]. Journal of Microbiological Methods, 2007, 68: 318-325.

[3] Kaushik R, Balasubramanian, R, Armah A. Influence of air quality on the composition of microbial pathogens in fresh rainwater[J]. Applied & Environmental Microbiology, 2012, 78: 2813-2818.

[4] Sun F, Wu D, Qiu Z, et al. Development of real-time PCR systems based on SYBR Green for the specific detection and quantification of Klebsiella pneumoniae in infant formula[J]. Food Control, 2010, 21: 487-491.

[5] Scott T M, Jenkins T M, Lukasik J, et al. Potential use of a host associated molecular marker in Enterococcus faecium as an index of human fecal pollution[J]. Environmental Science& Technology, 2005, 39: 283-287.

[6] Maheux A F, Boudreau D K, Bisson M A, et al. Molecular method for detection of total coliforms in drinking water samples[J]. Applied & Environmental Microbiology, 2014, 80: 4074-4084.

[7] Brouwer M, Lievens B, Van Hemelrijck W, et al. Quantification of disease progression of several microbial pathogens on Arabidopsis thaliana using real-time fluorescence PCR[J]. FEMS Microbiology Letters, 2003, 228: 241-248.

[8] Wang R F, Cao W W, Cerniglia C E. A universal protocol for PCR detection of 13 species of foodborne

pathogens in foods[J]. Journal of Applied Microbiology, 1997, 83: 727-736.

[9] Brakstad O G, Aasbakk K, Maeland J A. Detection of Staphylococcus aureus by polymerase chain reaction amplification of the nuc gene[J]. Journal of Clinical Microbiology, 1992, 30: 1654-1660.

[10] Miyamoto H, Yamamoto H, Arima K, et al. Development of a new seminested PCR method for detection of Legionella species and its application to surveillance of legionellae in hospital cooling tower water[J]. Applied & Environmental Microbiology, 1997, 63: 2489-2494.

[11] Mendum T A, Chilima B Z, Hirsch P R. The PCR amplification of non-tuberculous mycobacterial 16S rRNA sequences from soil[J]. FEMS Microbiology Letters, 2000, 185: 189-192.

[12] Kao P M, Tung M C, Hsu B M, et al. Real-time PCR method for the detection and quantification of Acanthamoeba species in various types of water samples [J]. Parasitology Research, 2013, 112: 1131-1136.

[13] Kuiper M W, Valster R M, Wullings B A, et al. Quantitative detection of the free-living amoeba Hartmannella vermiformis in surface water by using real-time PCR [J]. Applied & Environmental Microbiology, 2006, 72: 5750-5756.

[14] Sugita C, Makimura K, Uchida K, et al. PCR identification system for the genus Aspergillus and three major pathogenic species: Aspergillus fumigates, Aspergillus flavus and Aspergillus niger[J]. Medical Mycology, 2004, 42: 433-437.

[15] Mishra P K, Fox R T, Culham A. Development of a PCR-based assay for rapid and reliable identification of pathogenic Fusaria[J]. FEMS Microbiology Letters, 2003, 218: 329-332.

[16] Boon N, Top E M, Verstraete W, et al. Bioaugmentation as a tool to protect the structure and function of an activated-sludge microbial community against a 3−chloroaniline shock load[J]. Applied & Environmental Microbiology, 2003, 69: 1511-1520.

[17] May L A, Smiley B, Schmidt M G. Comparative denaturing gradient gel electrophoresis analysis of fungal communities associated with whole plant corn silage[J]. Canadian Journal of Microbiology, 2001, 47: 829-841.

[18] Fierer N, Jackson J A, Vilgalys R, et al. Assessment of soil microbial community structure by use of taxon-specific quantitative PCR assays [J]. Applied & Environmental Microbiology, 2005, 71: 4117-4120.

[19] De Gregoris T B, Aldred N, Clare A S, et al. Improvement of phylum-and class-specific primers for real-time PCR quantification of bacterial taxa[J]. Journal of Microbiology Methods, 2011, 86: 351-356.

[20] Francis C A, Roberts K J, Beman J M, et al. Ubiquity and diversity of ammonia-oxidizing archaea in water columns and sediments of the ocean[J]. Proceedings of the National Academy of Sciences of the United States of America, 2005, 102: 14683-14688.

[21] Rotthauwe J H, Witzel K P, Liesack W. The ammonia monooxygenase structural gene amoA as a functional marker: molecular fine-scale analysis of natural ammonia-oxidizing populations[J]. Applied & Environmental Microbiology, 1997, 63: 4704-4712.

[22] Rösch C, Mergel A, Bothe H. Biodiversity of denitrifying and dinitrogen-fixing bacteria in an acid forest soil[J]. Applied & Environmental Microbiology, 2002, 68: 3818-3829.

[23] 陈卫平, 吕斯丹, 张炜铃, 等. 再生(污)水灌溉生态风险与可持续利用[J]. 生态学报, 2014, 34(1): 163-172.

[24] Lu X, Zhang, X X, Wang Z, et al. Bacterial pathogens and community composition in advanced sewage treatment systems revealed by metagenomics analysis based on high-throughput sequencing[J]. PLoS

One, 2015, 10(5): e0125549.

[25] Cai L and Zhang T. Detecting human bacterial pathogens in wastewater treatment plants by a high-throughput shotgun sequencing technique[J]. Environmental Science & Technology, 2013, 47(10): 5433-5441.

[26] Huang K L, Mao Y P, Zhao F Z, et al, T. Free-living bacteria and potential bacterial pathogens in sewage treatment plants[J]. Applied Microbiology and Biotechnology, 2018, 102(5): 2455-2464.

[27] Chopyk J, Nasko D J, Allard S, et al. Comparative metagenomic analysis of microbial taxonomic and functional variations in untreated surface and reclaimed waters used in irrigation applications[J]. Water Research, 2020, 169: 115250.

[28] Kulkarni P, Olson N D, Paulson J N, et al. Conventional wastewater treatment and reuse site practices modify bacterial community structure but do not eliminate some opportunistic pathogens in reclaimed water [J]. Science of the Total Environment, 2018, 639: 1126-1137.

[29] Garner E, McLain J, Bowers J, et al. Microbial ecology and water chemistry impact regrowth of opportunistic pathogens in full-scale reclaimed water distribution systems[J]. Environmental Science & Technology, 2018, 52(16): 9056-9068.

[30] Rusiñol M, Hundesa A, Cárdenas-Youngs Y, et al. Microbiological contamination of conventional and reclaimed irrigation water: Evaluation and management measures[J]. Science of the Total Environment, 2020, 710: 136298.

[31] Lin Y W, Li D, Gu A Z, et al. Bacterial regrowth in water reclamation and distribution systems revealed by viable bacterial detection assays[J]. Chemosphere, 2016, 144: 2165-2174.

[32] Chen Z, Yu T, Ngo H H, et al. Assimilable organic carbon (AOC) variation in reclaimed water: Insight on biological stability evaluation and control for sustainable water reuse[J]. Bioresource Technology, 2018, 254: 290-299.

[33] Stewart-Wade, S M. Plant pathogens in recycled irrigation water in commercial plant nurseries and greenhouses: Their detection and management[J]. Irrigation Science, 2011, 29(4): 267-297.

[34] Ivey M L L, Miller S A. Assessing the efficacy of pre-harvest, chlorine-based sanitizers against human pathogen indicator microorganisms and Phytophthora capsici in non-recycled surface irrigation water[J]. Water Research, 2013, 47(13): 4639-4651.

[35] Pruden A, Pei R T, Storteboom H, et al. Antibiotic resistance genes as emerging contaminants: Studies in northern Colorado[J]. Environmental Science & Technology, 2006, 40(23): 7445-7450.

[36] Brown P C, Borowska E, Schwartz T, et al. Impact of the particulate matter from wastewater discharge on the abundance of antibiotic resistance genes and facultative pathogenic bacteria in downstream river sediments[J]. Science of the Total Environment, 2019, 649: 1171-1178.

[37] Wang R M, Ji M, Zhai H Y, et al. Occurrence of antibiotics and antibiotic resistance genes in WWTP effluent-receiving water bodies and reclaimed wastewater treatment plants[J]. Science of the Total Environment, 2021, 796: 148919.

[38] Ju F, Beck K, Yin X, et al. Wastewater treatment plant resistomes are shaped by bacterial composition, genetic exchange, and upregulated expression in the effluent microbiomes[J]. The ISME Journal, 2019, 13(2): 346-360.

[39] Yang Y, Li B, Zou S C, et al. Fate of antibiotic resistance genes in sewage treatment plant revealed by metagenomic approach[J]. Water Research, 2014, 62: 97-106.

[40] Zhang Y, Li A, Dai T, et al. Cell-free DNA: a neglected source for antibiotic resistance genes spreading

from WWTPs[J]. Environmental Science & Technology, 2018, 52(1): 248-257.

[41] Calderón-Franco D, van Loosdrecht M C M, Abeel T, et al. Free-floating extracellular DNA: Systematic profiling of mobile genetic elements and antibiotic resistance from wastewater[J]. Water Research, 2021, 189: 116592.

[42] Pal C, Bengtsson-Palme J, Kristiansson E, et al. Co-occurrence of resistance genes to antibiotics, biocides and metals reveals novel insights into their co-selection potential[J]. BMC Genomics, 2015, 16: 964.

[43] 陈帅，邹海燕，高方舟，等. 抗生素、重金属和杀生剂抗性共选择机制[J]. 生态毒理学报，2020(2):1-10.

[44] Li L G, Xia Y, Zhang T. Co-occurrence of antibiotic and metal resistance genes revealed in complete genome collection[J]. The ISME Journal, 2017, 11(3): 651-662.

[45] Li S, Tao Y, Dao G H, et al. Synergetic suppression effects upon the combination of UV-C irradiation and berberine on Microcystis aeruginosa and Scenedesmus obliquus in reclaimed water: effectiveness and mechanisms[J]. Science of the Total Environment, 2020, 744: 140937.

[46] Joo J C, Ahn C H, Lee S, et al. Algal growth potential of Microcystis aeruginosa fromreclaimed Water [J]. Water Environment Research, 2016, 88(1): 54-62.

[47] 杨佳，胡洪营，李鑫. 再生水水质环境中典型水华藻的生长特性[J]. 环境科学，2010, 31(1): 76-81.

[48] Metcalf J S, Codd G A. Co-occurrence of cyanobacteria and cyanotoxins with other environmental health hazards: Impacts and implications[J]. Toxins, 2020, 12(10): 629.

第 3 章　再生水灌溉方式对作物-土壤系统中病原菌丰度变化的影响

3.1　试验地概况

试验于中国农业科学院新乡农业水土环境野外科学观测试验站(35°19′N,113°53′E)阳光板温室中进行。试验站海拔 73.2 m,年均气温 14.1 ℃,多年平均年降水量 588 mm,年均蒸发量 2 000 mm,无霜期 210 d,日照时数 2 398 h。

3.2　试验设计

盆栽试验在可控条件下进行,日温度范围为 15~32 ℃,空气相对湿度为 65%~75%。试验用土类型为沙壤土,其理化性质为:pH 8.24,电导率 439 μS/cm,有机质 0.45%,全氮 0.39 g/kg,全磷 0.80 g/kg,全铅 7.99 mg/kg,全镉 0.07 mg/kg,全铜 5.18 mg/kg,全锌 32.16 mg/kg。再生水取自日处理量 15 万 m^3 的生活污水处理厂,清水来自自来水公司的供水管网。

供试土壤过 2 mm 筛,每盆分装 5 kg,基施复合肥 1 g/kg。以辣椒为供试作物。辣椒种子在含有基质(草炭+蛭石+珍珠岩)的育苗穴盘中发芽,然后移栽到盆中。根据需要对辣椒植株进行灌溉,所有处理均浇灌 2 L 再生水或自来水。试验处理设置如下:100%清水(TW)、100%再生水(RW100)、20%自来水与 80%再生水混合(RW80)、40%自来水与 60%再生水混合(RW60)4 个处理,分别设 3 个重复。

3.3　试验方法

3.3.1　样品采集与处理

随机剪取辣椒根和果实,装入无菌聚乙烯袋运到实验室。样品在自来水下冲洗以去除附着的土壤和碎屑,然后浸入中性洗涤剂并用蒸馏水彻底冲洗以去除表面附着物。表面消毒是通过 75%(v/v)乙醇浸泡 3 min,次氯酸钠溶液(3%有效氯)浸泡 5 min,然后用无菌蒸馏水冲洗 3 次。将获得的表面消毒样品切成 5 mm 的碎片。为了验证表面消毒程序的有效性,将植物组织片和最后的漂洗水镀在 LB 培养基上,在 30 ℃下孵育 48 h。

称取一定量的植物组织,并立即在液氮中研磨。利用 FastDNA® Spin Kit for Soil(MP Biomedicals, USA)提取总 DNA。DNA 浓度和完整性采用 QuickDrop 分光光度计(Molecular Devices, LLC., MA, USA)测定,琼脂糖凝胶电泳分析。用于qPCR检测和测序的DNA保存在-80 ℃待用。

3.3.2　水、土理化性质

水样的pH和电导率(EC)采用便携式多参数水质分析仪(美国HACH HQ40d),化学需氧量(COD)采用COD消解仪(美国HACH DRB 200),TP和TN采用连续流分析仪(Seal AA3, Norderstedt, 德国),重金属(Cd, Pb, Cu, Zn)采用原子吸收光谱法(Shimadzu AA-6300, 日本京都)。采用全细菌显色培养基和大肠菌群显色培养基(Hopebio公司,青岛),采用涂布平板法测定总异养菌和总大肠菌群的数量。

收集的表层土壤(10~15 cm)在室温下风干后过2 mm筛。理化性质按《土壤环境质量 农用地土壤污染风险管控标准(试行)》(GB 15618—2018)标准方法测定。用重铬酸钾滴定法对有机质进行测定。Pb、Cd、Cu、Zn经HF-HNO_3-$HClO_4$消解后利用原子吸收分光光度计(Shimadzu AA-6300, Kyoto, Japan)测定。总氮和总磷分别用碱性过硫酸钾消解紫外分光光度法和钼锑抗分光光度法测定。采用土壤脲酶(S-UE)检测试剂盒(索莱宝, 北京)测定根际土壤脲酶活性,以每克土壤24 h后产生的NH_3-N质量表示脲酶活性,单位为μg/g。采用土壤碱性磷酸酶(S-AKP/ALP)测定试剂盒测定碱性磷酸酶活性,以每克土壤在24 h后释放的苯酚质量(单位为nmol/g)表示。

3.3.3　16S rRNA gene 测序

为了评估细菌内生细菌群落,设计了两组针对16S rRNA基因V5-V7区域的引物,避免扩增叶绿体和线粒体DNA。第一轮反应引物799F(5′-AACMGGATTAGATACCCKG-3′)和1392R(5′-ACGGGCGGTGTGTRC-3′)扩增[1-2]。PCR采用TransStart FastPfu DNA聚合酶体系(TransGen Biotech AP221-02),该系统含有4 μL 5x FastPfu Buffer, 2 μL dNTPs(2.5 mM),每种引物1.0 μL(5 μmol/L), 0.5 μL FastPfu Polymerase(10 U),10 ng模板DNA和ddH_2O,最终体积为20 μL。反应在ABI GeneAmp® 9 700 PCR仪上进行。热剖面包括在95 ℃下初始变性3 min,然后在95 ℃ 30 s, 55 ℃ 30 s, 72℃ 45 s,最后在72 ℃ 10 min,27个循环。引物799F和1 193R(5′-ACGTCATCCCCACCTTCC-3′)第二轮扩增产生394 bp的PCR产物[3]。PCR循环条件与第一轮相同,总共13个循环。使用AxyPrep DNA凝胶提取试剂盒(AxyPrep Biosciences, Inc., CA, USA)纯化预期的DNA条带。PCR产物用QuantiFluor™荧光分析系统(Promega, Madison, WI, USA)进行定量,在进一步处理前等摩尔混合。使用TruSeq™DNA样品准备试剂盒(Illumina Inc., USA)按照说明书进行16S rRNA基因扩增文库制备。最后,文库测序在Illumina MiSeq PE300平台上进行,生成400 bp的双末端reads (Majorbio Bio-Pharm Technology Co., Ltd, 上海)。

3.3.4　定量PCR检测

用于实时qPCR检测的引物序列见表2-2。所有引物的特异性通过Primer-BLAST验证。纯化后的PCR产物被克隆到pMD 19-T Vector(TaKaRa Bio Inc., 大连)中,大肠杆菌DH5α感受态细胞转化。阳性重组体在带有X-Gal-IPTG-氨苄西林指示剂的LB平板上进行蓝白斑筛选,并由北京睿博兴科生物科技有限公司进一步确认插入片段。阳性克隆的质粒 DNA 采用 E. Z. N. A.® Plasmid Mini Kit Spin Kit(Omega Bio-tek, Doraville, GA, USA)提取。质粒 DNA 浓度采用 QuickDrop 分光光度计(Molecular Devices, LLC., MA, USA)测定。将每个含有目标基因片段的质粒 DNA 进行 10 倍梯度稀释,生成相应的标准曲线。

所有 qPCR 均在 C1000 Touch 热循环仪上使用 CFX96 Touch™ 实时 PCR 检测系统(Bio-Rad Laboratories, Inc., CA, USA)检测病原菌的丰度。反应体系由 12.5 μL TB Green Premix Ex Taq(Tli RNaseH Plus)(TaKaRa Bio Inc., 大连)、各引物 0.4 μL (0.2 μM)、模板 DNA 2 μL、ddH_2O 9.7 μL 组成,总体积为 25 μL。扩增条件如下:95 ℃初始变性 30 s, 95 ℃ 5 s, 55℃或 60 ℃ 30 s, 72 ℃ 30 s,40 个循环,然后是熔化曲线阶段:以 0.5 ℃/s,从 65 ℃逐渐增加到 95 ℃。所有 qPCR 均设置技术重复,以无 DNase/ RNase 水为阴性对照。PCR 的扩增效率和相关系数在 87.7%~110.0%,R^2 在 0.989~0.999。

3.4　数据分析

16S rRNA 基因序列由 Illumina MiSeq 平台生成,在 Majorbio I-Sanger Cloud platform 在线平台上进行分析。数据处理步骤如下:

(1)对所有样本生成的原始序列,使用 FLASH 和 Trimmomatic 进行过滤,合并成 paired-end sequences,得到有效序列。采用 Mothur[4] 进行 α-多样性分析和稀疏曲线分析。

(2)用 R 包绘制 Venn 图。针对 Silva 数据库分配的代表性序列,以获得细菌群落的分类水平。

(3)利用 R 软件中的 Vegan 包绘制热图,显示细菌数相对丰度的变化。

(4)利用 Vegan 软件基于 OTU 的 Bray-Curtis 距离进行非度量多维尺度排序(NMDS),以描述细菌群落组成变化的聚类。采用主坐标分析(PCoA)评价细菌群落结构之间的关系。

(5)利用 NetworkX 构建微生物关联网络。使用 FastTree 的默认设置构建系统发育树。原始序列数据提交到 NCBI SRA,登录号为 PRJNA555470。

利用 HemI 软件(heatmap Illustrator V1.0)将病原菌丰度差异绘制为热图。数据采用单因素方差分析($P \leq 0.05$),所有统计分析采用 SPSS 20.0(IBM, Armonk, NY, USA)。

3.5　结果与分析

3.5.1　灌溉水源和土壤的理化特性

表 3-1 总结了清水(自来水)和再生水的理化特性。再生水的 EC 值为 1 884~2 510 μS/cm,而清水的 EC 值为 786~815 μS/cm。清水 COD 均低于检测限(< 15 mg/L)。再生水的 COD、氨氮和总磷值均高于清水。两种水源中的重金属铜、锌、铅、镉均低于检测

限,但再生水中的锌含量略高。再生水中总需氧异养菌和总大肠菌群的丰度高于清水。尽管再生水的水质较自来水差,但仍符合灌溉回用的相关标准。

表 3-1 灌溉水源的理化特性

指标	清水	再生水	灌溉限值 *	
			A	B
pH	7.08~7.35	7.88~8.31	5.5~8.5	5.5~8.5
EC/(μS/cm)	786~815	1 884~2 510	—	—
COD/(mg/L)	< 15	15~93	60~200	100~200
NH_3-N/(mg/L)	0.02~0.03	0.12~0.20	—	—
TP/(mg/L)	0.03~0.04	0.33~0.67	—	—
Cu/(mg/L)	<0.009	<0.009	0.5~1.0	1.0
Zn/(mg/L)	<0.001	0.008~0.013	2.0	2.0
Pb/(mg/L)	<0.001	<0.001	0.2	0.2
Cd/(mg/L)	<0.000 1	<0.000 1	0.01	0.01
Total coliforms (MPN/100 mL)	—	$6.5 \times 10^3-1.0 \times 10^4$	—	—
Total bacteria/ (CFU/100 mL)	0~3	$1.0 \times 10^5 \sim 1.13 \times 10^5$	—	—

注:带 * 号的参照《农田灌溉水质标准》(GB 5084—2021)和《城市污水再生利用 农田灌溉用水水质》(GB 20922—2007)。

清水(TW)和再生水(RW)灌溉土壤的理化性质相似。不同 RW 混合比例灌溉土壤的测量参数在处理间无差异(见表 3-2)。与 TW 灌溉相比,RW 灌溉显著提高了土壤 pH、EC 值和 TP 含量($P \leq 0.05$)。土壤有机质、全氮、重金属(Pb、Cd、Cu、Zn)和酶活性在不同灌溉处理间无显著差异。试验期间,所有灌溉水质处理均导致土壤重金属积累,但均低于国家标准《土壤环境质量 农用地土壤污染风险管控标准(试行)》(GB 15618—2018)确定的风险筛选值。此外,应该注意的是,再生水灌溉可能导致土壤盐分积累。

表 3-2 灌溉土壤的理化特性

指标	TW	RW100	RW80	RW60
pH	7.91±0.05	8.19±0.06 *	8.17±0.04 *	8.04±0.03 *
EC/(μS/cm)	742±193	1 953±166 *	1 787±136 *	1 127±160 *
OM/%	0.51±0.08	0.57±0.06	0.62±0.08	0.57±0.03
TN/(g/kg)	0.43±0.02	0.32±0.02	0.37±0.04	0.40±0.02
TP/(g/kg)	0.76±0.01	0.86±0.02 *	0.81±0.01 *	0.80±0.01 *

续表 3-2

指标	TW	RW100	RW80	RW60
Cd/(mg/kg)	0. 10±0. 04	0. 27±0. 14	0. 23±0. 11	0. 11±0. 10
Pb/(mg/kg)	8. 39±0. 60	7. 36±0. 29	7. 63±0. 39	7. 52±0. 29
Cu/(mg/kg)	6. 14±0. 15	5. 24±0. 69	6. 48±0. 57	6. 06±0. 34
Zn/(mg/kg)	33. 53±1. 52	32. 25±1. 72	35. 76±1. 49	33. 84±2. 28
Urease/(U/g)	521±127	515±37	511±13	461±24
Alkaline phosphatase/(U/g)	55±15	70±14	42±6	52±16

3. 5. 2 内生细菌多样性与群落组成

经过筛选低质量 reads、去除 barcodes 引物、trimming 嵌合体后，辣椒根和果实样品中合格 reads 的总数分别为 141 900 条和 142 740 条。每个样本按最小值抽平为 11 825 个 reads 进行下游分析，平均长度为 395 bp，基于 97%的 OTUs 相似阈值，然后对各样本的 OTU 聚类和相应的物种分类进行分析。从根内生组织中共获得 751 个 OTUs，包括 16 个门 29 个纲 89 个目 197 个科和 419 个属。果实样品中 OTUs 总数为 955 个，包括 26 个门 50 个纲 126 个目 267 个科和 490 个属。检测的 24 个辣椒样品中，稀疏曲线趋于饱和(见图 3-1)，表明测序结果能够客观地反映每个样品中的细菌群落多样性。此外，果实样品的稀疏曲线表明观察到的 OTUs 数量比根样品具有更高的微生物群落丰富度。

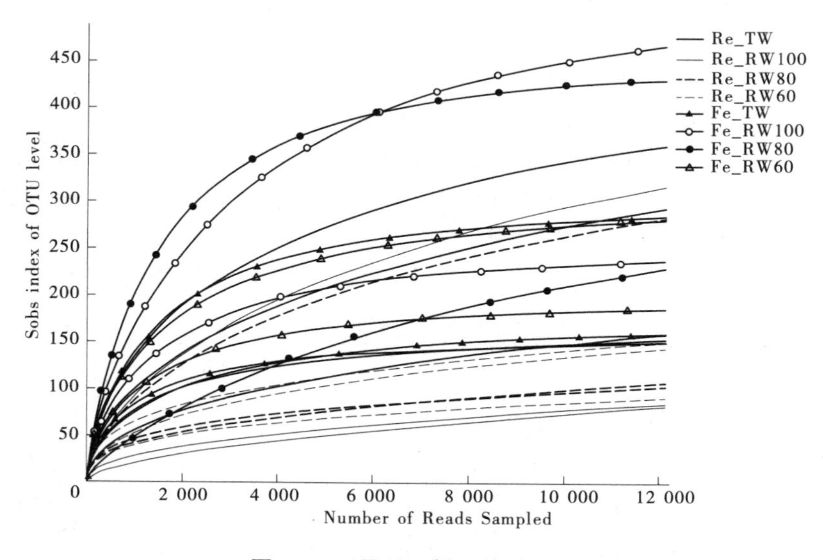

图 3-1 不同处理样品的稀疏曲线

为了评价不同处理间内生细菌群落的多样性和丰富度，计算了不同随机抽样条件下的 α 多样性指数(见表 3-3)。基于 97%的序列相似性，在根和果实样品中分别得到 129~

270 个 OTUs 和 181~330 个 OTUs。结果表明，果实样品中观察到的 OTUs 数量、Chao1 指数和 Shannon 多样性指数均高于根样品，表明果实样品中细菌群落的多样性和丰富度更高。α 多样性指数在果实样品中无显著差异。再生水灌溉根内生细菌的 Shannon 指数显著低于清水灌溉，而 Simpson 指数高于清水灌溉，表明再生水灌溉对根内生细菌群落多样性的影响更大。

表 3-3　不同处理间 α 多样性指数比较

样品名称	Read numbers	OTUs	Chao1 index	ACE index	Shannon-Weaver index	Simpson index	Good's coverage/%
Re_TW	51 750a	270a	335a	353a	2. 86a	0. 169a	99. 33a
Re_ RW100	44 008a	161a	318a	332a	1. 32b	0. 561b	99. 44a
Re_ RW80	43 225a	164a	240a	280a	2. 26ab	0. 249ab	99. 51a
Re_RW60	52 688a	129a	183a	205a	2. 45ab	0. 184ab	99. 65a
Fe_TW	19 404a	198a	209a	206a	3. 05a	0. 104a	99. 84a
Fe_ RW100	20 218a	181a	193a	189a	3. 07a	0. 098a	99. 83a
Fe_ RW80	22 578a	330a	378a	270a	2. 50a	0. 394a	99. 61a
Fe_RW60	22 370a	311a	332a	333a	3. 49a	0. 079a	99. 65a

注：Re 和 Fe 分别代表根内生和果实内生细菌，不同小写字母表示 $P\leq 0.05$ 水平差异显著。

Illumina 高通量测序分析揭示了不同灌溉处理的根和果实内生菌群落组成的相似性。图 3-2 显示不同处理样品在门和属水平上的分类组成。同一类群的相对丰度存在显著差异。在门水平上，变形菌门、厚壁菌门、放线菌门和拟杆菌门是根和果实内生细菌的优势菌群。此外，在所有样品中均检测到相对丰度较低的芽单胞菌门和酸杆菌门。变形菌门（68. 69%~91. 38%）、厚壁菌门（0. 45%~3. 87%）、放线菌门（3. 36%~25. 59%）和拟杆菌门（0. 90%~4. 90%）是根内生细菌丰度占比最高的类群。果实内生菌群以变形菌门（64. 56%~85. 29%）、厚壁菌门（3. 47%~12. 27%）、放线菌门（2. 53%~4. 63%）和拟杆菌门（4. 68%~17. 42%）为主。在根和果实内生细菌中，变形菌门占细菌群落的最大比例。再生水灌溉增加了根内生菌中变形菌门的相对丰度，其中 Re_RW100 样品的丰度更高（91. 38%），高于 Re_TW 样品（68. 69%）。然而，RW100 处理的果实内生菌中变形菌门的相对丰度低于 TW 处理。在变形菌门中，根内生细菌以 γ-变形菌纲居多（48. 47%~89. 43%），其次为 α-变形菌纲（1. 55%~21. 69%）、β-变形菌纲（0. 38%~8. 82%）。果实内生细菌中以 β-变形菌纲为优势类群（10. 39%~35. 69%），其次为 α-变形菌纲（8. 33%~23. 34%）、γ-变形菌纲（7. 28%~63. 82%）和 Deltaproteobacteria（2. 75%~6. 44%）。对于根内生细菌，再生水灌溉增加了 γ-变形菌纲和厚壁菌门的相对丰度，而 α-变形菌纲、β-变形菌纲、拟杆菌门和放线菌门的相对丰度降低。此外，再生水灌溉下果实内生细菌中厚壁菌门的相对丰度增加，而 γ-变形菌纲和 Deltaproteobacteria 的相对丰度降低。

在属水平上，所有样品共有 5 个属，分别为假单胞菌属（0. 79%~86. 99%）、根瘤菌属

(0.71%~17.47%)、黄杆菌属(0.61%~14.2%)、窄食单胞菌属(0.13%~9.63%)和乳杆菌属(0.23%~6.88%)。在所有处理中,根样品中假单胞菌属、根瘤菌属和窄食单胞菌属的相对丰度都高于果实样品,而乳杆菌属和黄杆菌属在果实样品中更丰富。根内生细菌中有 3 个独特的属(> 1%),包括链霉菌属、*Paeniglutamicibacter* 和 *Advenella*。在果实内生菌中,*Comamonas*、*Delftia*、*Brevundimonas*、*Bdellovibrio* 和 norank_Rhodospirillaceae 等 5 个属丰富(> 1%)。与果实样品相比,根样品中呈现出更独特的属。再生水灌溉条件下,根样品中假单胞菌属、Peptostreptococcaceae、*Lachnoclostridium*、肠球菌属、乳酸杆菌属和葡萄球菌属的相对丰度均有不同程度的增加,而根瘤菌属、叶杆菌属、*Advenella*、*Ralstonia*、窄食单胞菌属、链霉菌属和黄杆菌属的相对丰度则有所下降。

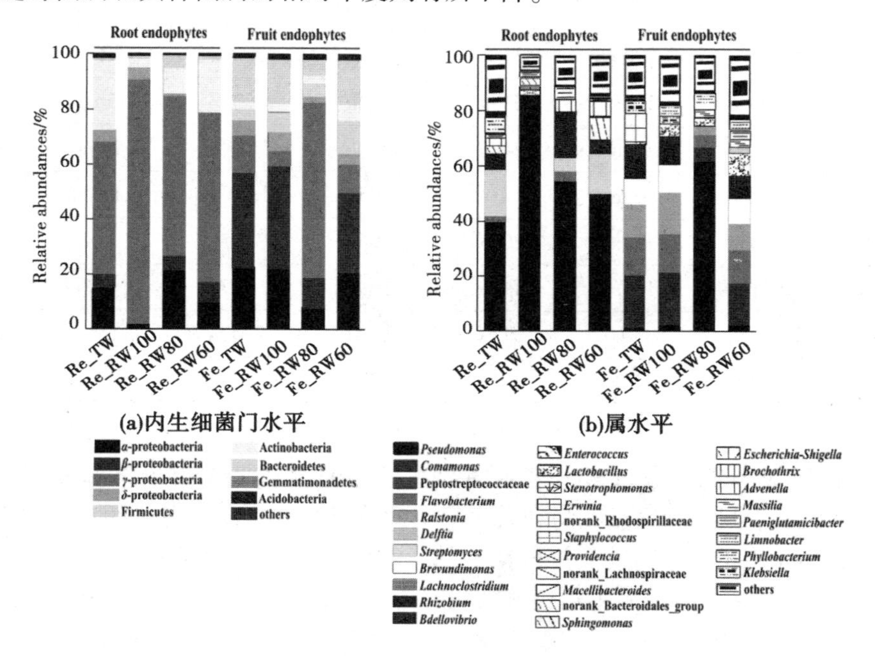

图 3-2　根和果实内生细菌门水平和属水平相对丰度

利用 Venn 图分析所有样本中共有 OTUs 和独有 OTUs 的数量(见图 3-3)。根组织样本中分别有 158 个、116 个、64 个和 31 个核心 OTUs,共有 127 个 OTUs。在根内生细菌样本中,绝大多数再生水核心 OTUs(300/457 OTUs)与清水核心 OTUs 共有。共有细菌 OTUs 主要为变形菌门(80.77%)、放线菌门(14.68%)、拟杆菌门(2.26%)和厚壁菌门(2.12%),假单胞菌属(61.76%)、链霉菌属(9.28%)、根瘤菌属(6.93%)、窄食单胞菌属(3.77%)和 *Paeniglutamicibacter*(1.93%)。在果实内生细菌中,4 个处理独有类群分别有 70 个、95 个、126 个和 172 个核心 OTUs,所有类群共有 119 个核心 OTUs。果实内生细菌共有细菌 OTUs 主要为变形菌门(75.30%)、拟杆菌门(13.56%)、厚壁菌门(6.69%)和放线菌门(3.06%),假单胞菌属(17.38%)、丛毛单胞菌属(16.61%)、黄杆菌属(11.98%)、*Delftia*(10.27%)、*Brevundimonas*(8.26%)、根瘤菌属(5.62%)、*Bdellovibrio* 门(4.08%)和乳杆菌属(3.73%)。结果表明,不同灌溉水源处理下根、果实内生细菌群落具有较高的相似性。

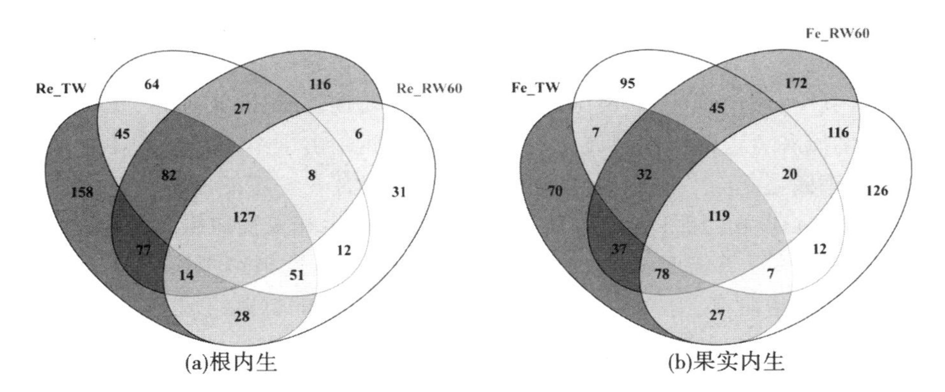

(a)根内生　　(b)果实内生

图 3-3　不同处理根内生和果实内生共有和独有 OTUs Venn

本研究选取了根和果实内生细菌中排名前 50 位的优势菌属,并用层级热图进行了分析(见图 3-4)。

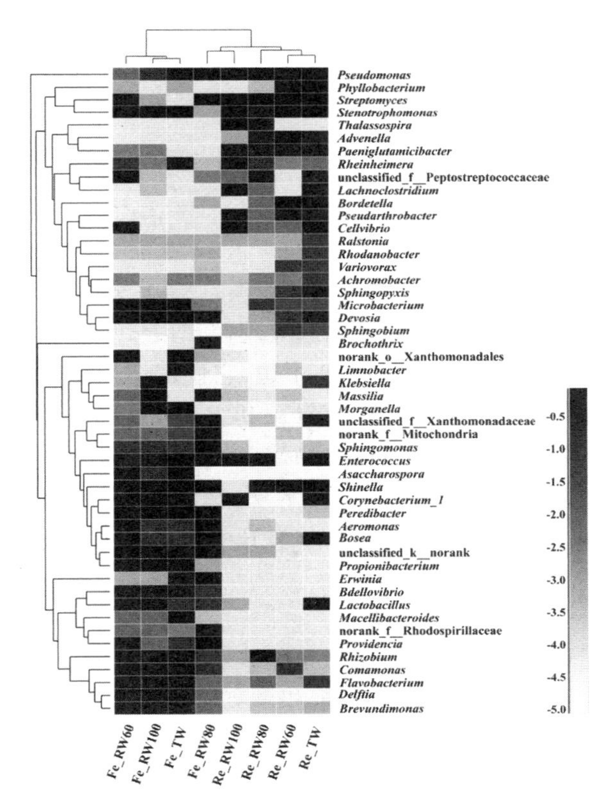

图 3-4　细菌属水平聚类热图

结果显示,不同处理的根内生和果实内生细菌群落在属水平上存在差异,并且不同灌溉处理下细菌属的相对丰度存在差异。24 个检测样本中的细菌群落可以分为两个集群。一个集群主要由根内生样品组成,而第二个集群主要由果实内生样品组成。所属分类主要为变形菌门(34 个属)、厚壁菌门(6 个属)、放线菌门(6 个属)和拟杆菌门(2 个属)。根内生细菌中以假单胞菌属、链霉菌属、根瘤菌属、窄食单胞菌属、*Paeniglutamicibacter* 和假节杆菌属为主,果实内生细菌中以丛毛单胞菌属、根瘤菌属、黄杆菌属、*Delftia*、*Providencia* 和乳杆菌属为主。其中,假单胞菌属、丛毛单胞菌属、拉尔斯顿菌属、欧文菌属、肠球菌属、黄杆菌属、杆状杆菌属和克雷伯氏菌属属于潜在致病性菌属。由于不同的灌溉处理,尽管根内生和果实内生细菌之间有一些相似性,但不同样品间仍存在一定的差异。

基于 Bray-Curtis 相似距离的 NMDS 分析表明,根内生和果实内生细菌群落是分开聚类的(OTU 0.03 level, NMDS stress = 0.092)(见图 3-5),这与热图聚类分析结果一致。根样品聚集在一起更紧密,有一些重叠,这表明在内生细菌的群落组成上存在类似的显著差异。在果实样品中也观察到同样的结果。

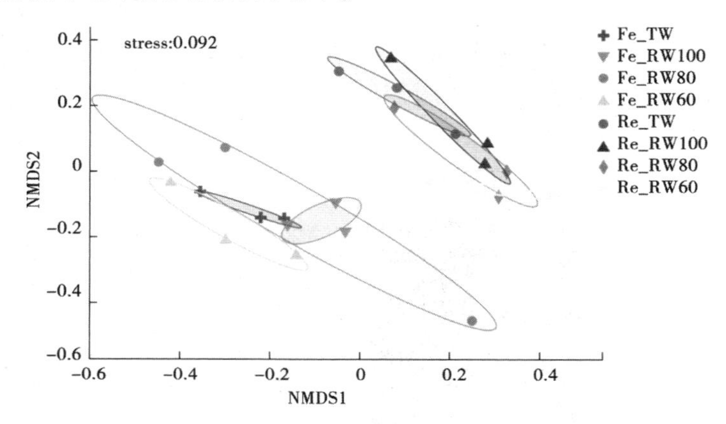

图 3-5 基于 Bray-Curtis 相似距离的 NMDS 分析

采用 Spearman 系数相关网络分析内生菌属共现模式($P<0.05$)。整个网络连接到 4 个门,内生菌-属网络鉴定出 29 个节点和 219 个边,它们密切相关但又不同(见图 3-6)。假单胞菌在所有属中所占比例最大。除假节杆菌和 *Paeniglutamicibacter* 外,其余属均与假单胞菌呈负相关。基于属分类群对内生植物样本进行 Neighbor-Joining 系统发育树分析,将 16S rRNA 基因序列划分为 4 个门。结果表明,根内生菌属与果实内生菌属在系统发育上较为接近,不同处理间细菌属的相对丰度存在明显差异。

3.5.3 病原菌的 qPCR 检测

值得注意的是,由于季节温度趋势的影响,这些结果被分为两类。4~6 月目标基因丰度大多低于 7~9 月。在 RW 和 TW 灌溉的辣椒根和果实中检测到相似的细菌群落和选定的病原菌。根据基因丰度和样品类型分为两个类群(见图 3-7)。在门水平上,再生水灌溉的根内生细菌和果实内生细菌的 γ-变形菌纲都较高。RW100 处理 γ-变形菌纲、酸杆菌门、拟杆菌门和厚壁菌门的丰度显著增加($P < 0.05$)。嗜水气单胞菌、弓形菌、总大肠菌群、棘阿米巴虫、黑曲霉和灰葡萄孢霉的丰度在所有样品中均无显著差异;大肠杆菌、粪肠球菌、分枝杆菌、丁香假单胞菌和镰孢霉菌呈上升趋势。正如预期的那样,与清水灌溉相比,再生水灌溉的根内生细菌中检测到更高水平的假单胞菌。再生水灌溉对果实内生细菌影响不大,大部分未受影响。然而,其中一些细菌的丰度下降(金黄色葡萄球菌和粪肠球菌)。细菌和真

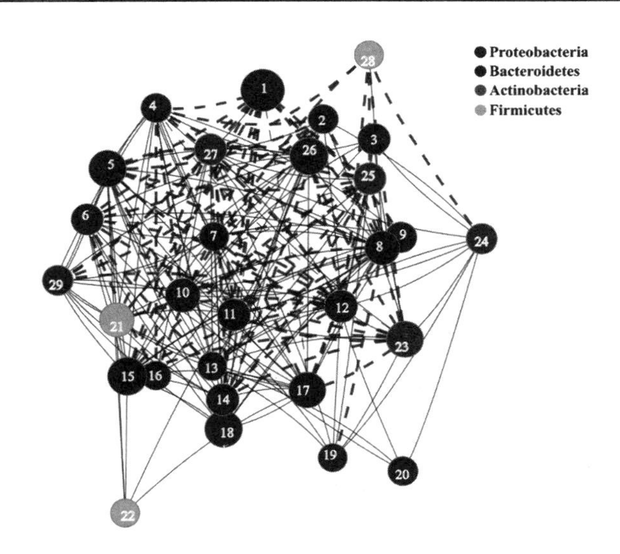

1-Pseudomonas;2-Cellvibrio;3-Phyllobacterium;4-norank_Mitochondria;5-Delftia;6-Providencia;
7-Sphingomonas;8-Bdellovibrio;9-unclassified_Xanthomonadaceae;10-Stenotrophomonas;11-norank_Rhodospirillaceae;
12-Advenella;13-Sphingobium;14-Erwinia;15-Comamonas;16-Thalassospira;17-Brevundimonas;18-Rhizobium;
19-Achromobacter;20-Devosia;21-Lactobacillus;22-Enterococcus;23-Streptomyces;24-Microbacterium;
25-Paeniglutamicibacter;26-Flavobacterium;27-Pseudarthrobacter;28-Brochothrix;29-Macellibacteroides。

(注:节点颜色深浅对应门水平分类,节点大小表示属丰度水平,实线连线表示正相关,虚连线表示负相关)

图 3-6　细菌属水平相关性网络分析

菌总数的基因拷贝数无显著差异。再生水灌溉下属于γ-变形菌纲的丁香假单胞菌数量显著增加。与果实内生细菌相比,再生水灌溉对根内生细菌的影响更大。

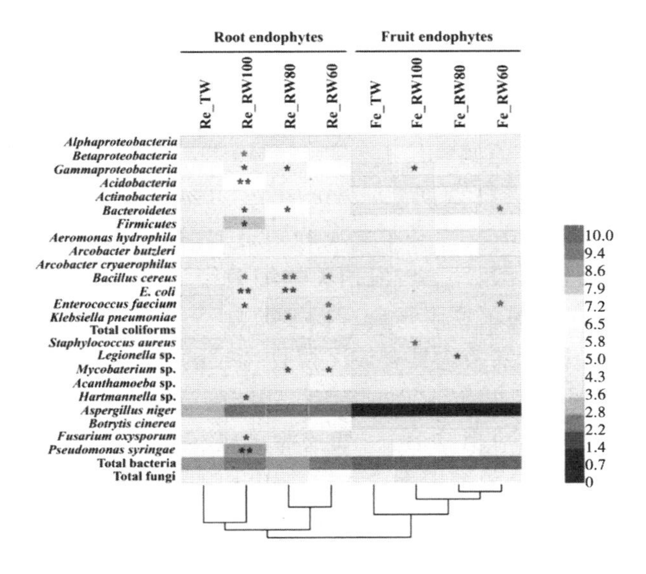

(注:*表示病原菌数量显著变化)

图 3-7　根和果实内生病原菌定量结果

3.6 讨 论

3.6.1 水和土壤性质

为了确定本研究中使用的清水和再生水水质,对其理化特性进行了评估,并与再生水农业回用标准进行了比较。值得注意的是,所有样品的pH、EC和重金属含量均符合灌溉标准。再生水灌溉增加了土壤EC值,这与Al-Lahham等[5]描述的结果一致。Chen等[6]指出再生水灌溉可以显著提高土壤微生物活性,也观察到轻微的土壤盐碱化。结果表明,再生水灌溉对土壤有轻微至中度的盐碱影响。尽管再生水含有一些营养元素,但其大量元素含量通常不足以满足植物生长的需求。鉴于再生水中的氮含量不足以满足作物生长需求,再生水灌溉提供的氮可以由常规肥料补充[7]。此外,再生水灌溉和清水灌溉的土壤与背景环境水平相似。除土壤盐分略有增加外,再生水灌溉与清水相比,对土壤性质未产生不利影响。因此,长期再生水灌溉对土壤和植物有利,主要是由于其养分输入。然而,由此导致的表层土壤中微量重金属和有机化学物质的积累可能最终导致土壤退化和地下水质量恶化[8-9]。再生水灌溉土壤和作物中微量重金属的累积是一个引起公众严重关注的问题。然而,在本书中,再生水灌溉并没有导致土壤中重金属的累积。尽管如此,为了减轻再生水灌溉的潜在不利影响,对再生水进行深度处理并将再生水与清水按适当比例混合被认为是安全有效的手段。

3.6.2 内生细菌群落的多样性和组成

基于Illumina平台进行16S rRNA基因测序分析,揭示了辣椒内生细菌的群落结构和多样性。不同灌溉水处理对细菌群落组成的影响不同。研究了稀释和未稀释再生水灌溉对根和果实内生菌群落多样性的影响,主要关注潜在致病性细菌属,如假单胞菌属、丛毛单胞菌属、拉尔斯顿菌属、欧文菌属、克雷伯氏菌属、埃希氏菌-志贺氏菌属、黄杆菌属和肠球菌属。不同处理的优势菌属(相对丰度 > 1%)差异较大。许多与植物相关的菌属(伯克霍尔德氏菌属、克罗诺杆菌属、*Herbaspirillum*、*Azospirillum*、*Ochrobactrum*、沙雷氏菌属、假单胞菌属、*Pantoaea*、*Ralstonia* 和窄食单胞菌属)含有与植物和人类宿主发生相互作用的植物病原体和人类致病菌[10]。与根相关的细菌作为根微生物组的一部分存在于大量植物中,其中一些被证明对植物生长具有积极影响[11]。从城市污水灌溉的玉米根系和土壤中分离出的内生和根际细菌均具有促进植物生长的特性,并具有对重金属和盐分的抗性[12]。再生水灌溉对辣椒根和果实的细菌群落结构没有影响,表明植物内生菌具有一定的恢复力。已知一些菌属对植物有益,如根瘤菌属、叶杆菌属、乳杆菌属和微细菌属。然而,用受污染的水灌溉会显著增加土壤和植物中病原菌的风险水平。硝化细菌、固氮细菌、碳降解细菌和反硝化细菌在处理后的废水中比在淡水中更丰富。尤其是,在再生水灌溉土壤中发现了更高浓度的假单胞菌属、不动杆菌属和军团菌属[13]。在完全(未稀释)再生水灌溉下,根内生细菌也观察到相同的结果。再生水对根内生细菌群落的变化有显著影响。有研究指出,再生水灌溉下土壤中的细菌群落发生了变化,显示出变形菌门的相对丰度下降,放线菌门的相对丰度增加[14]。在全再生水灌溉的根内生细菌中也有类似的趋势,优势科包括假单胞菌科、肠杆菌科和军团菌科,属于 γ-变形菌门。综合数据分析证实,再生水是影响内生细菌丰度和群落结构的主要决定因素。结果表明,再生水灌溉对辣椒内生细菌群落有直接或间接的影响。

清水和再生水灌溉对果实内生细菌群落多样性的影响不显著,表明再生水灌溉对果实内生细菌种群的影响较小。在门水平上,RW100 灌溉的果实细菌群落中变形菌门的相对丰度较低,厚壁菌门和拟杆菌门的相对丰度较高。根和果实的内生菌群可能分别来自根际和果际(果实表面)。部分土壤细菌能够作为有益的内生菌定植在根部,从而促进植物的生长发育。在不同自然土壤中生长的拟南芥根系优先被变形杆菌门、拟杆菌门和放线菌门定植[15]。本研究聚类分析表明,植物内生菌属分为两类,一类为根内生菌,另一类为果实内生菌。Ottesen 等[16]报道番茄表面中常见 *Erwinia* 属、假单胞菌属和肠杆菌属,但果实微生物群落不受农业水源的显著影响。此外,在再生水和清水灌溉条件下,辣椒果实中常见的菌属有丛毛单胞菌属、黄杆菌属、*Delftia* 属、根瘤菌属和假单胞菌属。在本研究中,所有植物的根和果实中都存在假单胞菌属,而再生水灌溉显著增加了根内生菌中假单胞菌属的相对丰度。与农业环境中重金属和有机微污染物的累积类似,再生水中的病原菌可以通过内化作用侵入植物组织,从而对作物构成潜在的生物污染风险。Zolti 等[17]认为,根微生物组的变化可能直接受到水质的影响,但也应考虑植物或土壤对处理过的废水灌溉的响应所产生的间接影响。

3.6.3　内生组织中病原菌丰度的变化

再生水被认为是植物和土壤营养物质的来源之一。然而,关于再生水灌溉土壤和植物中病原菌的信息仍然有限。再生水中存在的病原菌因其周期短、变化多的特点而成为一个重大的公共卫生问题。再生水灌溉土壤-蔬菜系统中可能存在多种潜在病原菌。本研究探讨了再生水作为潜在微生物污染载体的作用。人类病原菌包括广泛的条件致病菌(嗜水气单胞菌、布氏弓形菌、嗜低温弓形菌、蜡样芽孢杆菌、大肠杆菌、粪肠球菌、肺炎克雷伯氏菌、总大肠菌群、金黄色葡萄球菌、军团菌、分枝杆菌)、阿米巴虫(棘阿米巴虫和哈曼虫)和常见的植物病原菌(丁香假单胞菌、尖孢镰刀菌、黑曲霉),采用 qPCR 对上述病原菌进行检测。本研究发现,再生水灌溉作物中广泛存在多种致病微生物。之前也有报道称,生菜叶际和根际中特定病原体的丰度也出现了类似的增加趋势[18]。灌溉水的微生物质量已成为人们日益关注的话题,因为它有可能使致病菌污染土壤和蔬菜[19]。有研究表明,尽管在废水处理过程中微生物数量显著减少,但二级出水仍然含有高水平的病原菌,这可能对环境和公众健康产生不利影响[20-21]。消毒剂的耗散和生物膜的形成,导致条件致病菌,包括气单胞菌、分枝杆菌、军团菌和假单胞菌,在再生水分配系统中重新生长和繁殖[22-23]。Johnson 等[24]研究表明,夏季再生水系统中的军团菌含量最高,这表明病原菌有季节性增长趋势。上述结果证实,再生水用于农业灌溉时可能存在潜在的微生物危害。

鉴于指示微生物与再生水中病原菌的存在相关性较差,因此迫切需要在再生水中制定额外的病原菌监测策略,以保护公众健康[25]。因此,需要评估常规和非常规灌溉水源中的指示生物和环境病原菌的水平,以及可能对生食水果和蔬菜造成的潜在风险。从灌溉水传播到农产品的病原菌和指示生物在不同时期可以根据不同的环境条件保持活力[26]。灌溉水中的病原菌水平受到周围环境的影响,还应考虑水源和气候条件[27]。再生水与清水灌溉土壤中病原菌含量无显著差异,在不考虑灌溉方式的前提下应注意病原菌含量。在与新鲜蔬菜有关的疫情中,用未经处理的废水灌溉食用作物是病原菌的主要来源[28-29]。病原菌在有营养物质的生态位中存活和增殖,因此植物根际被视为人类条件致病菌的储存库[9]。人类病原菌包含在植物叶际生物膜中或在植物内部内化,可以提高其存活率[30]。与植物相关的细菌类似,病原菌利用纤维素和聚合菌毛来促进它们附着在植物表面[31]。环境条件致病菌,如军团菌、分枝杆菌、铜绿假单胞菌、嗜麦芽窄营养瘤、金黄色葡萄球菌和棘阿米巴虫等,也是一个令人担忧的问题,特别是当其他非饮用水暴露途径与农业再生水密切相关时[32]。

再生水可以单独使用,也可以按适当比例与自来水混合使用。qPCR 分析结果表明,内生菌中含有大量潜在的人类病原菌和植物病原菌。根、果内生菌中检出嗜水气单胞菌、大肠杆菌、肺炎克雷伯氏菌、军团菌、丁香假单胞菌等变形菌门。其中,大肠杆菌和丁香假单胞菌在全再生水灌溉的植物内生菌中含量显著增加。在粪肠球菌(厚壁菌门)、分枝杆菌(放线菌门)和镰孢霉菌(子囊菌门)丰度变化中也观察到类似的趋势。再生水与自来水混合灌溉对根和果实内生菌的病原菌丰度无显著影响,表明再生水与清水按不同比例混合灌溉可以减少潜在病原菌的积累。用处理过的废水进行地表滴灌,可以有效防止灌溉土壤或作物中来自灌溉水的粪便指示菌或微生物病原体的发生[33]。16S rRNA 基因序列分析显示,橄榄叶际的潜在病原菌数量最少,而再生水灌溉的土壤和木质部汁液中假单胞菌、伯克霍尔德氏菌、分枝杆菌、肠球菌、链球菌和不动杆菌等潜在病原菌数量显著增加[34]。清水灌溉土壤中病原菌的存在是出乎意料的,这表明与其他可能的引入途径相比,处理后的废水对土壤病原体多样性的贡献并不显著[35]。用于农业灌溉的再生水应符合特定的微生物标准,以防止微生物污染农产品。因此,当军团菌水平超过 1 000 CFU/mL 时,应对再生水喷灌系统进行常规监测或采取补救措施[36]。用于灌溉的再生水系统中军团菌的发生率与磷和氨含量呈正相关,表明营养物质在再生水系统军团菌的发病率中起重要作用[37]。

目前对再生水中植物病原菌种类和分布的研究较少。尽管已发现生水果和蔬菜的污染主要是由腐败细菌、酵母和霉菌引起的,但也有研究表明,致病菌、寄生虫也能够引起人类感染的病毒的发生[38]。与植物表面相似,植物内部也是微生物的主要栖息地。植物病原菌丁香假单胞菌可以抑制植物的免疫系统,从而促进沙门氏菌通过叶片内化[39]。再生水灌溉与自来水灌溉的植物内生菌污染无统计学差异,而再生水灌溉根内生菌中丁香假单胞菌和镰孢霉菌的丰度较高。由此可见,无论是潜在的人类条件致病菌还是植物病原菌都应被视为再生水中的生物污染因素,这凸显了水源和灌溉管理对于控制再生水中致病菌的发生,降低食源性疾病和植物病害风险的重要性。

3.7 小　结

(1)与清水相比,再生水中通常含有更高浓度的营养物质和微生物,这不仅提高了土壤肥力和作物生产力,而且增加了病原微生物污染的风险。本研究通过 MiSeq 测序,明确了不同灌溉处理的内生细菌群落组成和多样性,对辣椒根和果实内生菌中潜在病原菌的丰度变化进行了研究。结果表明,再生水灌溉对辣椒内生细菌群落有显著影响,其中变形菌门、厚壁菌门、放线菌门和拟杆菌门为优势菌门。辣椒根部内生细菌的多样性和相对丰度高于果实,再生水灌溉增加了辣椒根部内生细菌假单胞菌属的相对丰度。

(2)再生水中病原菌的浓度呈季节性变化。qPCR 分析结果表明,再生水灌溉根内生菌中大肠杆菌、丁香假单胞菌、粪肠球菌和镰孢霉菌的丰度高于自来水灌溉根内生菌。此外,与果实相比,被选择的病原菌倾向于选择性地在根中积累。

(3)再生水中潜在人类条件致病菌和植物病原菌的高发生率和高浓度表明,该水源是感染传播的常见媒介,如果用于灌溉作物,可能会造成生物风险。

上述研究结果为研究灌溉水质对辣椒内生菌群复杂组成的影响提供了新思路。适宜的灌溉方式,如将再生水与传统水源混合,以及地面或地下滴灌,可以减轻农业灌溉的生态健康风险。此外,还需进一步研究再生水灌溉下病原菌定植机制以及不同农艺措施对病原菌定殖的影响。

参考文献

[1] Chelius M K,Triplett E W. The diversity of archaea and bacteria in association with the roots of Zea mays L[J]. Microbial Ecology, 2001, 41: 252-263.

[2] Lundberg D S, Lebeis S L, Paredes S H, et al. Defining the core Arabidopsis thaliana root microbiome [J]. Nature, 2012, 488: 86-90.

[3] Bulgarelli D, Garrido-Oter R, Münch P C, et al. Structure and function of the bacterial root microbiota in wild and domesticated barley[J]. Cell Host Microbe, 2015, 17: 392-403.

[4] Schloss P D, Westcott S L, Ryabin T, et al. Introducing mothur: open-source, platform-independent, community-supported software for describing and comparing microbial communities [J]. Applied & Environmental Microbiology, 2009, 75: 7537-7541.

[5] Al-Lahham O, El Assi N M, Fayyad M. Impact of treated wastewater irrigation on quality attributes and contamination of tomato fruit[J]. Agricultural Water Management, 2003, 61: 51-62.

[6] Chen W P, Lu S D, Pan N, et al. Impact of reclaimed water irrigation on soil health in urban green area [J]. Chemosphere, 2015, 119: 654-661.

[7] Urbano V R, Mendonça T G, Bastos R G, et al. Effects of treated wastewater irrigation on soil properties and lettuce yield[J]. Agricultural Water Management, 2017, 181: 108-115.

[8] Xu J, Wu L, Chang A C, et al. Impact of long-term reclaimed wastewater irrigation on agricultural soils: A preliminary assessment[J]. Journal of Hazardous Materials, 2010, 183: 780-786.

[9] Ternes T A, Bonerz M, Herrmann N, et al. Irrigation of treated wastewater in Braunschweig, Germany: an option to remove pharmaceuticals and musk fragrances[J]. Chemosphere, 2007, 66: 894-904.

[10] Berg G, Eberl L, Hartmann A. The rhizosphere as a reservoir for opportunistic human pathogenic bacteria[J]. Environmental Microbiology, 2005, 7: 1673-1685.

[11] Gaiero J R, McCall C A, Thompson K A. Inside the root microbiome: bacterial root endophytes and plant growth promotion[J]. American Journal of Botany, 2013, 100: 1738-1750.

[12] Abedinzadeh M, Etesami H, Alikhani H A. Characterization of rhizosphere and endophytic bacteria from roots of maize (Zea mays L.) plant irrigated with wastewater with biotechnological potential in agriculture [J]. Biotechnology Reports, 2019, 21: e00305.

[13] Ibekwe A M, Gonzalez-Rubio A, Suarez D L. Impact of treated wastewater for irrigation on soil microbial communities[J]. Science of the Total Environment, 2018, 622: 1603-1610.

[14] Frenk S, Hadar Y, Minz D. Resilience of soil bacterial community to irrigation with water of different qualities under M editerranean climate[J]. Environmental Microbiology, 2014, 16: 559-569.

[15] Bulgarelli D, Rott M, Schlaeppi K, et al. Revealing structure and assembly cues for Arabidopsis root-inhabiting bacterial microbiota[J]. Nature, 2012, 488: 91-95.

[16] Ottesen A, Telias A, White J R, et al. Bacteria of tomatoes managed with well water and pond water: Impact of agricultural water sources on carposphere microbiota [J]. International Journal of Environmental Agricultural Research, 2016, 2: 2454-1850.

[17] Zolti A, Green S J, Mordechay E B, et al. Root microbiome response to treated wastewater irrigation [J]. Science of the Total Environment, 2019, 655: 899-907.

[18] Cui B J, Liang S X. Monitoring opportunistic pathogens in domestic wastewater from a pilot-scale anaerobic biofilm reactor to reuse in agricultural irrigation[J]. Water, 2019, 11: 1283.

[19] Haymaker J, Sharma M, Parveen S, et al. Prevalence of Shiga-toxigenic and atypical enteropathogenic Escherichia coli in untreated surface water and reclaimed water in the Mid-Atlantic US [J]. Environmental Research, 2019, 172: 630-636.

[20]Negreanu Y, Pasternak Z, Jurkevitch E, et al. Impact of treated wastewater irrigation on antibiotic resistance in agricultural soils[J]. Environmental Science & Technology, 2012, 46: 4800-4808.

[21] Kulkarni P, Olson N D, Paulson J N, et al. Conventional wastewater treatment and reuse site practices modify bacterial community structure but do not eliminate some opportunistic pathogens in reclaimed water[J]. Science of the Total Environment, 2018, 639: 1126-1137.

[22] Narasimhan R, Brereton J, Abbaszadegan M, et al. Characterizing microbial water quality in reclaimed water distribution systems[J]. Water Environment Research Foundation, 2006.

[23] Jjemba P K, Weinrich L A, Cheng W, et al. Regrowth of potential opportunistic pathogens and algae in reclaimed-water distribution systems [J]. Applied & Environmental Microbiology, 2010, 76: 4169-4178.

[24] Johnson W J, Jjemba P K, Bukhari Z, et al. Occurrence of Legionella in Nonpotable Reclaimed Water [J]. Journal of American Water Works Association, 2018, 110: 15-27.

[25] Harwood V J, Levine A D, Scott T M, et al. Validity of the indicator organism paradigm for pathogen reduction in reclaimed water and public health protection[J]. Applied & Environmental Microbiology, 2005, 71: 3163-3170.

[26] Delaquis P, Bach S, Dinu L D. Behavior of Escherichia coli O157: H7 in leafy vegetables[J]. Journal of Food Protection, 2007, 70: 1966-1974.

[27] Truchado P, Hernandez N, Gil M I, et al. Correlation between E. coli levels and the presence of food-borne pathogens in surface irrigation water: Establishment of a sampling program[J]. Water Research, 2018, 128: 226-233.

[28] Pachepsky Y, Shelton D R, McLain J E, et al. Irrigation waters as a source of pathogenic microorganisms in produce: A review[J]. In Advances in Agronomy Academic Press, 2011, 113: 75-141.

[29] Gerba C P, Betancourt W Q, Kitajima M, et al. Reducing uncertainty in estimating virus reduction by

advanced water treatment processes[J]. Water Research, 2018, 133: 282-288.

[30] Heaton J C, Jones K. Microbial contamination of fruit and vegetables and the behaviour of enteropathogens in the phyllosphere: A review[J]. Journal of Applied Microbiology, 2008, 104: 613-626.

[31] Mandrell R E, Gorski L, Brandl M T. Attachment of microorganisms to fresh produce[B]. Microbiology of fruits and vegetables. CRC Press, 2005:49-90.

[32] Hamilton K A, Hamilton M T, Johnson W, et al. Health risks from exposure to Legionella in reclaimed water aerosols: Toilet flushing, spray irrigation, and cooling towers[J]. Water Research, 2018, 134: 261-279.

[33] Orlofsky E, Bernstein N, Sacks M, et al. Comparable levels of microbial contamination in soil and on tomato crops after drip irrigation with treated wastewater or potable water[J]. Agricultural Ecosystems & Environment, 2016, 215: 140-150.

[34] Sofo A, Mininni A N, Fausto C, et al. Evaluation of the possible persistence of potential human pathogenic bacteria in olive orchards irrigated with treated urban wastewater[J]. Science of the Total Environment, 2019, 658: 763-767.

[35] Benami M, Gross A, Herzberg M, et al. Assessment of pathogenic bacteria in treated graywater and irrigated soils[J]. Science of the Total Environment, 2013, 458: 298-302.

[36] Pepper I L, Gerba C P. Risk of infection from Legionella associated with spray irrigation of reclaimed water[J]. Water Research, 2018, 139: 101-107.

[37] Garner E, McLain J, Bowers J, et al. Microbial ecology and water chemistry impact regrowth of opportunistic pathogens in full-scale reclaimed water distribution systems[J]. Environmental Science & Technology, 2018, 52: 9056-9068.

[38] Beuchat L R. Ecological factors influencing survival and growth of human pathogens on raw fruits and vegetables[J]. Microbes and Infection, 2002, 4: 413-423.

[39] Zhang Y. Internalization of Salmonella in lettuce leaves after irrigation using recycled wastewater[D]. Lincoln:The University of Nebraska-Lincoln, 2015.

第 4 章　再生水灌溉根际群落多样性与病原菌丰度变化对施用生物炭的响应

4.1　材料与方法

4.1.1　主要试剂与仪器

主要试剂与仪器 LB 液体和固体培养基(生工生物工程股份有限公司,上海);pMD™19-T Vector(TaKaRa 公司,大连);TB Green™ Premix Ex *Taq*™(TliRNaseH Plus, TaKaRa 公司,大连);FastDNA Spin Kit for Soil 试剂盒(MP Biomedicals,美国);E. Z. N. A™ Gel Extraction Kit (Omega Bio-tek 公司,美国);E. Z. N. A® Plasmid Mini Kit Spin Kit (Omega Bio-tek 公司,美国);生物质炭购自河南省商丘市三利新能源有限公司:花生壳生物炭(PBC)、水稻秸秆生物炭(RBC)、稻壳生物炭(RKBC)、小麦秸秆生物炭(WBC),制备温度 500 ℃左右,具体理化性质见表 4-1。

表 4-1　供试生物炭理化性质

供试材料	pH	EC/(μS/cm)	Na^+/(mg/kg)	K^+/(mg/kg)	TOC/(mg/kg)	氨氮/(mg/kg)	总磷/(mg/kg)
花生壳生物炭(PBC)	9.58	1 378	34	449	12.94	0.3	29.4
水稻秸秆生物炭(RBC)	9.11	773	53	246	11.65	1.0	38.8
稻壳生物炭(RKBC)	9.01	1 398	76	397	88.99	0.9	83.3
小麦秸秆生物炭(WBC)	8.34	1 917	32	519	21.63	0.9	10.5

4.1.2　试验设计与样品采集

本试验用再生水取自某城市生活污水处理厂,其采用 A/O+连续砂滤池组合工艺,处理后的出水水质符合《城镇污水处理厂污染物排放标准》(GB 18918—2002)一级 A 排放标准,并符合《城市污水再生利用 农田灌溉用水水质》(GB 20922—2007)和《农田灌溉水质标准》(GB 5084—2005)。

盆栽试验于中国农业科学院新乡农业水土环境野外科学观测试验站的人工气候室中进行,供试作物为空心菜。人工气候室环境条件:温度 30 ℃/18 ℃(光照/黑暗),光照强度为 300 μmol/(m^2 · s),光照时间 12 h/d。试验设置 6 组处理,分别为清水灌溉(PW_CK)、再生水灌溉(RW_CK)、再生水灌溉施加花生壳生物炭(RW_PBC)、再生水灌溉施加水稻秸秆生物炭(RW_RBC)、再生水灌溉施加稻壳生物炭(RW_RKBC)、再生水灌溉施加小麦秸秆生物炭(RW_WBC),每组处理 3 个重复。花盆盛土 3.5 kg,土壤基肥施用量为尿素 200 mg/kg、过磷酸钙 150 mg/kg、氯化钾 150 mg/kg,生物炭添加量按土壤质量分数 2%混合均匀。试验周期 2 个月,每隔 2 d 灌水 100 mL。

试验结束后,参考李春格等[1]的方法,用毛刷轻轻刷取黏附在根表面的土壤即为根际土壤,收集于无菌自封袋中带回实验室,经真空冷冻干燥后研磨过 2 mm 筛,用于理化测试与微生物分析。

4.1.3 试验方法

4.1.3.1 土壤理化性质测定

土壤理化性质测定参考文献[2]。土壤 pH 和电导率(EC)按水土比 1∶5混匀后静置过夜测定。有机质(OM)测定采用低温外热重铬酸钾氧化-比色法。土壤总氮(TN)和总磷(TP)分别经过浓硫酸和高氯酸消煮后利用连续流动化学分析仪(Seal-AA3,德国)测定。土壤重金属全量(铅 Pb、镉 Cd、铜 Cu 和锌 Zn)经盐酸-硝酸-氢氟酸微波消解后利用原子吸收分光光度计(Shimadzu AA-6300,日本)测定。

4.1.3.2 基因组 DNA 提取和 Illumina 测序

利用 FastDNA Spin Kit for Soil 试剂盒(MP Biomedicals, 美国)提取根际土壤基因组 DNA。利用 1.0%的琼脂糖凝胶电泳检测(电压 110 V,30 min)DNA 的提取效果,DNA 浓度及纯度利用超微量分光光度计(SpectraMax© QuickDrop™,Molecular Devices 公司,美国)测定,保存于-80 ℃冰箱待用。

采用 Illumina MiSeq 测序平台测定根际土壤细菌群落的组成和多样性。选用 16S rRNA 基因 V3-V4 区引物 338F(ACTCCTACGGGAGGCAGCAG)和 806R(GGACTACHVGGGTWTCTAAT)对各处理基因组 DNA 进行 PCR 扩增及后续的高通量测序[3]。PCR 反应采用 TransGen AP221-02:TransStart FastPfu DNA Polymerase 进行,每个反应体系中包括 4 μL FastPfu Buffer (5× TransGen),2 μL dNTPs(2.5 mmol/L),正反向引物各 0.8 μL(5 μmol/L),0.4 μL FastPfu Polymerase,10 ng 模板 DNA,ddH_2O 补足至 20 μL。反应于 ABI GeneAmp© 9700PCR 扩增仪上进行,反应条件如下:95 ℃预变性 3 min;95 ℃变性 30 s,50 ℃退火 30 s,72 ℃延伸 45 s,30 个循环;最后 72 ℃延伸 10 min,10 ℃保持。利用 AxyPrepDNA 试剂盒(Axygen,美国)对 PCR 产物目的条带进行切胶回收。基于 Illumina

MiSeq PE300 测序平台,利用 TruSeq™ DNA Sample Prep Kit 构建 PE 文库进行双末端测序。

4.1.3.3　定量 PCR 检测

利用门水平细菌菌群引物和病原菌特异性引物对根际基因组 DNA 进行 PCR 扩增,引物信息见表 2-2。根据质粒 DNA 浓度计算基因拷贝数,将已知拷贝数的质粒 DNA10 倍梯度稀释作为标准模板。定量 PCR 反应体系:10 μL TB Green™ Premix Ex Taq™ (TliRNaseH Plus),上下游引物各 0.4 μL(10 μmol/L),模板 2 μL,加无菌 ddH_2O 补齐至 20 μL。具体扩增程序如下:95 ℃预变性 30 s;95 ℃变性 5 s,50~60 ℃退火 30 s,72 ℃延伸 30 s,40 个循环。熔解曲线条件:以 0.5 ℃/s 温度递增速率从 65~95 ℃。反应于 CFX96 Touch™ 荧光定量 PCR 检测系统上进行,所有反应均设置 3 个重复,以无菌 ddH_2O 作为阴性对照,每轮反应结束后样品与标准曲线的 C_t 值进行比较确定目标基因的初始拷贝数。

4.2　数据分析

根际土壤微生物高通量测序数据利用 I-Sanger 生信云平台分析(上海桑格信息技术有限公司)。具体如下:①物种注释与评估:利用 Usearch 划分 97%以上相似性的 OTU,并通过 mothur 计算 α 多样性指数。利用 R 语言工具绘制稀疏曲线图。②物种组成分析:采用 QIIME 平台对 97%相似水平的 OTU 代表序列进行不同的分类学分析,使用 Silva 比对数据库分析各样本的群落组成,利用 R 语言工具绘制 Venn 图。③样本比较分析:PCoA (Principal co-ordinates analysis)即主坐标分析利用 R 语言 PCoA 统计分析和作图。④环境因子关联分析:利用 R 语言 vegan 包中 RDA 分析和作图,相关性 Heatmap 分析利用 R (pheatmap package)语言作图。

各处理数据利用 Excel 2007 和 Origin 8.0 进行分析绘图,利用 Hem I 热图软件对定量的病原菌丰度进行绘图,采用 SPSS 20.0 软件进行单因素方差分析(one-way ANOVA)和 LSD 多重比较检验各处理间差异的显著性($\alpha=0.05$)。

4.3　结果与分析

4.3.1　土壤理化指标分析

不同处理根际土壤样品理化性质见表 4-2。清水和再生水灌溉土壤的理化性质基本相同,4 种生物质炭的添加均显著增加土壤 EC 值、有机质和总氮含量($P < 0.05$)。添加稻壳生物炭显著增加土壤 pH 和总磷含量,而显著降低锌和镉含量;水稻秸秆生物炭显著增加土壤 pH,降低镉含量;小麦秸秆生物炭能够显著增加总磷和锌含量,降低镉含量;花生壳生物炭显著增加铜和锌含量($P< 0.05$)。这表明由于不同来源生物炭的结构性质存在较大差异,对土壤环境质量造成不同程度的影响。

表 4-2　不同处理根际土壤样品理化性质

处理	pH	EC/ (μS/cm)	OM/ %	TN/ (g/kg)	TP/ (g/kg)	Cu/ (mg/kg)	Zn/ (mg/kg)	Cd/ (mg/kg)	Pb/ (mg/kg)
PW_CK	8.12ab *	1 580ab	0.60a	0.22b	0.64a	11.62a	37.39a	0.11a	12.77a
RW_CK	7.63a	1 221a	0.60a	0.17a	0.65ab	12.17a	37.90ab	0.13a	12.50a
RW_PBC	7.70a	2 136c	1.20b	0.29c	0.68ab	14.42b	39.85b	0.15a	12.29a
RW_RBC	8.27b	1 839bc	1.06b	0.25bc	0.68ab	12.33a	38.72ab	0.05b	12.34a
RW_RKBC	8.25b	1 635b	1.25b	0.30c	0.71bc	11.62a	35.23c	0.07b	12.61a
RW_WBC	8.07ab	1 693b	1.32b	0.34d	0.74c	12.33a	39.91b	0.07b	11.48a

注： * 不同小写字母表示在 0.05 水平上差异显著；$n=3$。

4.3.2　细菌群落结构与多样性分析

不同处理各样本抽平后的有效序列数为 21 872。18 个根际土壤样本共获得 4 724 个 OTUs，将其进行物种分类统计包括 33 个门 82 个纲 225 个目 406 个科和 797 个属。各处理根际土壤细菌群落的 α 多样性指数见表 4-3。通过比较分析可以看出，生物质炭处理显著增加了根际土壤细菌的丰富度和多样性。与对照相比，添加水稻秸秆生物炭（RW_RBC）显著增加了 Sobs 指数、Shannon 指数和 Chao1 指数（$P<0.05$），表明这种生物质炭处理下的物种总数最高。花生壳生物炭（RW_PBC）、稻壳生物炭（RW_RKBC）和小麦秸秆生物炭（RW_WBC）处理均使 Simpson 指数显著降低（$P<0.05$），表明群落多样性和丰富度较其他处理高。不同处理方式下用于估计群落中 OTU 数目的 Ace 指数和代表测序深度的覆盖度（Coverage）均无显著差异，反映了本次测序结果能够代表所有样本中微生物的真实情况和一致性，可以较为准确地描述样本的微生物群落信息。

表 4-3　各处理根际土壤细菌群落的 α 多样性指数

处理	Sobs 指数	Shannon 指数	Simpson 指数	Ace 指数	Chao1 指数	覆盖度
PW_CK	1 785a *	5.14a	0.055 0a	2 747a	2 521a	0.968 9a
RW_CK	1 748a	5.02a	0.050 0a	2 925a	2 574ab	0.968 0a
RW_PBC	1 983ab	5.97ab	0.010 9b	2 811a	2 851ab	0.967 1a
RW_RBC	2 279b	6.41b	0.005 9ab	3 091a	3 080b	0.965 0a
RW_RKBC	2 106b	6.04ab	0.010 6b	2 995a	2 992ab	0.964 9a
RW_WBC	2 051ab	6.06ab	0.011 0b	2 885a	2 950ab	0.966 2a

注： * 不同小写字母表示在 0.05 水平上差异显著。

各处理的根际土壤细菌在门分类水平和属分类水平的群落组成信息如图 4-1 所示。门分类水平上，各处理间细菌群落结构组成相似性较高，主要优势菌群包括变形菌门

(Proteobacteria,38. 53%~64. 47%)、放线菌门(Actinobacteria,8. 55%~15. 22%)、拟杆菌门(Bacteroidetes,6. 53%~12. 46%)、绿弯菌门(Chloroflexi,7. 35%~13. 25%)、酸杆菌门(Acidobacteria,4. 55%~10. 98%)、芽单胞菌门(Gemmatimonadetes,2. 13%~4. 55%)、厚壁菌门(Firmicutes,0. 59%~4. 31%),这7个菌群相对丰度占根际土壤细菌群落的90%以上,其中变形菌门(Proteobacteria)占比最高。根际土壤细菌群落组成变化对生物炭种类的响应存在差异,但整体趋势一致。添加生物炭处理均降低了变形菌门的相对丰度,尤其是γ-变形菌纲的相对丰度表现出大幅度下降。添加生物炭处理后拟杆菌门、绿弯菌门、酸杆菌门和芽单胞菌门相对丰度均有增加的趋势,而厚壁菌门表现出下降趋势。属分类水平上,丰度Top 37的优势属占总序列相对比例的50%~60%,各处理间优势属均为假单胞菌属(*Pseudomonas*,2. 41%~21. 31%)、莱茵海默氏菌属(*Rheinheimera*,1. 90%~4. 68%)、节杆菌属(*Arthrobacter*,3. 15%~6. 11%)、鞘氨醇单胞菌属(*Sphingomonas*,1. 53%~5. 99%)、气单胞菌属(*Aeromonas*,0. 36%~7. 35%)、福格斯氏菌属(*Vogesella*,1. 53%~5. 99%)和红色杆菌属(*Erythrobacter*,1. 53%~5. 99%),这些优势菌属的相对丰度在不同处理间存在较大差异。RW_RBC和RW_WBC相较于RW_RKBC和RW_PBC处理中假单胞菌属相对丰度下降幅度更大。与添加生物质炭的对照相比,生物质炭处理降低了莱茵海默氏菌属、节杆菌属、气单胞菌属和福格斯氏菌属的相对丰度,而增加了红色杆菌属的相对丰度。

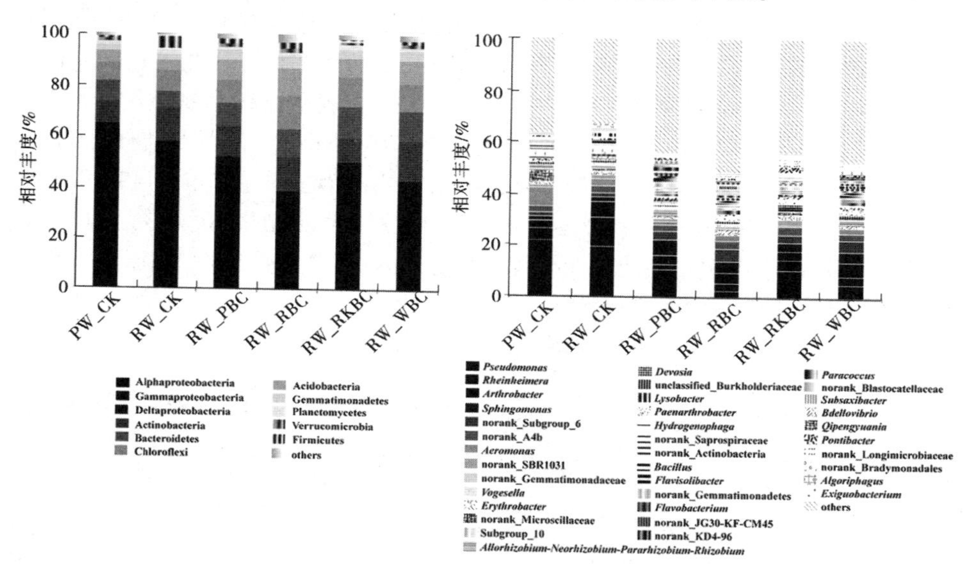

图4-1　门水平和属水平根际土壤细菌群落组成相对丰度

4.3.3　细菌群落聚类特征与环境因子相关性分析

基于Bray_Curtis距离的PCoA研究不同种类生物质炭处理根际土壤的细菌群落组成的相似性和差异性。图4-2中不同形状图例分别代表对照及不同种类生物炭处理的根际土壤样本,PC1轴和PC2轴对结果的解释度分别为26. 01%和10. 83%。结果表明,不同种类生物炭处理的根际土壤细菌群落组成更加相似,与未经处理的细菌群落组成存在差异。这说明相较于灌溉水源,生物炭对根际土壤细菌群落组成有更大影响。

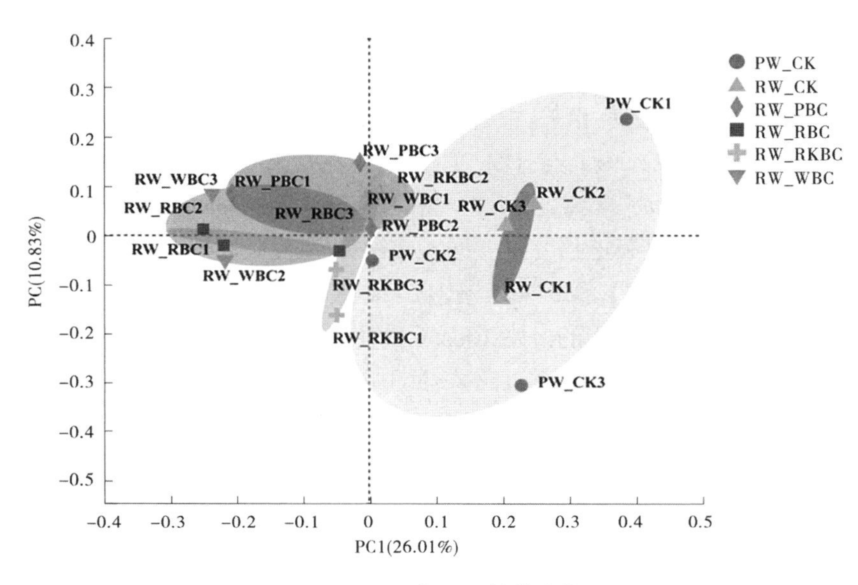

图 4-2　不同处理根际土壤微生物 PCoA

通过 RDA 揭示不同处理根际土壤样本细菌属水平群落组成与不同环境因子之间的相关性(见图 4-3)。结果表明,土壤 EC 值、有机质、总氮和重金属镉含量与根际土壤样本中细菌群落变化具有明显的相关性($P< 0.05$),说明这些环境因子是影响根际土壤细菌群落多样性和组成的重要驱动因素。

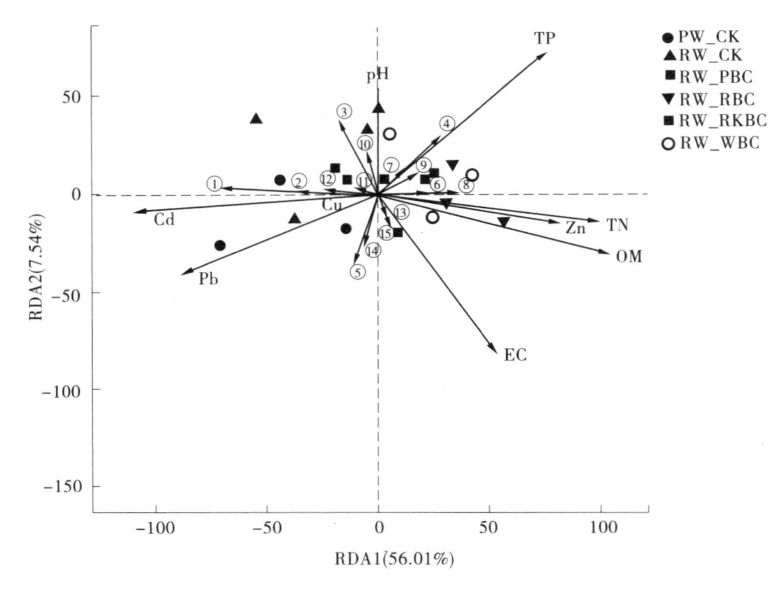

①*Pseudomonas*；②*Aeromonas*；③*Rheinheimera*；④*Arthrobacter*；⑤*Vogesella*；⑥*Sphingomonas*；⑦*norank_f_Gemmatimonadaceae*；⑧*Allorhizobium-Neorhizobium-Pararhizobium-Rhizobium*；⑨*unclassified_f_Burkholderiaceae*；⑩*Subgroup_10*；⑪*norank_f_A4b*；⑫*Bdellovibrio*；⑬*norank_o_SBR1031*；⑭*norank_c_Subgroup_6*；⑮*norank_f_Microscillaceae*。

图 4-3　不同处理菌群与环境因子的 RDA

通过相关性 Heatmap 图分析不同的环境因子对根际土壤细菌属水平群落组成的影响(见图 4-4)。Pseudomonas 与 EC(r = −0.567,P = 0.014)、TN(r =−0.501,P =0.034)、TP(r =−0.478,P=0.045)呈负相关,而与 Pb(r=0.583,P= 0.011)、Cd(r =0.652,P= 0.003)呈正相关;*Rheinheimera* 与 OM、TN 呈显著负相关,与 EC 呈极显著相关;*Sphingomonas* 和 *Erythrobacter* 与 EC、OM、TN 呈显著正相关;*Aeromonas* 与 OM、TN、TP 呈显著负相关,而与 Pb、Cd 呈显著正相关。依据 Spearman 相关系数与 P−value 将细菌群落与环境因子的相关性划分为 4 类。Cluster Ⅰ 中所有菌属与 pH、EC、OM、TN、TP、Zn 呈显著或极显著负相关,与 Pb、Cd 呈显著正相关;Cluster Ⅱ 所有菌属与 Zn 呈显著正相关,其他部分菌属与 OM、TN、TP、Cu 呈显著正相关;Cluster Ⅲ 中 *Bdellovibrio* 和 *Paenarthrobacter* 与 pH 呈显著正相关,其他几种 norank 菌属与 OM、TN、TP 呈显著正相关,而与 Pb、Cd 呈显著负相关;Cluster Ⅳ 中部分菌属与重金属含量呈负相关,而 *Janibacter* 和 norank_f_Saprospiraceae 分别与 Zn、TP 呈显著正相关。

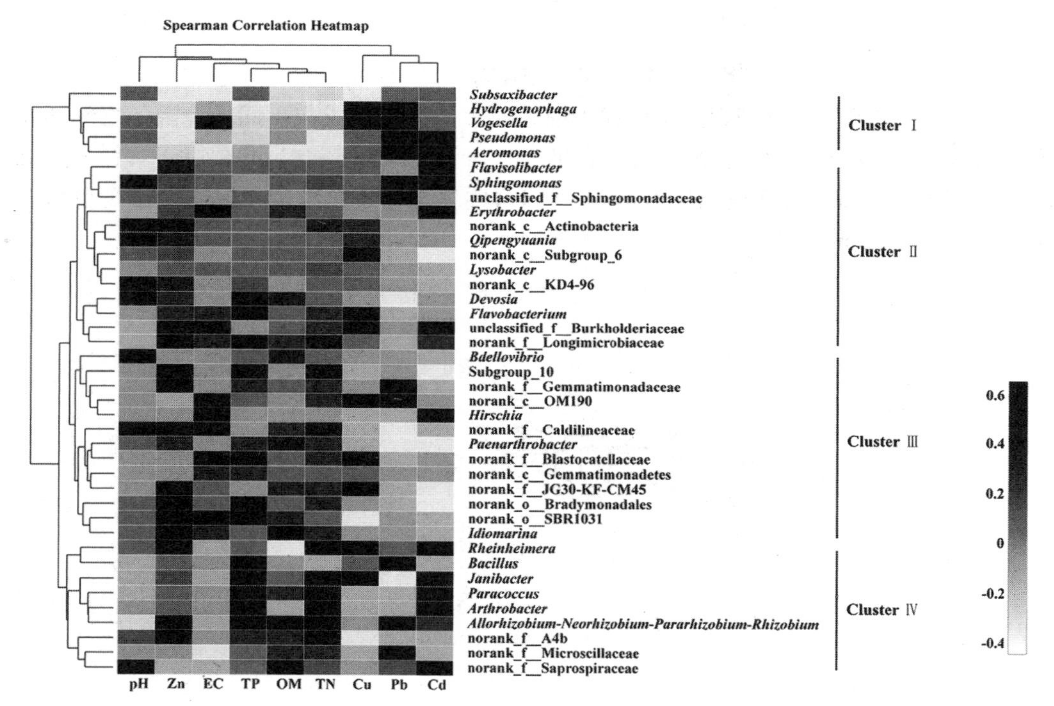

图 4-4　环境因子与细菌群落组成 Spearman **相关性热图**

上述结果表明,根际土壤细菌群落受土壤理化性质的影响,这种差异与灌溉水源及添加生物质炭改善土壤质量有关。

选择分类(属)水平总丰度前 40 的物种进行物种相关性分析,图 4-5(a)为单因素相关性网络,根据物种与物种之间的相关关系绘制网络图,用于反映样本中物种间的相互作用。属水平相关性网络图,揭示了不同属之间具有显著的相互作用(实线表示正相关,虚线表示负相关,连线的粗细代表相关性系数的大小,线的多少表示节点之间联系的密切程度)。Proteobacteria 和 Actinobacteria 与其他物种的相关性较密切,而 Firmicutes 和 Planctomycetes 与其他物种的相关性较低。40 个菌属间相关性程度不同,其中有 127 个呈正相关和 108 个呈负相关,*Aeromonas* 分别与 *Pseudomonas* 和 *Vogesella* 呈最大正相关(r^2 = 0.641,r^2 = 0.797)。图 4-5(b)为双因素相关性网络,根据物种与环境因子之间的相关关系绘制网络图,用于反映样本中环境因子与物种间的相互作用。与相关性 Heatmap 分析结果一致,属于 Proteobacteria 的 *Pseudomonas*、*Aeromonas*、*Vogesella*、*Devosia* 和 *Bdellovibrio* 与各种环境因子均呈显著正相关。

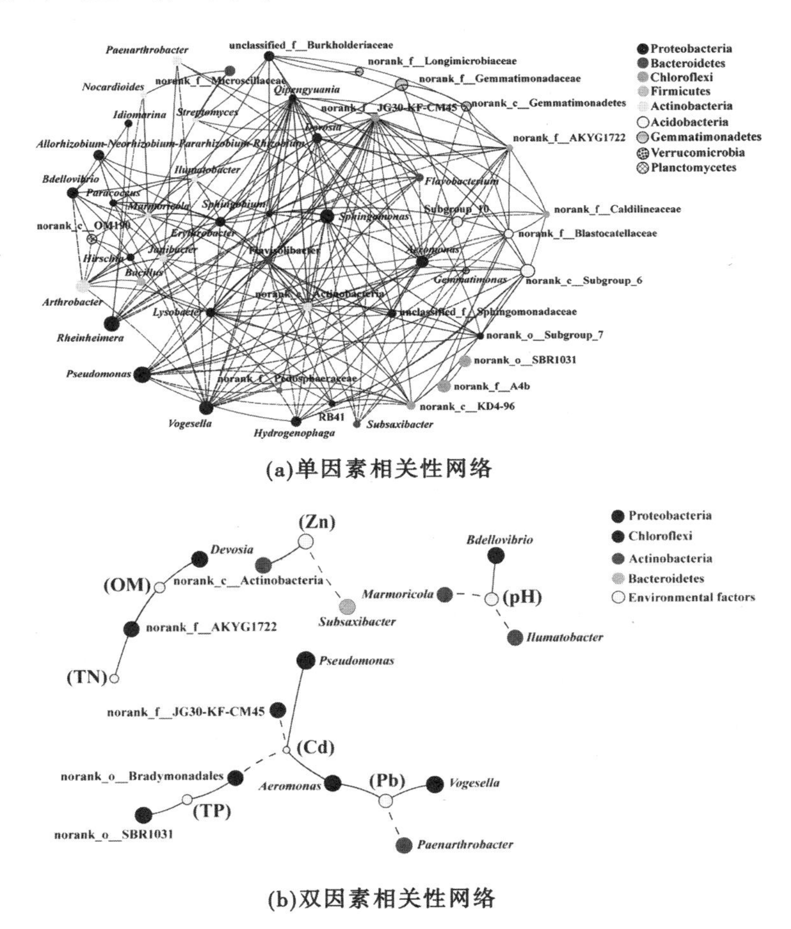

(a)单因素相关性网络

(b)双因素相关性网络

图 4-5　物种相关性网络分析

4.3.4　定量 PCR 结果

利用特异性引物对不同生物炭处理下根际土壤中的门水平菌群、氮功能菌群和病原菌种属进行定量检测。从图 4-6 中可以看出,添加生物炭对根际土壤细菌群落与功能菌群有一定的影响。再生水灌溉显著降低了 β-Proteobacteria 的丰度(P < 0.05),添加生物

炭处理β-Proteobacteria 的丰度有降低趋势，但不显著。花生壳生物炭(RW_PBC)和水稻秸秆生物炭(RW_RBC)处理显著降低了γ-Proteobacteria 的丰度($P < 0.05$)，其他处理下的菌群变化均无显著差异。小麦秸秆生物炭(RW_WBC)和稻壳生物炭(RW_RKBC)处理下再生水灌溉根际土壤氨氧化古菌(*AOA*)的丰度显著降低($P < 0.05$)，各种生物质炭处理未对氨氧化细菌(*AOB*)和固氮菌群产生明显影响。与清水灌溉相比，再生水灌溉显著增加了 *E. coli* 的丰度，而添加生物炭(RW_PBC、RW_RBC 和 RW_RKBC)能够显著降低再生水灌溉 *E. coli* 的丰度。RW_PBC 处理显著降低了 *Enterococcus faecium*、*Legionella* spp. 和 *Mycobacterium* spp. 的丰度。RW_RKBC 和 RW_WBC 处理下再生水灌溉根际土壤 Pseudomonas syringae 丰度显著降低，而其他处理均无显著差异。因生物质炭种类的不同，各类菌群丰度呈现差异变化，但各处理间样本的细菌总数和真菌总数并未受灌溉水源和生物炭的影响而产生显著变化，表明根际菌群丰度在受外界环境压力条件下始终维持一定的动态平衡。

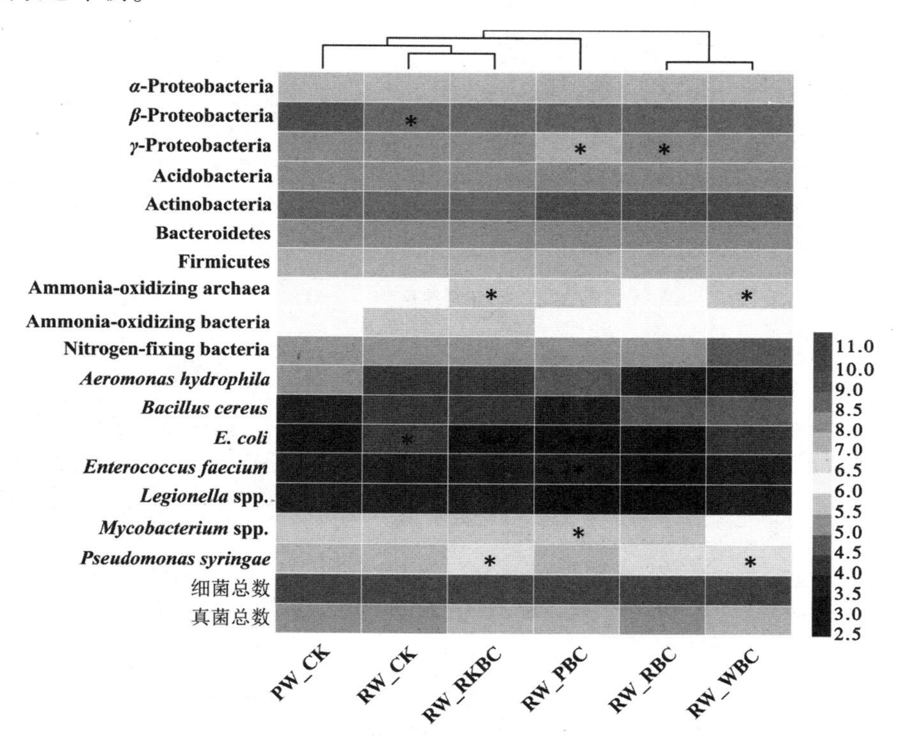

(＊表示 $P < 0.05$，＊＊表示 $P < 0.01$)

图 4-6　不同处理间菌群数量与病原菌丰度变化热图

4.4 讨 论

4.4.1 生物炭对再生水灌溉土壤理化性质的影响

与清水灌溉相比,再生水灌溉并未对土壤理化性质造成不利影响。从表4-2可以看出,土壤理化性质的差异是生物炭输入造成的,而非灌溉水源。生物炭具有改良土壤、促进植物生长、固碳减排、降低重金属及其他污染物生物有效性等作用,在农业和环境领域应用广泛。生物炭对根际土壤理化性质的影响及差异性取决于其种类和性质的不同。有研究表明,生物炭添加到土壤中后,形成了稳定的有机碳,有利于土壤有机质的形成和积累,这对稳定土壤有机碳库和提高土壤肥力有重要意义[4]。相对于土壤中的养分来说,尽管生物炭本身养分含量较低,但仍可在一定程度上补充土壤养分[5]。生物炭的施入增加了土壤养分,显著提高了有机质、总氮和总磷含量。添加稻壳生物炭和水稻秸秆生物炭处理均能显著增加再生水灌溉土壤pH和EC值。生物炭对重金属的影响结果不一,可能是生物炭种类和性质的差异造成的。Tu等[6]的研究表明,土壤中氮磷含量的增加可以有效降低土壤中水溶性和可交换态Cd的含量,可见添加生物炭来提高土壤养分含量对重金属的影响较大。生物炭能够改变重金属在土壤中的形态,具有稳定固化作用,但随着土壤环境的改变,被固化的重金属可能重新被释放,对土壤造成二次污染。但改性处理可以增加生物炭的比表面积以及官能团的种类与数量,使生物炭对水体或土壤中Cd的吸附具有良好的稳固性[7]。已有研究报道,呈碱性的生物炭施入土壤后可提高酸性土壤pH值,并能够显著影响土壤中重金属的形态和迁移行为,降低土壤中Pb和Cd的可提取态含量,影响土壤重金属污染物的生物有效性[8-9]。也有报道指出,小麦秸秆生物炭降低碱性土壤中作物吸收Cd的量并非通过提高土壤pH和吸附能力实现的[10]。王海波等[11]研究认为生物炭输入后能够使土壤重金属由有效态向无效态转化,从而达到修复重金属污染土壤和降低作物累积的目的。不同原料来源、制备条件和施用量的生物炭在农业生产实践中的适用性也是人们关注的研究热点。本研究中,RW_RBC、RW_RKBC和RW_WBC处理均能显著降低Cd含量,而RW_PBC处理增加了Cu和Zn含量,这表明尽管花生壳生物炭对改善土壤肥力状况作用显著,但其应用的潜在环境风险还有待进一步研究。

4.4.2 生物质炭对根际土壤细菌群落多样性及其动态变化的影响

根际为根系周围、受根系生长影响的土体,是土壤-植物生态系统物质交换的活跃界面[12]。根际作为土壤微生物群体富集的微生境之一,其微生物多样性不仅受植物种类、土壤类型及其相互作用关系的影响,还受灌溉水源及水质的影响。再生水中的营养成分可以被微生物利用,其用于灌溉会促进根际土壤中真菌、氨化细菌、反硝化细菌的繁殖[13]。各处理根际土壤细菌群落组成以Proteobacteria为主,其次为Actinobacteria、Bacteroidetes、Chloroflexi、Acidobacteria、Gemmatimonadetes和Firmicutes,这与文献[14]的报道一致。细菌群落组成分析结果表明,不同处理在门分类水平优势类群相同,但相对丰度呈现差异,其中Proteobacteria的α-Proteobacteria和γ-Proteobacteria相对丰度占比最高。从灌溉水质来看,物种差异性主要表现在属分类水平的菌群组成,再生水灌溉增加了根际土壤 Rheinheimera、Arthrobacter 和 Sphingomonas 等菌属的相对丰度,而降低了 Aeromonas 和 Vogesella 的相对丰度。由于生物炭具有优良的吸附性能、高孔隙率和低成本等特点,已被作为农业实践中常用的土壤改良剂。研究发现,施用生物炭有利于提高土壤微生物的物种丰富度,促进微生物种类的均匀分布[15]。与未添加生物炭处理相比,生物炭增加了根际土壤微生物群落的多样性和丰富度,但因生物炭种类不同而呈现差异。相较于其他生物炭处理,花生壳生物炭(RW_PBC)处理的细菌群落丰富度和多样性较低。生物炭能够通过改变土壤养分状况直接或间接影响土壤微生物,有研究表明生物炭种类与用量均会对土壤微生物群落结构产生一定影响,并且生物炭的影响程度与土壤有机质含量密切相关[16]。β 多样性分析表明,清水与再生水灌溉下微生物群落的组成具有相似性,而与添加生物炭处理的组间比较差异明显。细菌群落组成主要受土壤养分和重金属含量的影响,在添加生物炭条件下,土壤理化因子是微生物群落结构动态变化的主要驱动因素,这表明生物炭对根际微生物多样性具有重要的调控作用。生物炭可通过自身性质和改变土壤理化性质来影响土壤微生物群落结构与功能的多样性[17-18]。本研究中土壤有机质、总氮、总磷和 EC 值是生物炭添加对微生物群落结构影响的关键环境因子。添加不同种类生物炭处理均会显著降低 *Pseudomonas* 和 *Rheinheimera* 的相对丰度,而 *Sphingomonas* 和 norank_Subgroup_6 相对丰度呈增加趋势。*Pseudomonas* 菌属包括多种人类条件致病菌,也是植物病原细菌中一个重要菌群,再生水灌溉会显著增加根际土壤 *Pseudomonas* 丰度。相关性 Heatmap 图分析结果表明,根际土壤细菌群落受土壤特性的影响,不同细菌菌属的影响程度因添加生物炭种类不同而存在差异。*Pseudomonas* 相对丰度与 Cd 含量呈显著相关,生物炭处理(除 RW_PBC 处理)均显著降低了两者的量。*Sphingomonas* 是一类具有很强代谢能力的降解菌,在环境污染治理方面研究应用广泛。物种相关性网络分析反映出不同分类水平核心菌群之间的共存关系,并获取了优势菌属与环境因子的关联,其中 *Arthrobacter*、*Lysobacter*、*Marmoricola* 和 *Nocardioides* 等关键菌属与文献报道一致[19]。由此可见,在根际细菌群落组成中,即使添加生物炭会增加细菌种群的丰富度和多样性,而一些优势菌群与其他菌群也始终维持着密切的相关性。张秀等[20]报道了重金属 Cd 胁迫下土壤微生物的代谢功能多样性明显降低,而添加生物炭可转变土壤微生物的代谢模式,从而缓解并改善土壤微生物群落功能多样性。重金属浓度增加产生的非生物胁迫导致土壤微生物生物量中碳和氮含量降低,生物炭处理提高了土壤碳源利用率和微生物群落功能多样性,这主要归因于生物炭降低重金属的生物可利用性,并且通过提高土壤持水能力、pH 等对微生物种群的生长、繁殖和活性产生积极影响[21]。

4.4.3　生物质炭对根际土壤中功能菌和病原菌的影响

蔡九茂等[22]的研究发现施用生物炭对设施农业土壤硝态氮含量及其转化的关键微生物影响较大,生物质炭处理降低了根际土壤 *AOA* 基因拷贝数,这与本书的部分研究结果一致。生物炭添加对 *AOB* 数量影响不明显,但会降低 *AOA* 菌群丰度,原因可能是 *AOA* 菌群更适宜在酸性环境中生长,而生物炭的输入提高了土壤 pH 值[23]。添加生物炭后,根际土壤的固氮菌丰度并无显著增加,这可能与生物炭的添加量及作用时间有关[24]。多数研究集中于考察生物炭对控制植物病原体的影响[25-26]，而对人类条件致病菌的抑制效率研究相对较少。本书研究了 4 种不同原料来源的生物炭对再生水灌溉根际土壤病原菌丰度变化的影响。生物炭对病原菌的影响因其种类不同而差异明显，添加花生壳生物炭对病原菌谱影响较其他处理更广。以竹子为原料制备的生物炭应用于农业土壤中可以降低人类致病菌的传播[27]。Novak 等[28]的研究表明生物炭添加增加了对细菌的吸附作用，导致 *E. coli* 在土壤中的运移能力降低。小麦秸秆生物炭对土壤-作物病原菌的影响随灌溉水源与灌溉时间而变化，表明根际土壤病原菌丰度与灌溉水源、生物炭具有更强的相关性[29]。生物炭的多孔结构为各种微生物在其孔隙形成活性生物膜提供了生态位，研究发现生物炭在水中吸附 *E. coli* 的效率与其颗粒大小有关[30]。Gu 等[31]的研究发现生物炭可有效吸附植物根系分泌物，通过减少根际微生物对营养物质的可利用量，增强根际土壤中病原菌的趋化能力，从而降低了病原菌的群集运动能力和根际定殖能力。这些结果表明，生物炭的应用可能是减少人类条件致病菌与植物病原菌在根际定殖的一种潜在途径。目前尚不清楚生物炭是如何影响病原菌吸附以及病原菌对根系分泌物可利用程度，生物炭的作用机理与效应是否取决于其自身性质及颗粒大小仍需进一步探索。

4.5　小　结

（1）尽管再生水灌溉未对根际土壤质量造成不利影响，但生物炭仍不失为改良土壤的一种有效手段。生物炭能够显著影响根际土壤的 pH、EC、有机质、总氮、总磷以及重金属含量，但由于生物炭制备原料和条件以及土壤类型的不同，其作用效果的差异较大。

（2）灌溉水源的不同并未导致细菌群落多样性和丰富度呈现显著差异，而不同生物炭处理对再生水灌溉根际土壤细菌群落多样性和丰富度的作用效果较为明显。根际土壤细菌群落结构在门、属分类水平上类似，优势菌群的种类没有发生改变。门分类水平优势菌群为 Proteobacteria、Actinobacteria、Chloroflexi、Bacteroidetes 和 Acidobacteria，共同优势菌属包括 *Pseudomonas*、*Rheinheimera*、*Arthrobacter*、*Sphingomonas* 和 *Aeromonas*，其相对丰度因生物炭种类不同而存在差异。

（3）不同种类生物炭对根际土壤理化性质的影响程度不同，其中 EC、有机质、总氮和 Cd 含量变化是导致再生水灌溉根际土壤细菌群落结构及其多样性变化的主要驱动因子。

（4）生物炭的添加不易扰动菌群的稳定性，仅水稻秸秆生物炭（RW_RBC）和花生壳生物炭（RW_PBC）处理下 γ-Proteobacteria 丰度显著降低。4 种生物炭对病原菌丰度均有不同程度的影响，其中花生壳生物炭（RW_PBC）显著降低 *Escherichia coli*、*Enterococcus faecium*、*Legionella* spp. 和 *Mycobacterium* spp. 的丰度。

参考文献

[1] 李春格，李晓鸣，王敬国. 大豆连作对土体和根际微生物群落功能的影响[J]. 生态学报，2006，26(4)：1144-1150.

[2] 鲁如坤. 土壤农业化学分析方法[M]. 北京：中国农业科技出版社，2000.

[3] Xu N，Tan G，Wang H，et al. Effect of biochar additions to soil on nitrogen leaching，microbial biomass and bacterial community structure[J]. European Journal of Soil Biology，2016，74：1-8.

[4] Zavalloni C，Alberti G，Biasiol S，et al. Microbial mineralization of biochar and wheat straw mixture in soil：a short-term study[J]. Applied Soil Ecology，2011，50：45-51.

[5] Novak J M，Busscher W J，Laird D L，et al. Impact of biochar amendment on fertility of a southeastern coastal plain soil[J]. Soil Science，2009，174(2)：105-112.

[6] Tu C，Zheng C R，Chen H M. Effect of applying chemical fertilizers on forms of lead and cadmium in red soil[J]. Chemosphere，2000，41(1-2)：133-138.

[7] 陈雪娇，林启美，肖弘扬，等. 改性油菜秸秆生物质炭吸附/解吸 Cd^{2+} 特征[J]. 农业工程学报，2019，35(18)：220-227.

[8] Sandhu S S，Ussiri D A，Kumar S，et al. Analyzing the impacts of three types of biochar on soil carbon fractions and physiochemical properties in a corn-soybean rotation[J]. Chemosphere，2017，184：473-481.

[9] Lu K，Yang X，Gielen G，et al. Effect of bamboo and rice straw biochars on the mobility and redistribution of heavy metals (Cd，Cu，Pb and Zn) in contaminated soil[J]. Journal of Environmental Management，2017，186：285-292.

[10] 任心豪，陈乔，李锦，等. 小麦秸秆生物质炭对碱性土壤中油菜生长和镉吸收的影响[J]. 农业资源与环境学报，2020，38(1)：119-126.

[11] 王海波，尚艺婕，史静. 生物质炭对土壤镉形态转化的影响[J]. 环境科学与技术，2016，39(4)：22-26.

[12] 陆雅海，张福锁. 根际微生物研究进展[J]. 土壤，2006，38(2)：113-121.

[13] 裴亮，孙莉英，张体彬. 再生水滴灌对蔬菜根际土壤微生物的影响研究[J]. 中国农村水利水电，2015，397(11)：46-49.

[14] Guo W，Andersen M N，Qi X B，et al. Effects of reclaimed water irrigation and nitrogen fertilization on the chemical properties and microbial community of soil[J]. Journal of Integrative Agriculture，2017，16(3)：679-690.

[15] 赵兰凤，张新明，程根，等. 生物炭对菜园土壤微生物功能多样性的影响[J]. 生态学报，2017，37(14)：4754-4762.

[16] 樊诗亮，何丽芝，秦华，等. 生物质炭对邻苯二甲酸二丁酯污染土壤微生物群落结构多样性的影响[J]. 环境科学学报，2016，36(5)：1800-1809.

[17] 于小彦，杨艳芳，张平究，等. 不同水分条件下生物质炭添加对湿地土壤微生物群落结构的影响[J]. 生态与农村环境学报，2019，35(9)：1163-1171.

[18] 曹坤坤，张沙沙，胡学玉，等. 生物质炭影响下土壤呼吸温度敏感性及细菌群落结构的变化[J]. 环境科学，2020，41(11)：5185-5192.

[19] 陈兆进，李英军，邵洋，等. 新乡市镉污染土壤细菌群落组成及其对镉固定效果[J]. 环境科学，2020，41(6)：2889-2897.

[20] 张秀，夏运生，尚艺婕，等．生物质炭对镉污染土壤微生物多样性的影响[J]．中国环境科学，2017，37(1)：252-262.

[21] Hmid A，Al Chami Z，Sillen W，et al．Olive mill waste biochar：a promising soil amendment for metal immobilization in contaminated soils[J]．Environmental Science & Pollution Research，2015，22(2)：1444-1456.

[22] 蔡九茂，刘杰云，邱虎森，等．滴灌方式和生物质炭对温室土壤矿质态氮及其微生物调控的影响[J]．环境科学，2020，41(8)：1-13.

[23] 潘逸凡．生物质炭对稻田土壤氨氧化微生物的影响研究[D]．杭州：浙江大学，2014.

[24] 宋延静，张晓黎，龚骏．添加生物质炭对滨海盐碱土固氮菌丰度及群落结构的影响[J]．生态学杂志，2014，33(8)：2168-2175.

[25] Elmer W H，Pignatello J J．Effect of biochar amendments on mycorrhizal associations and fusarium crown and root rot of asparagus in replant soils[J]．Plant Disease，2011，95：960-966.

[26] Jaiswal A K，Frenkel O，Tsechansky L，et al．Immobilization and deactivation of pathogenic enzymes and toxic metabolites by biochar：A possible mechanism involved in soilborne disease suppression[J]．Soil Biology & Biochemistry，2018，121：59-66.

[27] Duan M L，Li H C，Gu J，et al．Effects of biochar on reducing the abundance ofoxytetracycline，antibiotic resistance genes，and human pathogenic bacteria in soil and lettuce[J]．Environmental Pollution，2017，224：787-795.

[28] Novak J M，Ippolito J A，Lentz R D，et al．Soil Health，crop productivity，microbial transport，and mine spoil response to biochars[J]．Bioenergy Research，2016，9(2)：454-464.

[29] 崔二苹，崔丙健，刘源，等．生物炭对非常规水源灌溉下土壤-作物病原菌的影响[J]．中国环境科学，2020，40(3)：1203-1212.

[30] Mohanty S K，Boehm A B．Escherichia coli removal in biochar-augmented biofilter：effect of infiltration rate，initialbacterial concentration，biochar particle size，and presence of compost[J]．Environmental Science & Technology，2014，48：11535-11542.

[31] Gu，Y，Hou Y G，Huang D P，et al．Application of biochar reduces Ralstonia solanacearum infection via effects on pathogen chemotaxis，swarming motility，and root exudate adsorption[J]．Plant and Soil，2017，415(1-2)：269-281.

第5章　农艺调控措施对再生水滴灌根际土壤菌群多样性及有害基因丰度的影响

5.1　材料与方法

5.1.1　供试材料与试剂

试验采用6种常见土壤改良剂:花生壳生物炭(BC),购自河南省商丘市三利新能源有限公司;生物有机肥(BF)、松土精(S),购自山东绿陇作物营养有限公司;腐植酸(HA,腐植酸≥65%、黄腐酸≥30%),购自深圳市杜高生物新技术有限公司;沸石(FS),购自河南汇智净水材料有限公司;玉米酒糟(V),购自新乡市先丰医药新材料有限公司。FastDNA Spin Kit for Soil试验盒(MP Biomedicals公司,美国);TB Green™ Premix Ex Taq™、pMD™ 19-T Vector(Takara公司,大连);高纯质粒小量制备试剂盒(百泰克生物技术有限公司,无锡);LB液体和固体培养基(生工生物工程股份有限公司,上海)。

5.1.2　试验设计

试验于2020年6~8月在中国农业科学院新乡野外观测试验站阳光板温室进行。供试作物为矮生番茄,购自山东禾之元种业公司。试验土壤取自周边农田,类型为壤土,其基本理化性质如下:pH 8.22,电导率(EC)314 μS/cm,总氮(TN)0.48 g/kg,总磷(TP)0.42 g/kg,铜(Cu)、锌(Zn)、铅(Pb)、镉(Cd)分别为23.17 mg/kg、49.73 mg/kg、29.32 mg/kg、0.074 mg/kg。试验用再生水取自新乡骆驼湾污水处理厂,采用"A^2O+高效沉淀池+反硝化深床滤池"工艺,处理后的出水水质满足《城镇污水处理厂污染物排放标准》(GB 18918—2002)一级A排放标准要求,同时也符合《农田灌溉水质标准》(GB 5084—2021)要求。试验期间污水处理厂出水池的再生水由罐车运输至试验站,储存于地下水泥蓄水池中备用。再生水蓄水池通过潜水泵将水抽入供水压力罐,再由管道分配输送至田间小区和温室大棚所需区域。

试验在盛土150 kg的蔬菜种植槽(长160 cm × 宽40 cm × 高38 cm)中进行,幼苗移栽前一次性施入底肥,所有处理施肥量相同(尿素200 mg/kg + 过磷酸钙150 mg/kg + 氯化钾100 mg/kg)。试验设置8个处理,分别为:清水灌溉(PW)、再生水灌溉(RW)、再生水灌溉+生物炭(RBC)、再生水灌溉+生物有机肥(RBF)、再生水灌溉+沸石(RFS)、再生水灌溉+腐植酸(RHA)、再生水灌溉+松土精(RS)、再生水灌溉+玉米酒糟(RV)。生物有机肥、腐植酸和松土精施用量按使用说明(分别为200 mg/kg、100 mg/kg、100 mg/kg),沸石和酒糟按质量比1%施用量,生物炭按质量比2%施用量。灌溉方式采用浅埋地表滴灌,以再生水和自来水为灌溉水源,滴灌带滴头流量2.5 L/h,每个处理重复3次。

试验结束后,采用抖落法将番茄根部松散的土壤去除后,使用无菌毛刷从根部收集黏附的根际土壤,真空冷冻干燥后过2 mm孔径尼龙筛,置于-80 ℃冰箱保存,用于后续理化性质检测与微生物多样性分析。

5.1.3 试验方法

5.1.3.1 理化测试分析与土壤DNA提取

按水土比1∶2.5混合剧烈振荡30 min后静置3 h,利用pH计(Thermo Scientific Orion A211,美国)与电导率仪(雷磁DDB,上海)分别测定根际土壤pH和电导率(EC)。采用低温外热重铬酸钾氧化-比色法测定有机质(OM)含量。根际土壤经酸消煮后利用连续流动分析仪(Seal-AA3,德国)测定总氮和总磷,土壤加酸微波消解后利用原子吸收分光光度计(岛津AA-6300,日本)测定铅(Pb)、镉(Cd)、铜(Cu)和锌(Zn)4种重金属全量。

利用FastDNA Spin Kit for Soil试剂盒(MP Biomedicals,美国)从根际土壤中提取基因组DNA。利用超微量分光光度计(SpectraMax® QuickDrop™,Molecular Devices公司,美国)检测DNA浓度及纯度。

5.1.3.2 高通量测序

利用16S rRNA基因V3-V4区引物338F(ACTCCTACGGGAGGCAGCAG)和806R(GGACTACHVGGGTWTCTAAT)[1]在ABI GeneAmp 9700 PCR扩增仪上对根际土壤细菌DNA进行PCR扩增。PCR反应体系如下:FastPfu Buffer(5× TransGen)4 μL,2.5 mmol/L dNTPs 2 μL,5 μmol/L正反向引物各0.8 μL,FastPfu Polymerase 0.4 μL,10 ng模板DNA,ddH_2O补足至20 μL。PCR反应条件:95 ℃预变性3 min;随后30个温度循环(95 ℃变性30 s,50 ℃退火30 s,72 ℃延伸45 s);最后72 ℃延伸10 min,保持10 ℃恒温孵育。基于Illumina MiSeq PE300测序平台(Illumina Inc.,美国),利用TruSeq™ DNA Sample Prep Kit对PCR扩增产物构建PE文库进行双末端测序。

5.1.3.3 定量PCR检测

利用功能基因、病原菌毒力基因和抗生素抗性基因引物[2]对根际土壤DNA进行定量PCR检测,部分引物信息详见表5-1。利用TA克隆方法将扩增的基因片段插入pMD™ 19-T Vector(Takara公司,大连)中来分别制备相应的标准质粒,然后将已知质粒拷贝数进行10倍稀释8个梯度作为标准模板构建标准曲线。基于美国伯乐BIO-RAD CFX Connect™荧光定量PCR检测系统,利用TB Green™ Premix Ex Taq™染料法进行基因丰度的定量检测。反应体系包括10 μL 2× TB Green™Premix Ex Taq™,0.4 μL正反向引物,2 μL模板,无菌水补足至20 μL。最佳反应条件:95 ℃预变性30 s;95 ℃变性5 s,60 ℃退火30 s,72 ℃延伸30 s,40个循环,每个样品重复3次,以无菌水作为阴性对照。

表 5-1 用于定量 PCR 检测的引物

项目	目的基因	序列(5′-3′)	产物长度/bp	文献
Ammonia-oxidizing archaea	archaeal *amo*A	F：STAATGGTCTGGCTTAGACG R：GCGGCCATCCATCTGTATGT	635	[3]
Ammonia-oxidizing bacteria	bacterial *amo*A	F：GGGGTTTCTACTGGTGGT R：CCCCTCKGSAAAGCCTTCTTC	491	[4]
Nitrogen-fixing bacteria	*nifH*	F：AAAGGYGGWATCGGYAARTCCACCAC R：TTGTTSGCSGCRTACATSGCCATCAT	432	[5]
ureC	urease genes	F：TGGGCCTTAAAATHCAYGARGAYTGGG R：GGTGGTGGCACACCATNANCATRTC	340	[6]
alkaline phosphatase	*phoD*	F：CAGTGGGACGACCACGAGGT R：GAGGCCGATCGGCATGTCG	370	[7]
Arcobacter butzleri	*rpo*	F：ATACTTTCTTGGTCTTGTGGTGTA R：CCACAAAGACACTCATAATCTTTTAC	132	[8]
Arcobacter cryaerophilus	23S	F：TGCTGGAGCGGATAGAAGTA R：AACAACCTACGTCCTTCGAC	257	[8]
Bacillus cereus	Hemolysin	F：CTGTAGCGAATCGTACGTATC R：TACTGCTCCAGCCACATTAC	185	[9]
Enterococcus faecium	23S	F：AGAAATTCCAAACGAACTTG R：CAGTGCTCTACCTCCATCATT	92	[10]
Pseudomonas syringae	*oprf*	F：AACTGAAAAACACCTTGGGC R：CCTGGGTTGTTGAAGTGGTA	304	[11]
Ralstonia solanacearum	16S	F：AGTCGAACGGCAGCGGGGG R：GGGGATTTCACATCGGTCTTGCA	553	[12]
Total coliforms	lacZ	F：ATGAAAGCTGGCTACAGGAAGGCC R：GGTTTATGCAGCAACGAGACGTCA	264	[13]
Pantoea agglomerans	16S	F：CTTAAAGCGCAGGGAAGCCGGTCAG R：GAGCCGGCTCAGGGAAACCGGTC	121	[14]
Fecal Bacteroidetes	16S	F：AACGCTAGCTACAGGCTTAACA R：ACGCTACTTGGCTGGTTCA	380	[15]

5.2　数据分析

基于美吉 I-Sanger 生信云平台分析根际土壤细菌群落多样性与结构变化特征，具体步骤如下：①采用 RDP classifier 贝叶斯算法对 97%相似水平的 OTU 代表序列进行分类学聚类，利用 mothur 计算 α 多样性指数；②利用 R 语言（version 3. 3. 1）工具绘制 Venn 图，基于 Silva 数据库比对分析各样本的群落物种组成；③利用 R 语言（version 3. 3. 1）进行主成分分析（PCA）作图；④利用 R 语言进行环境因子关联分析和作图，包括冗余分析（RDA）和相关性热图。

利用 Hem I 热图软件对定量基因丰度进行作图，不同处理组的差异分析采用 SPSS 20. 0 进行单因素方差分析（one-way analysis of variance，ANOVA）和 LSD 多重比较检验，$P<0.05$ 表示差异有统计学意义。

5.3　结果与分析

5. 3. 1　土壤理化性质

不同处理间根际土壤理化性质变化见表 5-2。与清水灌溉相比，再生水灌溉显著增加了土壤 pH、EC 和 Pb 含量（$P<0.05$）。施用生物质炭和沸石均显著增加了土壤 pH 值，而酒糟则是显著降低了土壤 pH 值，不同土壤改良剂的添加均显著增加了土壤 EC 值（$P<0.05$）；清水和再生水灌溉的土壤有机质含量无显著变化，而施用生物质炭与生物有机肥处理的土壤有机质含量均有显著增加（$P<0.05$）；生物质炭与酒糟处理显著增加了土壤总氮含量，仅有酒糟处理显著增加了总磷含量（$P<0.05$）；与清水灌溉相比，再生水配施不同土壤改良剂均显著增加了重金属铅含量（$P<0.05$），而各处理间重金属镉含量无显著变化。上述分析表明，不同土壤改良剂对根际土壤性质的影响是由其性质差异造成的。

表 5-2　不同处理间根际土壤理化性质变化

处理组	pH	EC/（μS/cm）	OM/%	TN/（mg/kg）	TP/（mg/kg）	Cd/（mg/kg）	Pb/（mg/kg）
PW	8. 11a	236a	1. 88a	0. 45a	0. 25ab	0. 19a	15. 56a
RW	8. 42b	460b	1. 90a	0. 45a	0. 23ab	0. 15a	26. 02bc
RBC	8. 39b	556bc	2. 72b	0. 71b	0. 27a	0. 15a	25. 06bc
RBF	8. 03a	677c	2. 38b	0. 47a	0. 22b	0. 17a	27. 39c
RFS	8. 39b	493b	1. 61a	0. 41a	0. 24ab	0. 15a	26. 36bc
RHA	8. 17a	603bc	1. 73a	0. 43a	0. 25ab	0. 15a	24. 32b
RS	8. 16a	632bc	1. 80a	0. 47a	0. 25ab	0. 16a	23. 89b
RV	7. 62c	849d	1. 85a	0. 74b	0. 40c	0. 14a	24. 36b

5. 3. 2 根际土壤细菌群落结构与多样性分析

5. 3. 2. 1 根际土壤细菌群落组成与 α 多样性

按照 97%相似性对非重复序列进行 OTU 聚类,得到 OTU 的代表序列,所有处理按最小样本序列数抽平后的有效序列数为 19 145。24 个根际土壤样品共获得 OTU 数目 4 222 个,对 97%相似水平的 OTU 代表序列进行分类学划分,统计各样本的群落物种组成信息为 38 个门 109 个纲 283 个目 458 个科和 829 个属。从表 5-3 可以看出,处理间细菌 α 多样性比较分析结果表明不同处理对 Sob 指数、Shannon 指数、Ace 指数、Chao1 指数和覆盖度无显著影响;松土精处理显著增加了 Simpson 指数,表明其处理的根际土壤细菌群落多样性低于其他处理。

表 5-3 不同处理细菌 α 多样性指数

处理组	Sob 指数	Shannon 指数	Simpson 指数	Ace 指数	Chao1 指数	覆盖度
PW	1 958ab	6. 35a	0. 004 79a	2 604a	2 558a	0. 967 1a
RW	1 845ab	6. 18a	0. 006 46ab	2 480a	2 480a	0. 968 0a
RBC	1 747ab	6. 04a	0. 008 82ab	2 400a	2 440a	0. 968 8a
RBF	1 829a	6. 07a	0. 006 92ab	2 578a	2 591a	0. 965 7a
RFS	1 816ab	6. 07a	0. 007 12ab	2 565a	2 561a	0. 966 1a
RHA	1 781ab	5. 99a	0. 009 04ab	2 482a	2 485a	0. 967 1a
RS	1 784ab	5. 89a	0. 010 32b	2 621a	2 417a	0. 967 4a
RV	2 002b	6. 40a	0. 004 42a	2 587a	2 560a	0. 967 8a

各处理间共有和独有 OTU 的 Venn 图分析可以直观地展现物种组成的相似性和重叠情况,从图 5-1 可以看出 8 个处理组分别有 82 个、27 个、33 个、43 个、29 个、36 个、24 个和 218 个独有 OTU,所有处理组共有 1 283 个核心 OTU。结果表明,施用土壤改良剂可以在一定程度上影响根际土壤细菌群落组成,各处理均聚集了相当数量的独有 OTU 数目,其中玉米酒糟处理中独有 OTU 数目高于其他处理。

在不同分类学水平上统计各样本中物种组成信息,分析优势物种多样性及其相对丰

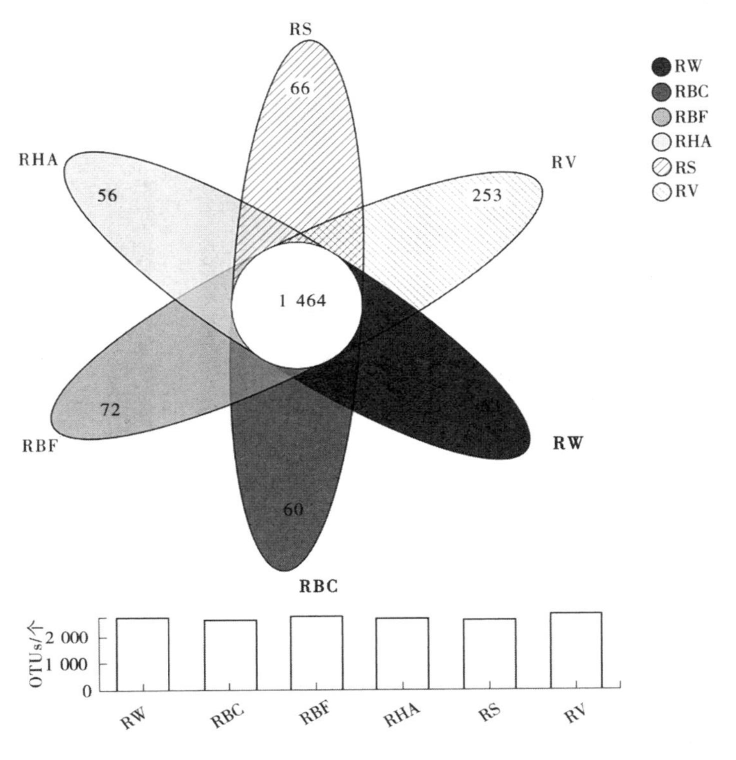

图5-1 不同处理间根际土壤细菌 OTUs 组成 Venn 图

度,将丰度低于1%的物种合并为others。由图5-2(a)可知,各处理纲水平优势细菌群落组成相同,而相对丰度存在差异。α-变形菌纲(α-Proteobacteria)和γ-变形菌纲(γ-Proteobacteria)属于变形菌门,相对丰度分别占16.82%~19.5%和19.23%~27.18%;拟杆菌纲(Bacteroidia)属于拟杆菌门,占13.95%~19.8%;放线菌纲(Actinobacteria)、嗜热油菌纲(Thermoleophilia)和酸微菌纲(Acidimicrobiia)均属于放线菌门,分别占4.8%~8.92%、0.61%~1.24%和2.49%~5.52%;厌氧绳菌纲(Anaerolineae)和绿弯菌纲(Chloroflexia)属于绿弯菌门,分别占5.72%~8.7%、1.12%~1.74%;Vicinamibacteria纲与Blastocatellia纲属于酸杆菌门,分别占1.88%~5.15%、1.23%~2.83%。此外,还有酸杆菌纲(Acidobacteriae)、芽孢杆菌纲(Bacilli)、芽单胞菌纲(Gemmatimonadetes)、多伊卡菌纲(Dojkabacteria)、Saccharimonadia纲、Phycisphaerae纲和疣微菌纲(Verrucomicrobiae)等一些相对丰度较低的物种类群,在细菌种群数量中的占比均低于2%。变形菌门(Proteobacteria,36.06%~46.36%)、拟杆菌门(Bacteroidetes,14.23%~20.28%)、放线菌门(Actinobacteria,8.09%~15.94%)、绿弯菌门(Chloroflexi,9.53%~11.75%)和酸杆菌门(Acidobacteria,4.74%~9.58%)均是各处理中最优势的5个类群,占每个样本物种相对丰度的85%以上。其中,玉米酒糟处理样本的Patescibacteria门、芽单胞菌门和厚壁菌门在菌群中所占比例显著高于其他处理。

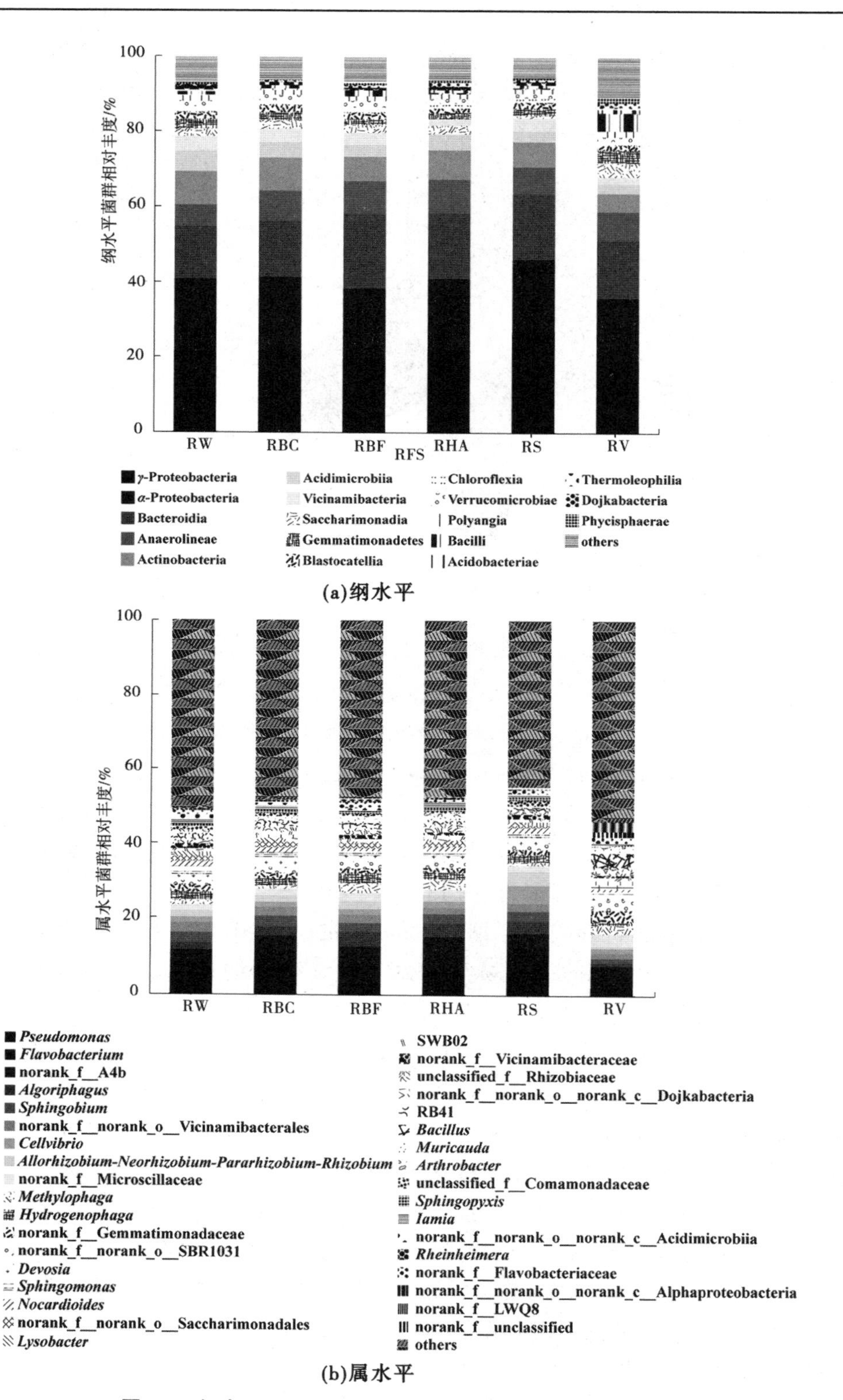

图 5-2　纲水平和属水平根际土壤细菌群落组成相对丰度

如图 5-2(b)所示,属水平上细菌群落结构和相对丰度呈现动态变化趋势。丰度 Top38 的优势属占总序列的相对丰度超过 45%,将在所有样本中相对丰度占比均小于 1% 的物种归为 others。各处理细菌群落组成分析表明,不同样本在属水平优势物种相同,但相对丰度呈现差异。优势菌属的相对丰度在各处理中的分布如下:假单胞菌属(*Pseudomonas*,1.98%~7.29%)、鞘脂菌属(*Sphingobium*,1.09%~2.71%)、鞘氨醇单胞菌属(*Sphingomonas*,1.03%~2.22%)、纤维弧菌属(*Cellvibrio*,1.23%~4.79%)、*Allorhizobium-Neorhizobium-Pararhizobium-Rhizobium*(0.58%~3.82%)、黄杆菌属(*Flavobacterium*,2.81%~6.13%)、食冷菌属(*Algoriphagus*,0.96%~3.78%)和类诺卡氏菌属(*Nocardioides*,0.78%~1.52%)。再生水灌溉显著增加了假单胞菌属的相对丰度,而生物有机肥和玉米酒糟处理能显著降低再生水灌溉根际土壤假单胞菌属的相对丰度。除了玉米酒糟处理,再生水灌溉施用土壤改良剂较清水灌溉均显著提高了食冷菌属的相对丰度。纤维弧菌属和 *Allorhizobium-Neorhizobium-Pararhizobium-Rhizobium* 在松土精处理的根际土壤中维持较高的相对丰度。与其他处理相比,施用玉米酒糟对细菌群落组成的影响较大,食冷菌属(*Algoriphagus*)、*Allorhizobium-Neorhizobium-Pararhizobium-Rhizobium* 和鞘脂菌属显著降低,而未分类的芽单胞菌菌科和 *Microscillaceae* 的相对丰度显著降低。

5.3.2.2　β 多样性与环境因子关联分析

通过主成分分析(PCA)发现,PC1 轴和 PC2 轴对结果的解释度分别为 15.16% 和 8.81%(见图 5-3)。生物炭、生物有机肥、沸石、腐植酸和松土精处理的细菌菌群结构相似,清水灌溉及再生水灌溉配施玉米酒糟与其他处理的群落结构差异较大。不同处理条件下根际土壤细菌组成具有明显差异,表明细菌群落多样性与丰度随不同土壤改良剂的施用呈现明显的动态变化。

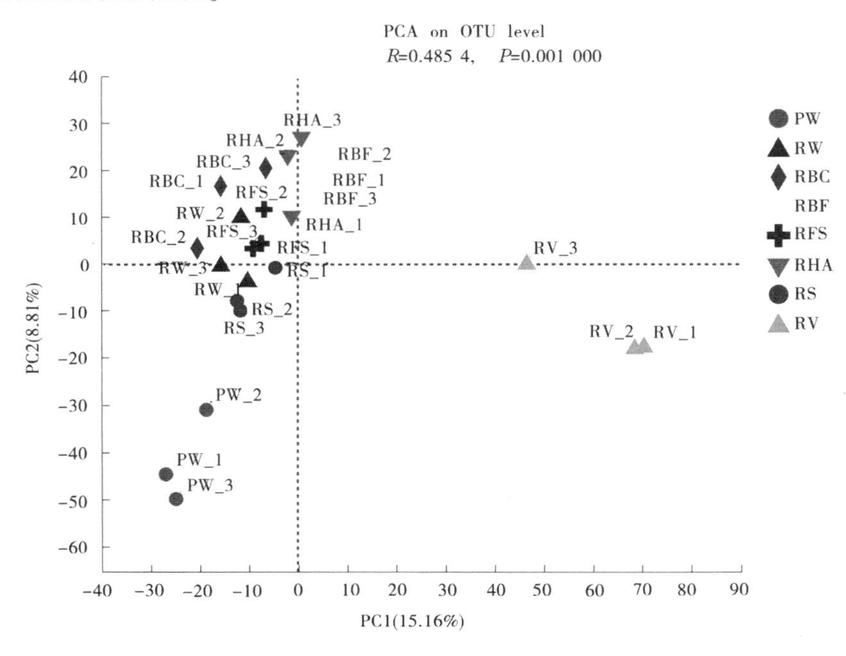

图 5-3　不同处理样本间群落组成 PCA

基于菌群与环境因子的冗余分析(redundancy analysis,RDA)揭示了不同样本细菌OTU水平群落组成与不同环境因子之间的相关性(见图5-4)。分析结果表明,土壤pH、EC和TN是影响细菌群落组成的关键环境因子,土壤理化性质的变化是由施用的不同土壤改良剂自身性质差异决定的。

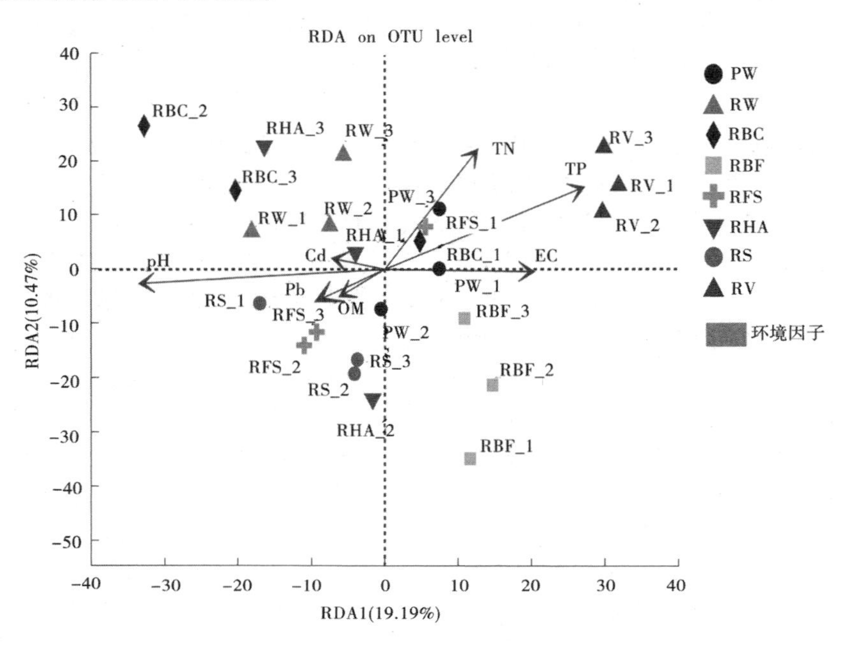

图5-4　细菌群落结构与环境因子的冗余分析

相关性Heatmap图分析(见图5-5)表明,环境因子与24个优势菌属丰度呈显著正相关($P<0.05$),并与22个优势菌属丰度呈显著负相关($P<0.05$)。土壤pH、EC、TN和TP与优势菌属丰度变化密切相关,pH与假单胞菌属(*Pseudomonas*)呈极显著正相关($r=0.628\ 97$,$P=0.000\ 99$),与噬氢菌属(*Hydrogenophaga*)、德沃斯氏菌属(*Devosia*)、类诺卡氏菌属(*Nocardioides*)、链霉菌属(*Streptomyces*)和微杆菌属(Microbacterium)呈显著正相关($P<0.05$);EC与未分类的微杆菌科(*Microbacteriaceae*)和链霉菌属(*Streptomyces*)呈极显著负相关($r=0.679\ 86$,$P=0.000\ 26$;$r=-0.678\ 84$,$P=0.000\ 27$),与假黄色单胞菌属(*Pseudoxanthomonas*)、诺卡氏菌属(*Nocardioides*)、微杆菌属(*Microbacterium*)和未分类的鞘脂单胞菌科的(Sphingomonadaceae);噬氢菌属(*Hydrogenophaga*)、未分类的鞘脂单胞菌科(Sphingomonadaceae)和微杆菌科(*Microbacteriaceae*)与TN、TP呈显著负相关($P<0.05$)。

物种相关性网络图反映了一定环境条件下各分类水平的物种相关性,选取属水平总丰度前50的物种,并计算物种之间的Spearman相关系数反映物种之间的相关性。如图5-6(a)所示,单因素相关性网络揭示了各处理根际菌群不同属之间具有显著的相互作用(实线表示正相关,虚线表示负相关,连线的粗细代表相关性系数的大小),其中138个呈负相关,98个呈正相关。属于变形菌门(Proteobacteria)、放线菌门(Actinobacteria)、拟杆菌门(Bacteroidota)和绿弯菌门(Chloroflexi)的菌属之间相关性更密切。假单胞菌属(*Pseudomonas*)与噬甲基菌属(*Methylophaga*)和鞘氨醇单胞菌属(*Sphingomonas*)呈显著正相关($P<0.05$);鞘氨醇单胞菌属(*Sphingomonas*)与节杆菌属(*Arthrobacter*)呈极显著负相

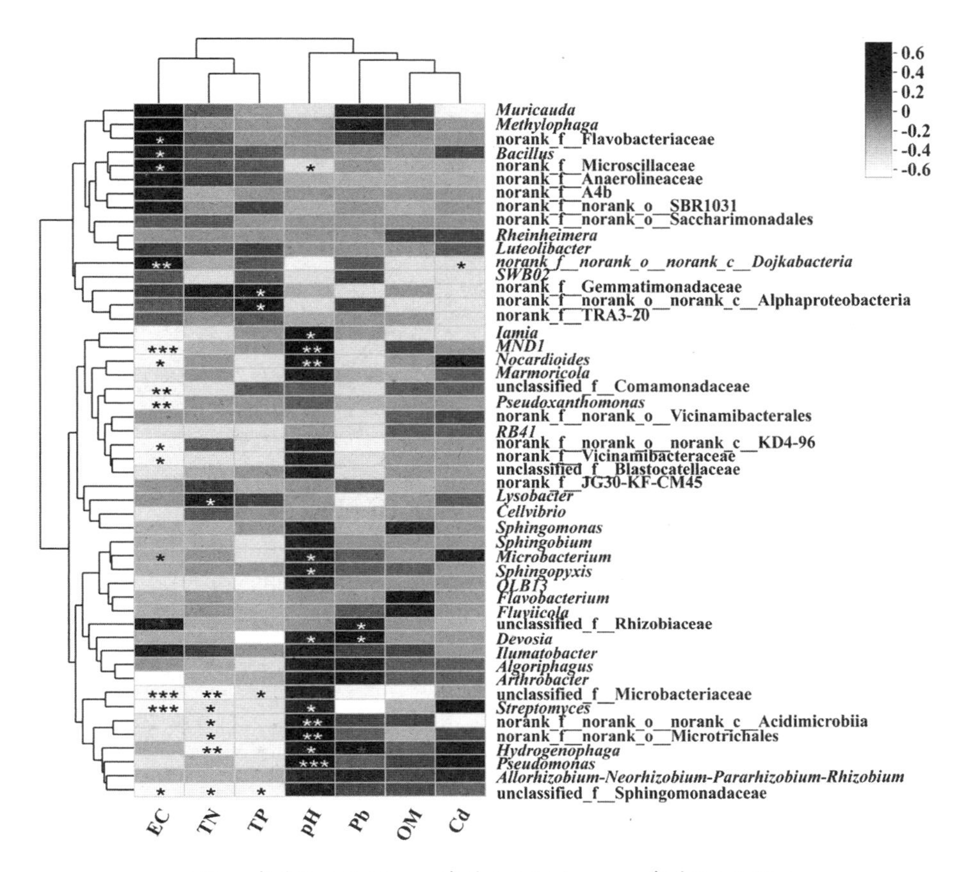

（注：* 表示 $P \leq 0.05$，* * 表示 $P \leq 0.01$，* * * 表示 $P \leq 0.001$）

图 5-5　环境因子与物种 Heatmap 分析

关（$P<0.01$）；假黄色单胞菌属（*Pseudoxanthomonas*）和 *Allorhizobium-Neorhizobium-Pararhizobium-Rhizobium* 与同属于变形菌门的其他菌属之间关联密切程度高于其他门水平菌群，且均呈显著负相关（$P<0.05$）。图 5-6（b）显示各样本中物种与环境因子之间的相互作用。土壤 pH 和 EC 连接的节点数目最多，pH 与放线菌门的菌属（*Microbactium*、*Streptomyces*、*Iamia* 和 *Nocardioides*）均呈显著负相关（$P<0.05$）；属于变形菌门的 *Pseudomonas* 和 MND1 与 pH 的负相关性更高，而与 EC 呈显著正相关（$P<0.05$）；变形菌门的菌属与各环境因子均有不同程度的相互关联。

5.3.3　N 功能基因、病原菌及抗生素抗性基因丰度定量结果

各处理根际土壤选定基因丰度的定量结果如图 5-7 所示。不同改良剂对根际土壤固氮菌丰度与碱性磷酸酶活性无显著影响。与清水灌溉相比，再生水灌溉（RW）及其施用生物炭（RBC）、生物有机肥（RBF）和腐植酸（RHA）显著增加了氨氧化古菌的丰度，氨氧化细菌丰度受生物质炭和玉米酒糟处理的影响而显著降低（$P<0.05$）。施用玉米酒糟的根际土壤脲酶活性较其他处理有显著提高（$P<0.05$）。病原菌在不同处理中均有检出，丰度存在比较显著的差异。与清水灌溉相比，再生水灌溉导致根际土壤中丁香假单胞菌

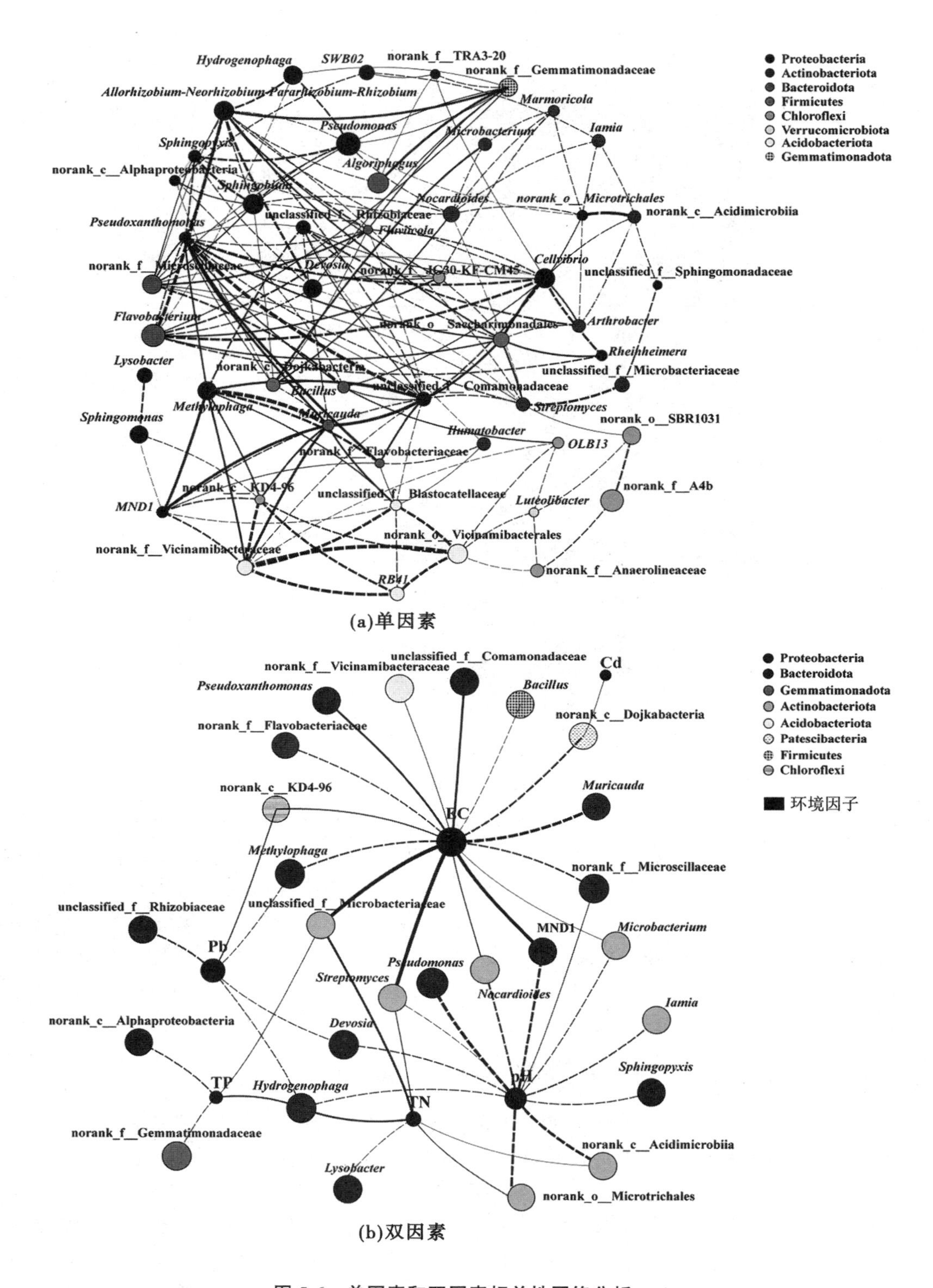

(a)单因素

(b)双因素

图 5-6　单因素和双因素相关性网络分析

(*Pseudomonas syringae*)丰度显著增加($P<0.05$)。土壤改良剂对病原菌丰度的显著影响主要体现在松土精和玉米酒糟的施用,添加松土精显著增加了青枯菌(*Ralstonia solanacearum*)和成团泛菌(*Pantoea agglomerans*)($P<0.05$);玉米酒糟处理下再生水灌溉根际土壤中布氏弓形菌(*Arcobacter butzleri*)、嗜冷弓形菌(*Arcobacter cryaerophilus*)、蜡样芽孢杆菌(*Bacillus cereus*)和丁香假单胞菌(*Pseudomonas syringae*)丰度显著增加,而显著降低了青枯菌(*Ralstonia solanacearum*)和大肠菌群的丰度($P<0.05$)。抗生素抗性基因在不同处理中的检出丰度存在明显的差异,其数量级均在 $10^4 \sim 10^8$ 基因 copies/g,其中 *tetB*、*sul*1、*sul*2 和 *intI*1 在根际土壤中的检出水平较高。*tetA*、*tetB* 和 *sul*1 在各处理之间的检出丰度差异不显著。生物质炭、生物有机肥、腐植酸和松土精处理下显著降低了根际土壤 *tetO* 的检出丰度,生物质炭和腐植酸处理下 *tetW* 丰度显著降低($P<0.05$)。*tetX*、*ermB*、*ermC*、*dfrA*1 和 *cfr* 在添加土壤改良剂处理后的根际土壤中检出丰度均有显著增加($P<0.05$),尤其是 *dfrA*1 在各处理中均表现为显著增加。值得注意的是,玉米酒糟处理下根际土壤中 *sul*2 丰度显著降低,而 *tetX*、*ermB*、*ermC* 和 *dfrA*1 均呈现显著增加($P<0.05$, $P<0.01$),表明抗生素抗性基因丰度与土壤改良剂自身性质及其调控土壤理化性质密切相关。

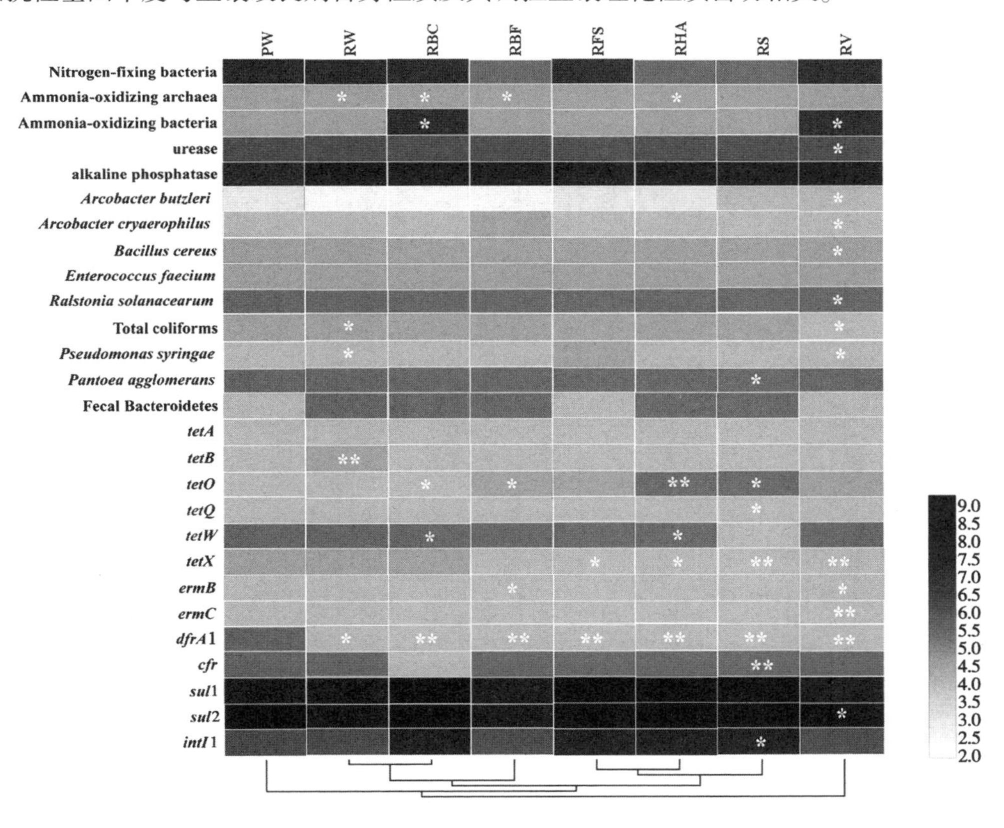

(注:* 表示 $P<0.05$,* * 表示 $P<0.01$)

图 5-7 各处理根际土壤选定基因丰度的定量结果

环境因子与病原菌、抗生素抗性基因之间相关性分析见表 5-4,可以看出土壤 pH 与布氏弓形菌(*Arcobacter butzleri*)、蜡样芽孢杆菌(*Bacillus cereus*)和 *ermC* 呈显著负相关,与

表 5-4　土壤物化指标与病原菌、抗生素抗性基因的皮尔逊相关系数[1]

项目	*AB*[2]	*BC*	*RS*	*TC*	*PS*	*PA*	*FB*	tetA	tetB	tetO	tetQ	ermB	ermC	dfrA1	sul1	sul2	cfr	intI1
pH	-0. 709*	-0. 750*	0. 579	0. 443	-0. 655	0. 289	0. 250	-0. 610	-0. 594	-0. 221	-0. 361	-0. 689	-0. 746*	0. 188	0. 710*	0. 327	-0. 327	0. 270
EC	0. 466	0. 751*	-0. 391	-0. 564	0. 544	0. 149	0. 288	0. 496	0. 407	0. 082	-0. 261	0. 746*	0. 755*	0. 535	-0. 619	0. 316	0. 421	0. 278
OM	-0. 440	-0. 001	0. 064	0. 244	-0. 049	0. 195	0. 507	-0. 013	-0. 230	0. 066	-0. 307	0. 085	-0. 019	-0. 023	-0. 024	-0. 078	-0. 249	-0. 121
TN	0. 419	0. 433	-0. 621	-0. 655	0. 588	-0. 406	-0. 181	0. 619	0. 558	-0. 148	0. 134	0. 426	0. 313	-0. 150	-0. 146	-0. 253	0. 453	-0. 289
TP	0. 803*	0. 577	-0. 820*	-0. 876**	0. 771*	-0. 606	-0. 538	0. 730*	0. 799*	-0. 099	0. 420	0. 547	0. 515	-0. 189	-0. 329	-0. 336	0. 623	-0. 333
Cd	-0. 250	-0. 195	0. 458	0. 760*	-0. 381	0. 074	-0. 003	-0. 181	-0. 262	0. 225	0. 246	-0. 279	-0. 257	-0. 576	0. 087	-0. 326	-0. 483	-0. 230
Pb	-0. 180	0. 231	-0. 027	-0. 141	0. 194	0. 456	0. 602	-0. 079	-0. 189	0. 252	-0. 480	0. 418	0. 408	0. 801*	-0. 339	0. 495	-0. 109	0. 379
AB	1. 000	0. 683	-0. 457	-0. 709*	0. 632	-0. 476	-0. 571	0. 877**	0. 919**	-0. 075	0. 479	0. 520	0. 477	-0. 164	-0. 192	-0. 076	0. 651	-0. 039
AC		0. 636	-0. 346	-0. 047	0. 669	0. 067	0. 024	0. 211	0. 118	0. 813*	0. 389	0. 730*	0. 819*	0. 046	-0. 880**	-0. 248	-0. 326	-0. 267
BC		1. 000	-0. 225	-0. 331	0. 698	0. 142	0. 103	0. 721*	0. 505	0. 369	0. 127	0. 727*	0. 710*	0. 005	-0. 631	0. 086	0. 239	0. 075
EF			0. 408	0. 626	-0. 096	0. 742*	0. 775*	-0. 185	-0. 472	0. 472	-0. 395	0. 193	0. 265	0. 074	-0. 551	0. 156	-0. 470	0. 166
RS			1. 000	0. 745*	-0. 755*	0. 722*	0. 566	-0. 339	-0. 496	-0. 131	-0. 544	-0. 513	-0. 526	0. 156	0. 432	0. 626	-0. 242	0. 650
TC				1. 000	-0. 585	0. 581	0. 532	-0. 578	-0. 743*	0. 345	-0. 224	-0. 369	-0. 330	-0. 116	0. 065	0. 059	-0. 763*	0. 083
PS					1. 000	-0. 387	-0. 357	0. 600	0. 528	0. 517	0. 595	0. 727*	0. 696	-0. 225	-0. 606	-0. 467	0. 069	-0. 525
PA						1. 000	0. 893**	-0. 405	-0. 648	0. 172	-0. 748*	-0. 170	-0. 108	0. 414	-0. 147	0. 660	-0. 317	0. 627

续表 5-4

项目	AB^2	*BC*	*RS*	*TC*	*PS*	*PA*	*FB*	tetA	tetB	tetO	tetQ	ermB	ermC	dfrA1	sul1	sul2	cfr	intI1
FB							1.000	−0.355	−0.597	0.176	−0.802*	0.041	0.069	0.566	−0.235	0.591	−0.343	0.550
tetA								1.000	0.922**	−0.032	0.386	0.622	0.493	−0.139	−0.124	−0.035	0.550	−0.016
tetB									1.000	−0.229	0.463	0.526	0.426	−0.107	−0.016	−0.107	0.699	−0.066
tetO										1.000	0.412	0.508	0.540	−0.163	−0.689	−0.409	−0.768*	−0.463
tetQ											1.000	0.279	0.241	−0.676	−0.137	−0.807*	−0.147	−0.790*
tetW												−0.270	−0.294	0.557	0.508	0.883**	0.577	0.906**
tetX												0.440	0.492	0.818*	−0.263	0.672	0.428	0.697
ermB												1.000	0.972**	0.253	−0.745*	−0.135	0.039	−0.154
ermC													1.000	0.281	−0.857**	−0.145	0.004	−0.154
dfrA1														1.000	−0.126	0.735*	0.171	0.696
sul1															1.000	0.250	0.261	0.264
sul2																1.000	0.341	0.988**
cfr																	1.000	0.386
intI1																		1.000

注中:1. * 为 $P< 0.05$, * * 为 $P< 0.01$;

2. AB, *Arcobacter butzleri*; AC, *Arcobacter cryaerophilus*; BC, *Bacillus cereus*; EF, *Enterococcus faecium*; RS, *Ralstonia solanacearum*; TC, Total coliforms; PS, *Pseudomonas syringae*; PA, *Pantoea agglomerans*; FB, Fecal Bacteroidetes.

*sul*1 呈显著正相关;蜡样芽孢杆菌(*Bacillus cereus*)、*ermB* 和 *ermC* 与土壤 *EC* 呈显著正相关;*TP* 与布氏弓形菌(*Arcobacter butzleri*)、丁香假单胞菌(*Pseudomonas syringae*)、*tetA* 和 *tetB* 呈显著正相关,而与青枯菌(*Ralstonia solanacearum*)和大肠菌群呈显著负相关;Cd 和 Pb 分别与大肠菌群和 *dfrA*1 呈显著正相关。弓形菌与四环素抗性基因(*tetA*、*tetB* 和 *tetO*)、红霉素抗性基因(*ermB* 和 *ermC*)及磺胺类抗性基因(*sul*1)都存在显著的相关性;蜡样芽孢杆菌与 *tetA*、*ermB* 和 *ermC* 呈显著正相关;大肠菌群与 *tetB*、*cfr* 呈显著负相关;丁香假单胞菌与 *ermB* 呈显著正相关;*tetQ* 与成团泛菌和粪拟杆菌呈显著正相关;*intI*1 基因丰度与四环素抗性基因(*tetQ*、*tetW*)和磺胺类抗性基因(*sul*2)丰度之间有显著相关性。

综上所述,病原菌和抗生素抗性基因普遍存在于根际土壤中,表明抗生素抗性基因的散播可能导致某些病原菌抗生素抗性的增加。

5.4 讨 论

5.4.1 不同土壤改良剂对再生水滴灌根际土壤理化性质的影响

尽管相关文献报道再生水灌溉会降低土壤 pH 值,但在本试验中根际土壤 pH 表现为显著升高,这可能是土壤本身的缓冲能力造成的[16-17]。再生水灌溉使各种盐分离子在土壤中累积,从而导致土壤 EC 值升高[18]。再生水滴灌条件下土壤有机质和有效磷含量也显著提高[19]。生物质炭一般呈碱性,可提高土壤 pH,增加土壤交换性盐基阳离子含量[20]。沸石属于多孔的碱金属和碱土金属盐,可提高土壤 pH 和土壤阳离子交换量[21]。本研究中添加生物炭和沸石处理均可显著增加土壤 pH。有研究表明,酒糟中含有的有机酸能够中和盐碱土中的氢氧根离子而降低土壤 pH 值,使其在碱性土壤改良方面具有显著的效果[22]。添加酒糟处理能显著增加再生水灌溉根际土壤总氮和总磷含量。研究发现,施用酒糟增加了土壤微生物生物量,其有机质矿化增加了土壤 NO_3^--N 含量[23]。也有报道指出,酒糟处理会增加土壤氮及交换性 Na^+、K^+和有效 Mn 的含量[24]。松土精是一种高分子生物聚合物,可改善土壤团粒结构,并有效增加土壤的透气性和渗水能力。罗俊等[25]的研究发现,添加松土精处理可以使土壤紧实度和容重降低,pH、孔隙度和有机质含量增加。生物质炭可以提高土壤对养分的吸持能力,并对土壤碳具有增汇减排作用,在农业生产和环境修复方面应用前景广阔[26]。添加生物质炭处理显著增加了根际土壤的有机质含量,这与之前的研究结果一致[27]。生物有机肥含有的活性菌可活化土壤中的氮、磷,改善土壤理化性质。王俊红等[28]的研究表明,施用生物有机肥提高了根际土壤有机质、总氮、速效磷和速效钾含量,这主要是由于生物有机肥中含有丰富的养分及微生物,通过改善根际环境促进了土壤养分循环利用。针对不同土壤改良剂对土壤物化性质的负面效应研究还有待进一步探讨。

5.4.2 土壤改良剂对根际土壤细菌群落多样变化特征的影响

再生水灌溉对土壤、水源和公共卫生影响的严重程度不仅与水质有关,还取决于土壤性质、植物种类、气候、灌溉类型和农业管理实践等,应采取风险防控措施来缓解其负面影响。施用土壤改良剂是农艺调控措施的重要手段,在改善土壤结构、提高土壤养分、增加微生物多样性以及降低土壤环境危害等方面表现出巨大潜力。通过细菌群落相对丰度分析,各处理在门水平上的核心菌群组成相似,变形菌门(Proteobacteria)、拟杆菌门(Bacteroidetes)、放线菌门(Actinobacteria)、绿弯菌门(Chloroflexi)和酸杆菌门(Acidobacteria)是共有的优势菌群。再生水灌溉可显著增加土壤中 Acidobacteria 和 Planctomycetes 的相对丰度,降低 Firmicutes 和 Tectomicrobia 的相对丰度,菌群结构主要受 TN、TP、DOC 和 Eh 影响[29]。再生水灌溉可引起土壤环境因子的变化,进而影响微生物群落结构和多样性。多项研究发现,在半干旱土壤中长期利用再生水灌溉可以促进土壤微生物群落的活性,而不会对微生物生物量造成负面影响。同时,证实了土壤微生物区系的演变直接受到灌溉用水类型和气候条件的制约,土壤微生物的代谢效率及总水解酶和磷酸酶的活性显著提高[30-31]。再生水滴灌对土壤微生物生物量和酶活性有一定的促进作用,并且不会对土壤可持续性产生负面影响。再生水灌溉土壤具有较高的细菌群落变异性,微生物种群和多样性的增加促进了土壤养分的循环和降解过程,使有机养分转化为无机形式,便于植物吸收[32]。施用土壤改良剂对再生水灌溉根际土壤微生物群落重塑作用缺乏系统研究,生物信息学方法为拓展认识根际土壤微生物群落结构和多样性提供了分析手段。门水平上,各处理间细菌菌群组成与相对丰度变化较小。属水平上再生水灌溉较清水灌溉优势菌属 *Pseudomonas*、*Allorhizobium-Neorhizobium-Pararhizobium-Rhizobium*、*Sphingomonas*、*Lysobacter*、*Algoriphagus*、*Muricauda* 和 *Nocardioides* 的相对丰度增加,*Streptomyces* 和一些未分类菌群的降低为非优势菌属。土壤改良剂处理下优势菌群的丰度变化也各有不同,低丰度物种组成差异较大,其中添加松土精和玉米酒糟处理的影响作用更加显著。施用生物质炭为根际土壤生境提供了足够的养分,为微生物繁殖生长营造了适宜环境。生物炭配施有机肥处理显著提高土壤放线菌、革兰氏阴性菌和革兰氏阳性菌相对丰度,增加土壤稳定性和微生物功能团的活性[33]。研究发现,添加生物炭对土壤细菌丰度影响不大,而添加酒糟处理则使土壤细菌丰度显著增加。Gemmatimonadetes 与土壤全氮和有机质含量呈显著正相关,Acidobacteria、Chloroflexi、Planctomycetes 与土壤速效钾呈显著负相关[34]。研究发现,添加松土精处理能提高土壤耕层细菌物种多样性和丰度,降低 Proteobacteria 和 Acidobacteria 的相对丰度,增加 Actinobacteria 和 Chloroflexi 的相对丰度,这与本书研究结果较一致[25]。土壤微生物群落对土壤养分循环和土壤结构维持具有重要作用,生物有机肥调控土壤微生物群落的维持稳定。生物有机肥可显著影响变形菌门和放线菌门的相对丰度,通过调控土壤微生物群落来提高土壤的抑病能力[35]。腐植酸不仅可以改善土壤结构和提高作物产量,还能有效抑制土传病菌对作物根部的侵袭[36-37]。各处理组间的优势菌属相似,包括潜在的病原菌属、有益菌属和功能菌属。假单胞菌属是根际土壤中重要的优势菌属,具有促生、固氮及生物防治等功能特性,其中的一些种类也是常见的植物病原菌。再生水灌溉导致假单胞菌属在根际显著富集,经玉米酒糟处理后可显著降低其相对丰度。施用土壤改良剂使 *Allorhizobium-Neorhizobium-Pararhizobium-Rhizobium*、*Cellvibrio*、*Bacillus* 和 *Nocardioides* 等有益菌属的相对丰度升高。土壤细菌群落的重塑主要取决于土壤理化性质,而土壤理化性质又受土壤改良剂的调控。因此,本书探讨的土壤性质、土壤改良剂与土壤微生物组成之间的联系,为再生水灌溉农艺管控措施和调控策略的可行性提供了理论依据。

5.4.3　土壤改良剂对根际土壤特定基因丰度变化的影响

本研究在明确选用的土壤改良剂对土壤理化性质影响的基础上,探讨再生水灌溉根际土壤功能菌群、病原菌和抗生素抗性基因丰度对施用不同土壤改良剂的响应变化。添加生物炭和玉米酒糟处理增加了根际土壤 *AOB* 菌群丰度,而添加生物炭、生物有机肥和腐植酸处理会降低 *AOA* 菌群丰度。各处理间固氮菌丰度和碱性磷酸酶活性并无显著变化。生物炭处理降低了 *AOA* 的多样性,但增加了 *AOB* 的多样性,导致两种硝化菌的群落结构不同[38]。短期添加生物炭增加了土壤养分,并促进碱性环境形成,从而降低了 *AOA* 菌群丰度[39]。董莲华等[40]报道添加腐植酸可抑制土壤中 *AOA* 数量而调控其与植物竞争氨来减少氨的损失,从而提高尿素利用率。污水厂处理工艺可以有效去除大多数病原菌和抗生素抗性基因,但是对于一些抗逆性强的种类去除效果不太理想,因此再生水回用的潜在生物风险需要给予高度重视。2020 年 5 月欧盟发布了关于再生水回用最低质量要求(minimum quality requirements,MQR)的新法规,介绍了农业灌溉中再生水利用的指令,明确不仅要建立先进的消毒处理设施,还要维护配送和储存系统[41]。滴灌是再生水最适宜的灌溉方式之一,但再生水中病原菌易在根区环境定殖并累积,对农业环境与人类健康构成潜在危害。弓形菌(*Arcobacter*)为变形菌门(Proteobacteria)ε-变形菌纲(ε-Proteobacteria)弯曲菌目(Campylobacterales)弯曲菌科(Campylobacteraceae)的一个新属,其中的嗜低温弓形菌(*A. cryaerophilus*)、布氏弓形菌(*A. butzleri*)和斯氏弓形菌(*A. skirrowii*)被认为是人畜共患的新型食源性和水源性病原菌,可通过水体媒介引起肠道疾病与菌血症等[42-43]。添加玉米酒糟处理下,弓形菌、蜡样芽孢杆菌和丁香假单胞菌在根际土壤中显著富集,而降低了青枯菌和大肠菌群的丰度。植物病原可能存在于根际,易导致作物减产和土壤传播疾病流行[44]。添加松土精增加了植物病原菌青枯菌和成团泛菌的丰度,其他处理无显著变化。尽管再生水灌溉没有显著增加土壤中青枯菌丰度,但添加玉米酒糟处理对青枯菌有一定的阻控效果。青枯病是危害多种农作物生产的常见土传植物病害之一,有文献报道生物有机肥可通过影响青枯病菌群落组成和减少其种群数量来有效抑制青枯病[45]。抗生素和抗生素抗性基因(ARGs)广泛分布于地表水、污水处理厂出水、土壤和动物粪便中。再生水作为抗生素抗性基因的一个重要储库,尤其是再生水输入点和回用点观察到 ARGs 再生长可能导致土壤中其丰度增加[46]。再生水灌溉会导致 ARGs 持续释放到农业环境中,对人类健康造成潜在风险,这归因于与人类相关的易感致病菌可以通过获得抗性基因而产生抗性。再生水灌溉根际土壤抗生素抗性基因丰度变化随不同土壤改良剂的添加呈现较大差异。本研究中除了 *tetO* 和 *dfrA*1,再生水灌溉并没有导致抗生素抗性基因在土壤中显著富集。一项长期的田间试验研究表明,与清水灌溉相比,再生水灌溉土壤中没有观察到 *sul*1、*sul*2、*tetO*、*ermB* 和 *ermF* 丰度增加[47]。Liu 等[48]首次证实溶解性生物炭中的腐植酸类物质可以显著提高 ARGs 在细菌之间的转移效率,因此生物质炭使用时应考虑其溶解的生物效应以降低生态和人类健康风险。Zhang 等[49]研究发现天然沸石可以降低污泥堆肥中 ARGs 的环境风险,这可能与其多孔结构和降低重金属选择压力的能力有关。有机肥的施用增加了可移动遗传元件的丰度,其与大多数

ARGs呈显著正相关,表明水平基因转移可能通过可移动遗传元件促进ARGs在土壤细菌中传播[50]。施用土壤改良剂显著改变了土壤微生物群落,这被认为是影响土壤ARGs分布的主要因素。*intI*1基因与*tetW*基因和*sul*2基因的检出丰度之间呈显著正相关,可能促进此类ARGs的水平转移。玉米酒糟对病原菌和ARGs丰度的影响尚未有研究,研究表明添加酒糟处理显著增加了大多数病原菌和ARGs在根际土壤中的丰度,推测可能是其营造的酸性环境及本身大量含氧官能团为污染物提供了吸附位点。添加松土精和玉米酒糟处理导致抗生素抗性基因富集的作用机理尚不清楚,其与化肥的配施和混施还有待进一步探讨。

5.5 小 结

(1)再生水灌溉使根际土壤pH、EC值显著增加;生物炭、沸石和玉米酒糟处理能够显著影响根际土壤pH;与对照相比,土壤改良剂处理下根际土壤EC值均有不同程度增加;生物炭和生物有机肥能够显著提高有机质和总氮含量;玉米酒糟在降低土壤pH的同时,提高了总氮和总磷含量。可见,土壤理化性质变化与土壤改良剂处理较水源类型更密切相关。

(2)施用改良剂可通过改善土壤理化性质而影响土壤细菌群落结构与多样性。不同土壤改良剂处理下根际土壤细菌物种丰度无显著变化,松土精处理降低了细菌群落多样性。各处理间纲、属分类水平菌群组成相似,纲水平优势菌群为γ-Proteobacteria、α-Proteobacteria、Bacteroidetes、Actinobacteria、Anaerolineae、Acidimicrobiia和Gemmatimonadetes,优势菌属包括*Pseudomonas*、*Sphingobium*、*Sphingomonas*、*Cellvibrio*、*Allorhizobium-Neorhizobium-Pararhizobium-Rhizobium*、*Streptomyces*和*Flavobacterium*。土壤pH、EC和TN含量变化是显著影响再生水灌溉根际土壤细菌菌群组成与多样性的关键影响因子。相关性Heatmap图和双因素网络图分析表明,土壤pH、EC、TN和TP与*Pseudomonas*、*Hydrogenophaga*、*Devosia*、*Nocardioides*、*Streptomyces*等优势菌属呈显著相关。

(3)研究表明,添加玉米酒糟处理对功能菌群、病原菌和抗生素抗性基因丰度的影响较其他处理更大。与其他处理相比,添加松土精处理下*Ralstonia solanacearum*、*Pantoea agglomerans*、*tetQ*、*tetX*、*dfrA*1和*cfr*丰度显著增加,添加玉米酒糟处理能够显著提高*Arcobacter butzleri*、*Arcobacter cryaerophilus*、*Bacillus cereus*、*Pseudomonas syringae*、*tetX*、*ermB*、*ermC*和*dfrA*1丰度。*dfrA*1基因丰度在不同土壤改良剂处理下均有显著增加。土壤改良剂通过改变土壤理化性质影响根际土壤病原菌和抗生素抗性基因的丰度分布,不当地施用土壤改良剂可能增加农业环境病原菌和抗生素抗性基因富集与传播的风险,土壤改良剂在农业生产实践中的影响因素仍还需进一步验证。

参考文献

[1] Mori H, Maruyama F, Kato H, et al. Design and experimental application of a novel non-degenerate universal primer set that amplifies prokaryotic 16S rRNA genes with a low possibility to amplify eukaryotic rRNA genes[J]. DNA Research, 2014, 21(2): 217-227.

[2] 崔二苹. 生物质炭对粪肥堆肥过程中抗生素抗性基因行为特征的影响[D]. 杭州:浙江大学, 2016.

[3] Francis C A, Roberts K J, Beman J M, et al. Ubiquity and diversity of ammonia-oxidizing archaea in water columns and sediments of the ocean[J]. Proceedings of the National Academy of Sciences of the United States of America, 2005, 102(41): 14683-14688.

[4] Rotthauwe J H, Witzel K P, Liesack W. The ammonia monooxygenase structural gene amoA as a functional marker: molecular fine-scale analysis of natural ammonia-oxidizing populations[J]. Applied and Environmental Microbiology. 1997, 63(12): 4704-4712.

[5] Rösch C, Mergel A, Bothe H. Biodiversity of denitrifying and dinitrogen-fixing bacteria in an acid forest soil[J]. Applied and Environmental Microbiology. 2002, 68(8): 3818-3829.

[6] Reed K E. Restriction enzyme mapping of bacterial urease genes: using degenerate primers to expand experimental outcomes[J]. Biochemistry and Molecular Biology Education, 2001, 29(6): 239-244.

[7] Sakurai M, Wasaki J, Tomizawa Y, et al. Analysis of bacterial communities on alkaline phosphatase genes in soil supplied with organic matter[J]. Soil Science & Plant Nutrition, 2008, 54(1):62-71.

[8] Brightwell G, Mowat E, Clemens R, et al. Development of a multiplex and real time PCR assay for the specific detection of Arcobacter butzleri, and Arcobacter cryaerophilus[J]. Journal of Microbiological Methods, 2007, 68: 318-325.

[9] Wang R F, Cao W W, Cerniglia C E. A universal protocol for PCR detection of 13 species of foodborne pathogens in foods[J]. Journal of Applied Microbiology, 1997, 83: 727-736.

[10] Scott T M, Jenkins T M, Lukasik J, et al. Potential use of a host associated molecular marker in Enterococcus faecium as an index of human fecal pollution[J]. Environmental Science & Technology, 2005, 39: 283-287.

[11] Brouwer M, Lievens B, Van Hemelrijck W, et al. Quantification of disease progression of several microbial pathogens on Arabidopsis thaliana using real-time fluorescence PCR[J]. FEMS Microbiology Letters, 2003, 228: 241-248.

[12] Pastrik K H, Maiss E. Detection of Ralstonia solanacearum in Potato Tubers by Polymerase Chain Reaction[J]. Journal of Phytopathology, 2010, 148(11-12): 619-626.

[13] Maheux A F, Boudreau D K, Bisson M A, et al. Molecular method for detection of total coliforms in drinking water samples[J]. Applied and Environmental Microbiology, 2014, 80: 4074-4084.

[14] Soto-Muñoz L, Teixidó N, Usall J, et al. Detection and quantification by PCR assay of the biocontrol agent Pantoea agglomerans CPA-2 on apples[J]. International Journal of Food Microbiology, 2014, 175(1): 45-52.

[15] Dick L K, Field K G. Rapid estimation of numbers of fecal Bacteroidetes by use of a quantitative PCR assay for 16S rRNA genes[J]. Applied and Environmental Microbiology, 2004, 70(9): 5695-5697.

[16] 薛彦东, 杨培岭, 任树梅, 等. 再生水灌溉对土壤主要盐分离子的分布特征及盐碱化的影响[J]. 水土保持学报, 2012, 26(2): 234-240.

[17] 杨林林, 杨培岭, 任树梅, 等. 再生水灌溉对土壤理化性质影响的试验研究[J]. 水土保持学报, 2006, (2): 82-85.

[18] 刘源, 崔二苹, 李中阳, 等. 再生水和养殖废水灌溉下生物质炭和果胶对土壤盐碱化的影响[J]. 灌溉排水学报, 2018, 37(6): 16-23.

[19] 裴亮, 张体彬, 陈永莲, 等. 农村生活污水再生水滴灌对根际土壤特性的影响研究[J]. 灌溉排水学报, 2012, 31(4): 42-45.

[20] 卢再亮, 李九玉, 徐仁扣. 钢渣与生物质炭配合施用对红壤酸度的改良效果[J]. 土壤, 2013, 45

(4): 722-726.
[21] 郝秀珍，周东美. 沸石在土壤改良中的应用研究进展[J]. 土壤，2003(2): 103-106.
[22] 潘保原，曹越. 不同剂量的酒糟对盐碱土壤改良的作用[J]. 环境科学与管理，2009，34(10): 135-137.
[23] Tejada M, Gonzalez J L. Beet vinasse applied to wheat under dryland conditions affects soil properties and yield[J]. European Journal of Agronomy, 2005, 23(4): 336-347.
[24] Gemtos T, Chouliaras N, Marakis S. Vinasse rate, time of application and compaction effect on soil properties and durum wheat crop[J]. Journal of Agricultural Engineering Research, 1999, 73(3): 283-296.
[25] 罗俊，林兆里，李诗燕，等. 不同土壤改良措施对机械压实酸化蔗地土壤理化性质及微生物群落结构的影响[J]. 作物学报，2020，46(4): 596-613.
[26] 袁金华，徐仁扣. 生物质炭的性质及其对土壤环境功能影响的研究进展[J]. 生态环境学报，2011，20(4): 779-785.
[27] 崔丙健，崔二苹，胡超，等. 生物质炭施用对再生水灌溉空心菜根际微生物群落结构及多样性的影响[J]. 环境科学，2020，41(12): 5636-5647.
[28] 王俊红，王星琳，王康，等. 生物有机肥替代化肥对小麦根际土壤环境的影响[J]. 华北农学报，2021，36(4): 155-162.
[29] 王燕，程东会，檀文炳，等. 土壤微生物群落结构对生活源和工业源再生水灌溉的差异化响应[J]. 环境科学，2020，41(9): 4253-4261.
[30] García-Orenes F, Caravaca F, Morugán-Coronado A, et al. Prolonged irrigation with municipal wastewater promotes a persistent and active soil microbial community in a semiarid agroecosystem[J]. Agricultural Water Management, 2015, 149: 115-122.
[31] Meli S, Porto M, Belligno A, et al. Influence of irrigation with lagooned urban wastewater on chemical and microbiological soil parameters in a citrus orchard under Mediterranean condition[J]. Science of the Total Environment, 2002, 285(1-3): 69-77.
[32] Ofori S, Pukáová A, Riková I, et al. Treated Wastewater Reuse for Irrigation: Pros and Cons[J]. Science of The Total Environment, 2020, 760(5): 144026.
[33] 沈芳芳，张哲，袁颖红，等. 生物质炭配施有机肥对旱地红壤酶活性及其微生物群落组成的影响[J]. 中国农学通报，2021，37(18): 65-74.
[34] 查康. 土壤改良剂对农田土壤理化性质及小麦生长的影响研究[D]. 合肥：安徽农业大学，2018.
[35] 杨天杰，王玉鑫，王佳宁，等. 不同基质生物有机肥防控番茄土传青枯病及促生效果研究[J]. 土壤，2021，53(5): 961-968.
[36] Yildirim E . Foliar and soil fertilization of humic acid affect productivity and quality of tomato[J]. Acta Agriculturae Scandinavica, Section B-Soil & Plant Science, 2007, 57(2): 182-186.
[37] Abdel-Monaim M F, Abdel-Gaid M A, El-Morsy E. Efficacy of rhizobacteria and humic acid for controlling Fusarium wilt disease and improvement of plant growth, quantitative and qualitative parameters in tomato[J]. International Journal of Phytopathology, 2012, 1(1): 39-48.
[38] Song Y, Zhang X, Ma B, et al. Biochar addition affected the dynamics of ammonia oxidizers and nitrification in microcosms of a coastal alkaline soil[J]. Biology and Fertility of Soils, 2014, 50(2): 321-332.
[39] He L L, Shan J, Zhao X, et al. Variable responses of nitrification and denitrification in a paddy soil to long-term biochar amendment and short-term biochar addition[J]. Chemosphere, 2019, 234: 558-567.

[40] 董莲华，李宝珍，袁红莉，等. 褐煤腐植酸对土壤氨氧化古菌群落结构的影响[J]. 微生物学报，2010，50(6)：780-787.

[41] Truchado P，Gil Maria I，López C，et al. New standards at European Union level on water reuse for agricultural irrigation：Are the Spanish wastewater treatment plants ready to produce and distribute reclaimed water within the minimum quality requirements? [J]. International Journal of Food Microbiology，2021，356：109352.

[42] Houf K，Stephan R. Isolation and characterization of the emerging foodborn pathogen Arcobacter from human stool. [J]. Journal of Microbiological Methods，2007，68(2)：408-413.

[43] Hoa T K Ho，Len J A Lipman，Wim G. Arcobacter，what is known and unknown about a potential foodborne zoonotic agent! [J]. Veterinary Microbiology，2006，115(1)：1-13.

[44] Chen L，Yang X，Raza W，et al. Trichoderma harzianum SQR-T037 rapidly degrades allelochemicals in rhizospheres of continuously cropped cucumbers[J]. Applied Microbiology and Biotechnology，2011，89(5)：1653-1663.

[45] Wu K，Yuan S，Wang L，et al. Effects of bio-organic fertilizer plus soil amendment on the control of tobacco bacterial wilt and composition of soil bacterial communities[J]. Biology & Fertility of Soils，2014，50(6)：961-971.

[46] Fahrenfeld N，Ma Y，M O'Brien，et al. Reclaimed water as a reservoir of antibiotic resistance genes：distribution system and irrigation implications[J]. Frontiers in Microbiology，2013，4：130.

[47] Negreanu Y，Pasternak Z，Jurkevitch E，et al. Impact of treated wastewater irrigation on antibiotic resistance in agricultural soils. [J]. Environmental Science & Technology，2012，46(9)：4800.

[48] Liu X M，Wang D，Tang J C，et al. Effect of dissolved biochar on the transfer of antibiotic resistance genes between bacteria[J]. Environmental Pollution，2021，288：117718.

[49] Zhang J Y，Chen M X，Sui Q W，et al. Impacts of addition of natural zeolite or a nitrification inhibitor on antibiotic resistance genes during sludge composting[J]. Water Research，2016，91(3)：339-349.

[50] Wang F，Han W，Chen S，et al. Fifteen-year application of manure and chemical fertilizers differently impacts soil ARGs and microbial community structure[J]. Frontiers in Microbiology，2020，11：62.

第6章　叶面喷施硅肥对再生水灌溉水稻叶际群落组成及功能基因的影响

6.1　材料与方法

6.1.1　试验材料

供试肥料：五水偏硅酸钠（$Na_2O_3Si \cdot 5H_2O$），购自国药集团化学试剂有限公司，$\omega(SiO_2) \geq 20\%$；硅浪，购自河南中浪农业科技有限公司，ω（水溶性 Si）$\geq 25\%$；那优硅，购自宝来化肥（烟台）有限公司，有效螯合 Si 含量 15%。供试水稻品种：获稻 008，购自新乡市华农种业有限公司，由新乡市卫滨区科丰种植农民专业合作社选育而成。再生水取自新乡市骆驼湾污水处理厂，水质指标符合《城镇污水处理厂污染物排放标准》（GB 18918—2002）和《农田灌溉水质标准》（GB 5084—2021）。

6.1.2　试验设计

本试验于 2022 年 6～9 月在中国农业科学院新乡野外观测试验站阳光板温室（113°93′E，35°27′N）进行。供试土壤取自市郊农田，基本理化性质如下：pH 为 8.32，电导率（EC）为 457 μS/cm，ω［有机质（OM）］为 1.73%，ω［总氮（TN）］为 0.65 mg/g，ω［总磷（TP）］为 0.72 mg/g，ω［铜（Cu）］、ω［锌（Zn）］、ω［铅（Pb）］和 ω［镉（Cd）］分别为 24.73 mg/kg、62.02 mg/kg、15.24 mg/kg 和 0.13 mg/kg。

稻种置于塑料穴盘中育种至幼苗，选取生长一致的幼苗移栽至盛土 12 kg 的栽培桶中。施肥比例均按氮（尿素）∶磷（过磷酸钙）∶钾（氯化钾）= 2∶1∶1，其中 50%的氮肥和全量的磷、钾肥以基肥形式在移栽前一次性施入，于拔节期和抽穗期追施剩余 50%的氮肥。本试验处理设置如下：清水灌溉+叶面喷施无菌水（PWI）、再生水灌溉+叶面喷施无菌水（RWI）、再生水灌溉+叶面喷施偏硅酸钠（RIS1）、再生水灌溉+叶面喷施硅浪（RIS2）和再生水灌溉+叶面喷施那优硅（RIS3），各处理 3 次重复。选用的 3 种叶面喷施硅肥按照说明书推荐喷施浓度分别用无菌蒸馏水稀释 1 000 倍，等体积喷施。利用喷壶对叶片正反面喷施至完全湿润，喷施时用塑料膜遮挡以避免落入栽培桶中及影响其他处理。叶面喷施频率每周 1 次，全生育期淹水管理。

6.1.3　样品采集与 DNA 提取

本试验结束后，每桶随机选择 3 株水稻用无菌剪刀剪取叶片。所有样品当天采集完成，置于冰盒中送至实验室进行预处理。土壤样品自然风干，研磨过筛后待测。各处理分别称取水稻叶片 10 g，利用无菌剪刀剪成小块置于含 100 mL 0.01 mol/L 无菌磷酸盐缓冲液的锥形瓶中。先经过恒温摇床振荡 30 min,40 kHz 条件下超声 10 min,然后利用孔径为 0.22 μm 的微孔滤膜和真空抽滤装置收集叶际微生物颗粒物。将收集叶际微生物的滤膜剪碎,利用 FastDNA® Spin Kit for Soil(MP Biomedical 公司,美国)试剂盒按照说明书提取叶际 DNA,并使用 SpectraMax® QuickDrop™ 超微量分光光度计(Molecular Devices 公司,美国)检测 DNA 浓度及纯度,保存于-80 ℃中待用。

6.1.4 高通量测序

为了避免叶绿体 DNA 扩增,选用细菌 16S rDNA 的 V5-V7 区引物 799F 和 1392R 进行第一轮扩增[23-24],再使用 799F 和 1193R 进行第二轮扩增[25]。利用 AxyPrep DNA Gel Extraction Kit(Axygen Biosciences,美国)对 PCR 产物进行回收与纯化,回收产物经过 Quantus™ Flurometer(Promega,美国)检测和定量后,使用 NEXTFLEX Rapid DNA-Seq Kit 进行建库。构建的 PE 文库通过 Illumina MiSeq 300 平台(美吉生物医药科技有限公司,上海)进行测序分析。

6.1.5 定量 PCR

利用 TB Green™ Premix Ex *Taq*™(Takara 公司,大连)染料法对所选功能基因丰度进行定量检测,本研究所用引物信息见文献[1-6]。标准质粒制备过程如下:PCR 扩增、PCR 产物纯化与质检、pMD™ 19-T(Takara 公司,大连)克隆载体连接、蓝白斑筛选、质粒提取和测序鉴定。10 倍梯度稀释(10^{-1} ~ 10^{-8})构建好的各质粒,用于制备标准曲线。反应体系包括 10 μL 2× TB Green™ Premix Ex *Taq*™,0.5 μL 正反向引物,2 μL 模板,无菌 ddH_2O 补足至 20 μL。将加好样品的 96 孔板置于 CFX Connect™ 荧光定量 PCR 检测系统(BioRad 公司,美国)进行基因丰度的实时定量检测。反应条件:95 ℃预变性 2 min;95 ℃变性 5 s,50~60 ℃退火 30 s,72 ℃延伸 1 min,40 个循环。每个样品反应设置 3 次重复,以无菌水作为阴性对照。扩增效率为 85%~108%,R^2 值为 0.997~0.999。

6.2 数据分析

基于细菌 16S rRNA 基因扩增子测序数据的分析流程如下:

(1)群落多样性分析:采用 RDP classifier 贝叶斯算法对扩增子序列变异体(amplicon sequence variation, ASV)代表序列进行分类学分析,应用 Mothur 分析 α 多样性指数(Sobs、Shannon、Simpson、Ace、Chao1 和覆盖度);使用 UPGMA 算法构建层级聚类树呈现不同样本群落分布的差异程度,基于 Bray-Curtis 距离矩阵分析样本群落组成的相似性或差异性。

(2)群落组成分析:基于 ASV 分类学分析各处理在不同分类水平的群落结构组成。

(3)物种差异分析:采用单因素方差分析比较各处理是否存在显著性差异,应用 LEfSe 发现样本中最能解释组间差异的物种特征。

(4)功能预测分析:采用 PICRUSt 进行细菌的功能家族组成及丰度与代谢路径预测分析,基于 BugBase 进行表型预测,利用人工构建的 FAPROTAX 数据库对参与生物地球化学循环的物种进行功能预测。测序所得的原始数据均已上传至 NCBI SRA 数据库，BioProject 登录号为 PRJNA932950。

利用 Microsoft Excel 2007 和 SPSS 20 对试验数据进行统计分析，采用单因素方差分析（ANOVA）及 Duncan 多重比较分析处理间差异，$P < 0.05$ 为差异有统计学意义。

6.3 结果与分析

6.3.1 水稻叶际细菌群落多样性分析

使用序列降噪方法（DADA2/Deblur）处理优化数据，获得 ASV 代表序列和丰度信息。为了更好地进行统计学和可视化分析，将各样本按照最小序列数进行抽平处理，获得一致的有效序列 14 128 条。物种种类数统计信息为 30 个门 69 个纲 170 个目 293 个科 626 个属和 2 800 个 ASV。为获得叶际细菌群落中物种的丰度和多样性信息，对 Sob 指数、Shannon 指数、Simpson 指数、Ace 指数、Chao1 指数和覆盖度等 α 多样性指数进行评估。结果表明，尽管再生水灌溉及其叶面喷施硅肥处理群落组成丰富度和多样性均较高，但未观察到 α 多样性指数有显著变化（见表 6-1）。

表 6-1 不同处理细菌 α 多样性指数

处理组	Sob 指数	Shannon 指数	Simpson 指数	Ace 指数	Chao1 指数	覆盖度
PWI	284a	3.69a	0.086a	285a	285a	0.999 8a
RWI	444a	3.85a	0.105a	455a	452a	0.998 0a
RIS1	332a	3.18a	0.132a	342a	339a	0.998 2a
RIS2	330a	3.97a	0.052a	334a	332a	0.999 3a
RIS3	402a	3.84a	0.088a	409a	407a	0.998 6a

基于 Bray-Curtis 距离的 UPGMA 聚类算法对不同样品间属水平群落组成差异进行层级聚类分析。叶际细菌物种组成丰度前 10 的菌属包括 *Bacillus*、*Exiguobacterium*、*Pseudomonas*、*unclassified Enterobacteriaceae*、*Pantoea*、*unclassified Erwiniaceae*、*Enterobacter*、*Chryseobacterium*、*Jeotgalibacillus* 和 *Aeromonas*。RWI 和 RIS1 处理距离较近，表明这两组样品的细菌群落结构组成较相似，RIS2 和 RIS3 处理组与其他处理细菌群落结构存在明显差异，见图 6-1（a）。PCoA 结果表明，硅肥处理可影响叶际细菌群落结构，RIS2 和 RIS3 与其他处理群落组成差异较大，主成分 PC1 和 PC2 分别解释 17.05% 和 12.87% 群落组成差异，结合 PERMANOVA 分析表明不同分组对细菌群落组成影响显著（$F = 1.450\ 3$，$R^2 = 0.367\ 1$，$P = 0.003\ 0$），见图 6-1（b）。

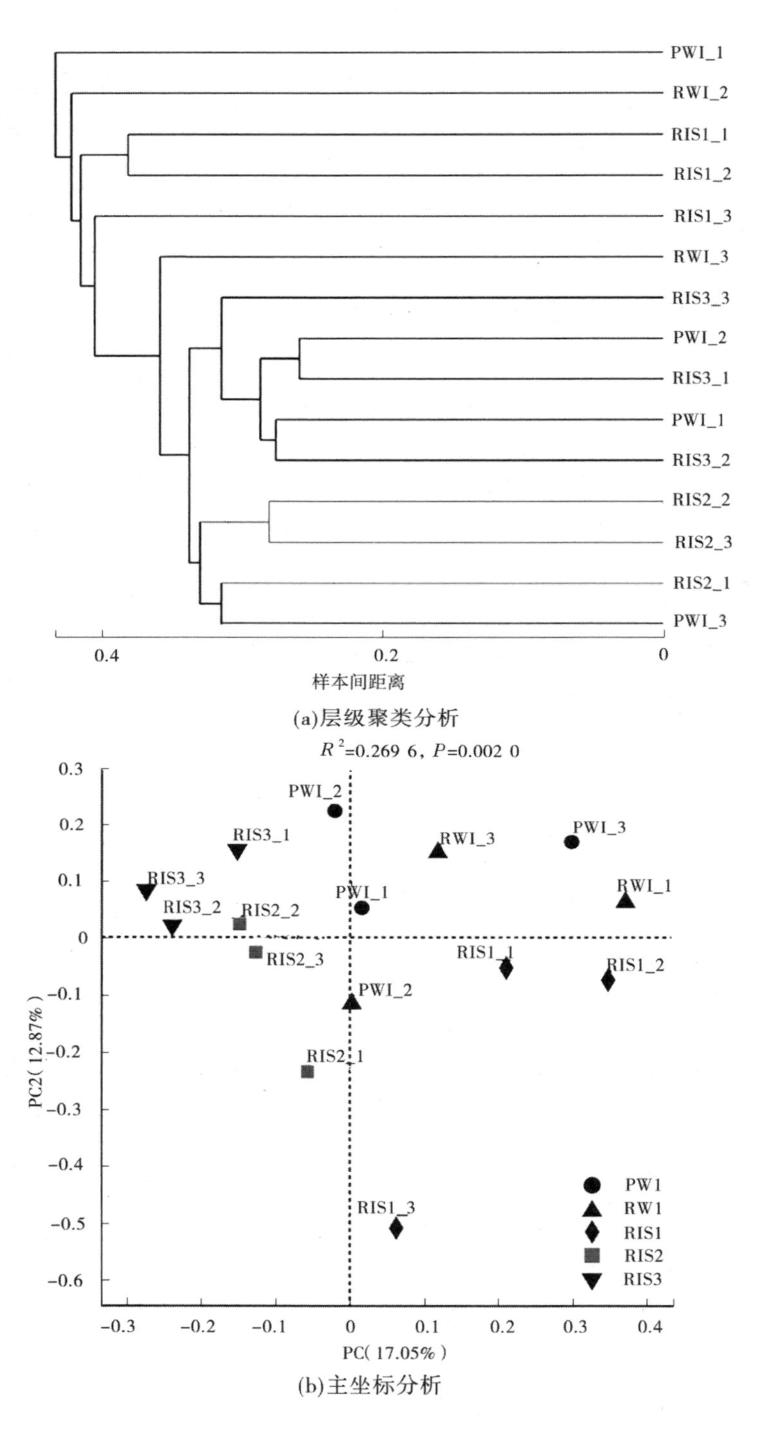

图 6-1　不同处理细菌群落组成相似性分析

6.3.2　水稻叶际细菌群落组成分析

通过 Venn 图(见图 6-2)比较不同处理的核心菌群,结果显示,PWI、RWI、RIS1、RIS2 和 RIS3 分别包含 239 个、391 个、349 个、309 个和 361 个核心菌属。5 个处理组共有菌属为 126 个,占 32.22%~52.72%;PWI、RWI、RIS1、RIS2 和 RIS3 独有的菌属分别为 21 个、70 个、49 个、32 个和 60 个,分别占各自叶际菌属总数的 8.79%、17.90%、14.04%、10.35%和 16.62%。PWI 处理的菌属总数和独有菌属明显低于其他处理,表明叶面喷施硅肥可增加叶际细菌群落组成的丰富度和多样性。

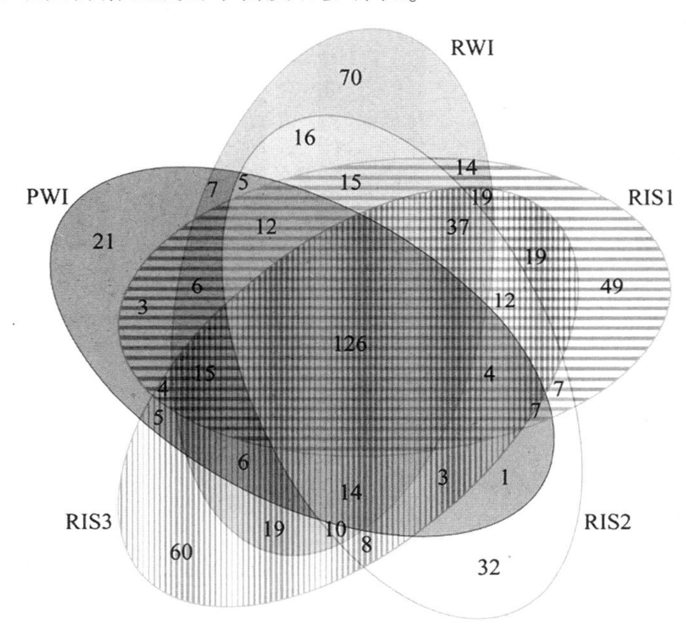

图 6-2　不同处理间叶际细菌属水平组成 Venn 图

为了研究不同分组叶际细菌群落结构组成差异,分别在门和属分类水平上统计分析各处理物种组成及相对丰度,并且将相对丰度< 1%的物种归为 others。门水平上,主要优势菌群为厚壁菌门(Firmicutes)、变形菌门(Proteobacteria)、放线菌门(Actinobacteriota)、拟杆菌门(Bacteroidota)和疣微菌门(Verrucomicrobiota),平均相对丰度分别为 30.93%~63.97%、25.31%~58.49%、3.23%~7.33%、0.7%~11.03%、0.1%~1.07%,在 5 个处理组中占 97.09%~98.77%,见图 6-3(a)。厚壁菌门在 RIS2 和 RIS3 的相对丰度明显高于其他处理,而 RWI 中变形菌门的相对丰度较高,其中以 γ-变形菌纲(γ-Proteobacteria, 18.42%~48.75%)为主,变形菌门在硅肥处理组(RIS1、RIS2 和 RIS3)中的相对丰度有所降低。RWI 处理较 PWI 处理的放线菌门相对丰度有所增加,而在 RIS1 中又表现为下降趋势,但拟杆菌门在 RIS1 处理中的相对丰度呈增加趋势。属水平上,5 个处理组叶际细菌群落结构组成相似,相对丰度> 1%的 22 个菌属相对丰度存在差异,见图 6-3(b)。以上优势菌属相对丰度超过 80%,主要归属于厚壁菌门(5 个属)、变形菌门(14 个属)、拟杆菌门(1 个属)和放线菌门(2 个属),其中丰度前 10 的菌属在 5 个处理组中的平均相对丰度如下:

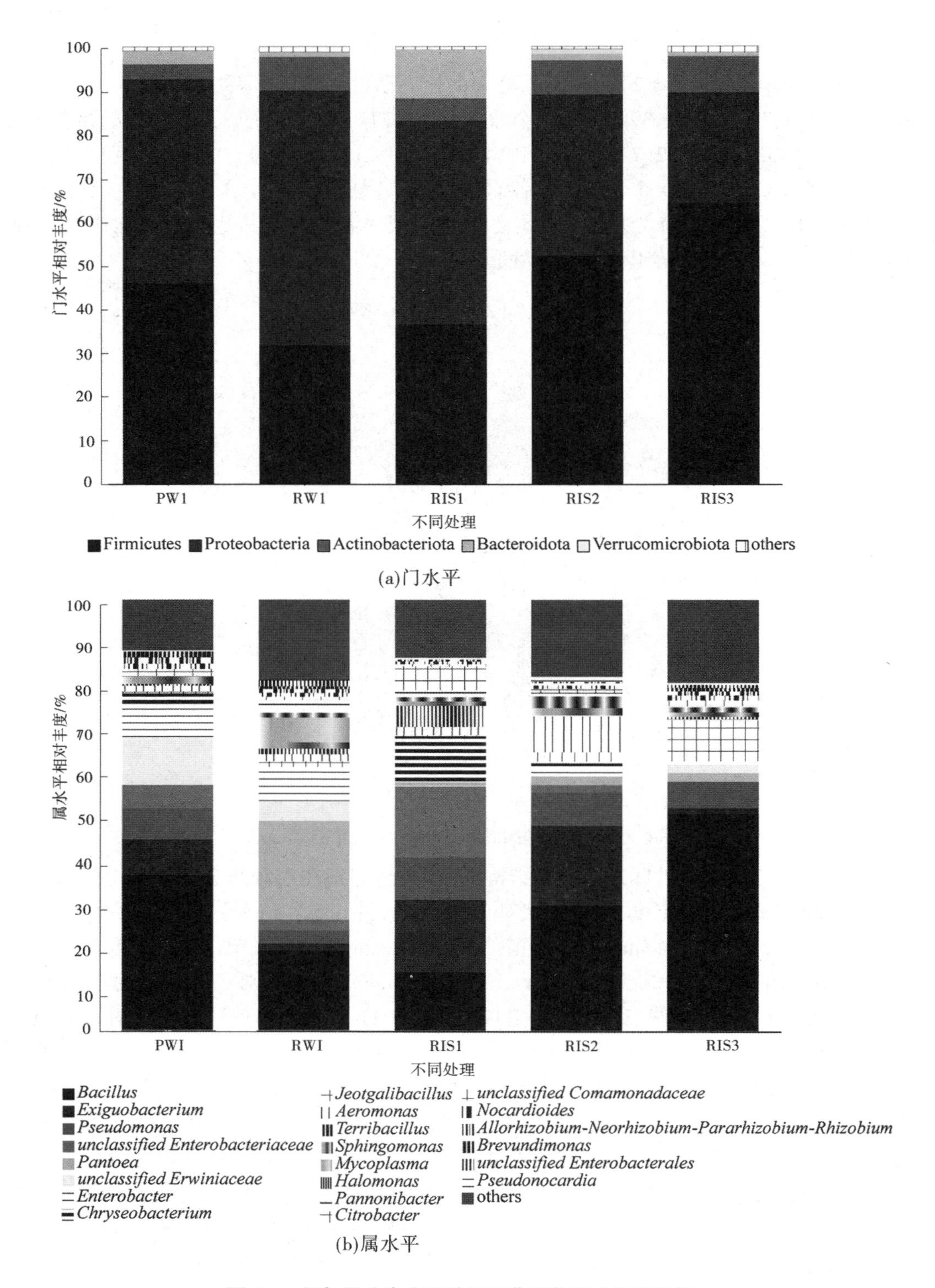

(a)门水平

(b)属水平

图 6-3 门与属分类水平叶际细菌群落组成相对丰度

芽孢杆菌属(*Bacillus*,13.52%～49.97%)、微小杆菌属(*Exiguobacterium*,1.31%～18.27%)、假单胞菌属(*Pseudomonas*,2.91%～9.71%)、肠杆菌科中未分类的属(*unclassified Enterobacteriaceae*,0.017%～16.34%)、泛菌属(*Pantoea*,0.13%～22.65%)、欧文氏菌科中未分类的属(*unclassified Erwiniaceae*,0.65%～10.89%)、肠杆菌属(*Enterobacter*,0.099%～7.81%)、金黄杆菌属(*Chryseobacterium*,0.27%～10.71%)、咸海鲜芽胞杆菌属(*Jeotgalibacillus*,0.27%～9.75%)和气单胞菌属(*Aeromonas*,0.20%～8.50%)。通过叶际细菌群落比较分析发现,硅肥处理下叶际细菌丰度比例差异主要体现在芽孢杆菌属、微小杆菌属、金黄杆菌属、气单胞菌属和柠檬酸杆菌属。与清水灌溉(PWI)相比,再生水灌溉(RWI)使水稻叶际芽孢杆菌属、微小杆菌属和假单胞菌属的相对丰度均呈降低趋势,而泛菌属相对丰度显著增加。叶面喷施硅肥使芽孢杆菌属在水稻叶际呈增加趋势,其相对丰度表现为RIS3>RIS2>RIS1。RIS1和RIS2处理较其他处理叶际微小杆菌属相对丰度显著增加。RIS1处理水稻叶际中未分类的肠杆菌科相对丰度较其他处理显著增加。与RWI相比,假单胞菌属在叶面喷施硅肥处理组中的相对丰度均有所增加。

6.3.3　物种差异分析

基于Kruskal-Wallis秩和检验方法,对不同处理组样本进行优势属的组间差异显著性检验分析。多组比较分析结果显示,在属水平上,芽孢杆菌属(*Bacillus*)、微小杆菌属(*Exiguobacterium*)、泛菌属(*Pantoea*)、肠杆菌属(*Enterobacter*)、气单胞菌属(*Aeromonas*)、*Pannonibacter*菌属和柠檬酸杆菌属(*Citrobacter*)在5个处理组之间有显著差异($P<0.05$)(见图6-4)。

利用LEfSe(LDA effect size,线性判别分析及影响因子)分析不同处理组间最能解释组间差异的物种特征,以及这些特征对组间差异的影响程度。从门到属分类水平上来看,共有15个菌属存在组间显著差异(LDA > 3.0,$P<0.05$),见图6-5,以上菌属主要归属于厚壁菌门、变形菌门和拟杆菌门。RWI处理中存在的组间差异物种最多,包括*Enterobacter*、*Pantoea*、*norank Rhodothermaceae*、*Pannonibacter*和*Enterococcus*。*Exiguobacterium*、*norank Rhodothermaceae*和*norank Sphingomonadaceae*在PWI处理中显著富集。RIS1仅有一个显著差异物种(*Citrobacter*)。RIS2显著富集了*norank Rhizobiales*和*Lysinibacillus*。RIS3中显著差异物种为*Bacillus*、*Paracoccus*、*Haliscomenobacter*和*Thauera*。再生水灌溉及叶面喷施硅肥对上述物种在不同处理组间的显著差异起到重要影响作用。

6.3.4　功能预测分析

PICRUSt功能预测分析表明,叶际细菌共获得5类代谢功能通路,包括代谢(metabolism)、环境信息处理(environmental information processing)、细胞过程(cellular processes)、遗传信息处理(genetic information processing)和人类疾病(human diseases),主要涉及氨基酸代谢、其他次级代谢产物的生物合成、碳水化合物代谢、能量代谢、膜转运、信号转导和细胞运动性等20个KEGG二级功能群(见图6-6)。所有处理中涉及全局和总览图(global and overview maps)、氨基酸代谢、碳水化合物代谢和膜转运的功能丰度增加。RIS1处理中涉及氨基酸代谢、碳水化合物代谢、膜转运和信号转导的功能丰度低于

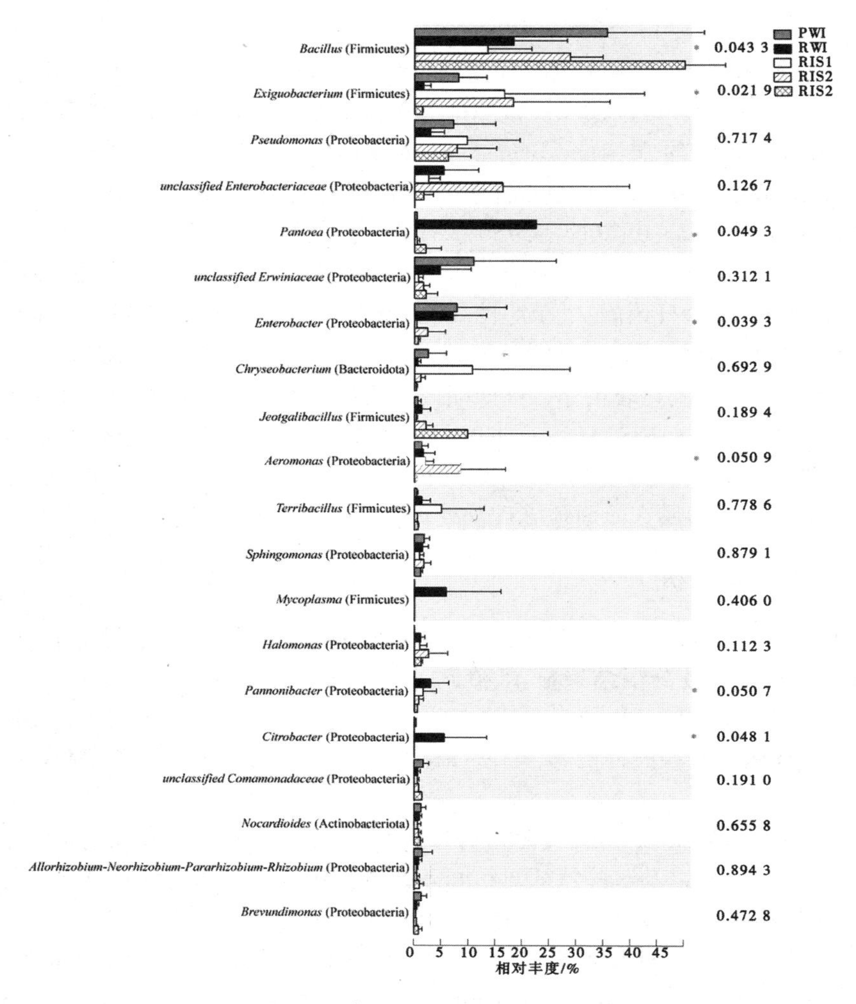

* 表示 $0.01<P\leqslant 0.05$

图 6-4　不同处理组细菌群落之间的物种丰度差异

其他处理。涉及的代谢、环境信息处理、细胞过程和遗传信息处理的代谢通路功能丰度在叶面喷施硅肥处理中表现为 RIS3>RIS2>RIS1，表明 RIS3 处理所用硅肥对叶际细菌群落丰富度和功能多样性的影响更大。

利用 BugBase 对不同处理样本进行表型预测分析，确定高水平表型。图 6-7 反映了移动元件（mobile element containing）、潜在致病性（potentially pathogenic）及生物膜形成（biofilm forming）表型对应的主要物种组成。RWI 处理下对应移动元件和潜在病原表型的泛菌属（Pantoea）的相对丰度更高，RIS1、RIS2 和 RIS3 则相对丰度降低，推断叶面喷施硅肥使样本中不同物种对特定表型的贡献度降低。

FAProTax 用于生物地球化学循环过程的功能注释预测，通过人工构建的数据库将原核生物分类群映射到代谢或其他生态相关功能。基于 16S rDNA 序列的分类注释结果，利用 FAProTax 共获得 43 个功能类群。不同处理的细菌功能类群存在差异，样本中细菌的核心功能类群（相对丰度>1.0%）如图 6-8 所示，这些功能类群包括化能异养作用

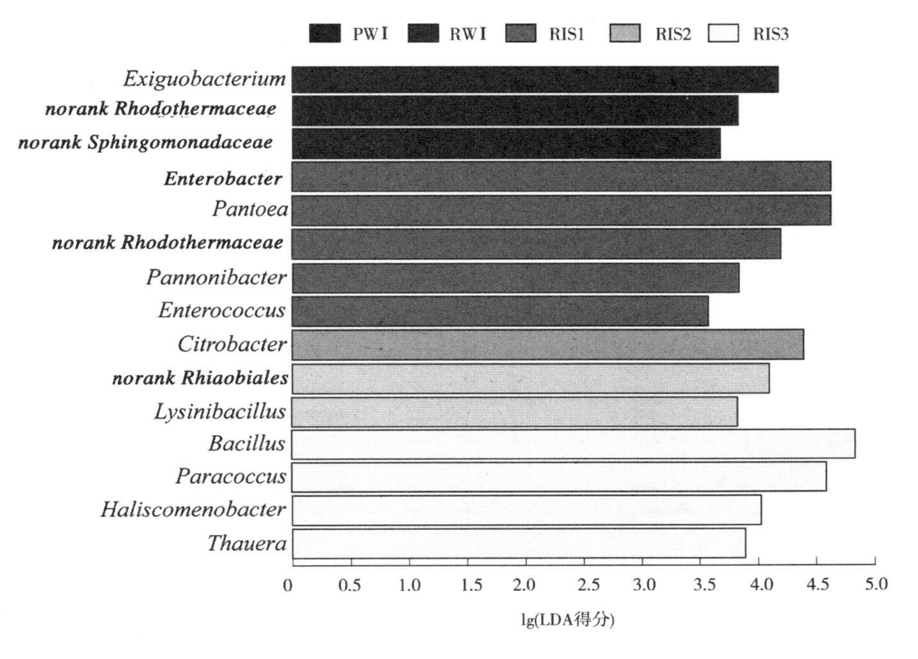

图 6-5　不同处理组细菌群落特征物种 LDA 分布

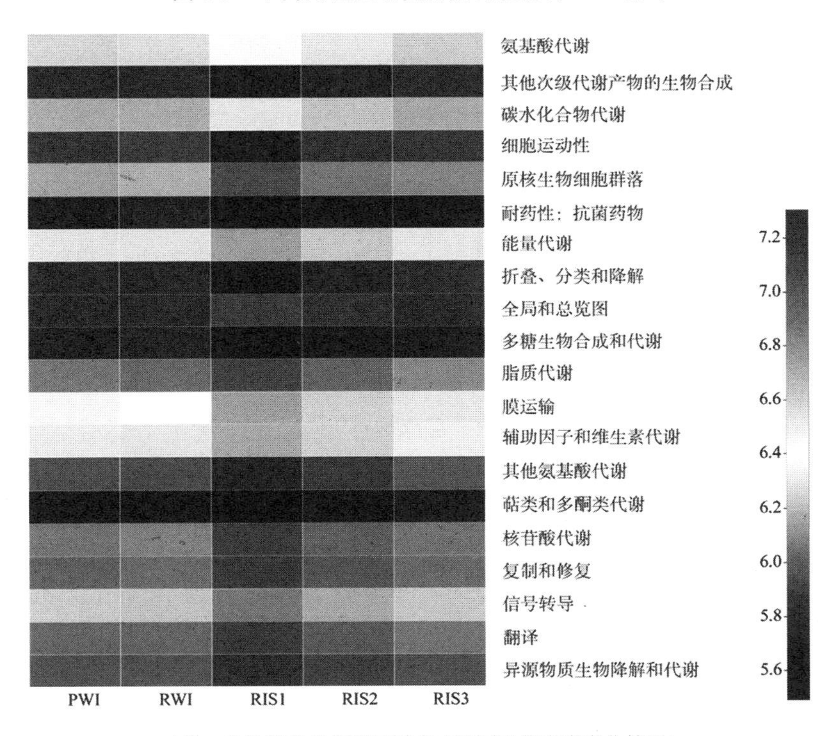

（注＊色柱颜色梯度表示样本中不同功能丰度变化情况）

图 6-6　不同处理组 KEGG 功能丰度变化

（chemoheterotrophy）、好氧化能异养作用（aerobic chemoheterotrophy）、硝酸盐还原作用

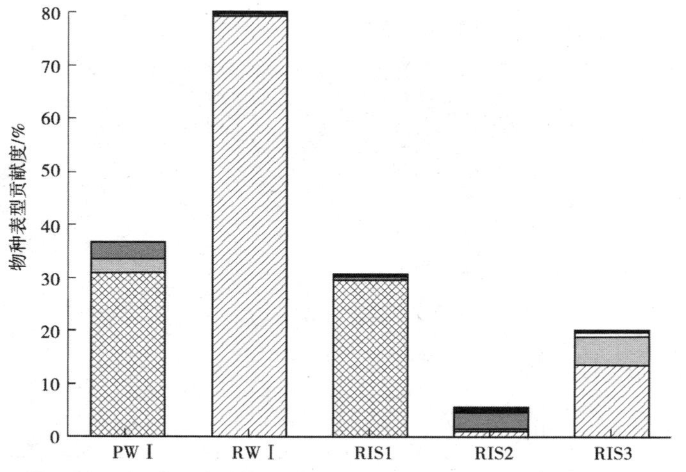

(a)移动元件含量

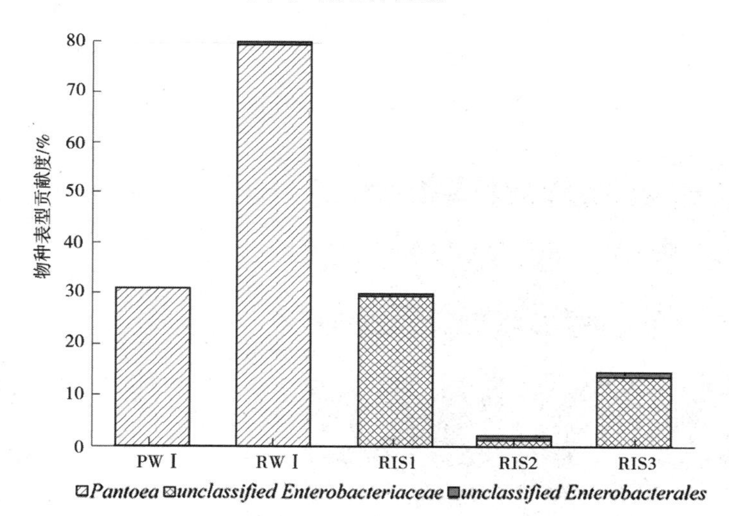

(b)致病潜力/生物膜形成

图 6-7　特定表型的叶际细菌群落物种组成

(nitrate reduction)、发酵作用(fermentation)、动物寄生虫或共生体(animal parasites or symbionts)、人类肠道(human gut)、哺乳动物肠道(mammal gut)、烃类降解作用(hydrocarbon degradation)、尿素水解作用(ureolysis)、芳香化合物降解作用(aromatic compound degradation)、硝酸盐呼吸作用(nitrate respiration)和氮呼吸作用(nitrogen respiration),平均相对丰度分别为 32. 26%、24. 59%、11. 41%、8. 74%、5. 31%、4. 84%、4. 84%、1. 37%、1. 25%、1. 09%、0. 57%和 0. 57%。本研究中具有化能异养作用、好氧化能异养作用、硝酸盐还原作用和发酵作用的功能群是叶际细菌中优势生态功能类群,硅肥处理下叶际细菌化能异养作用显著增加,硝酸盐还原作用的优势功能菌群相对丰度在 RIS2

和 RIS3 处理中显著增加。

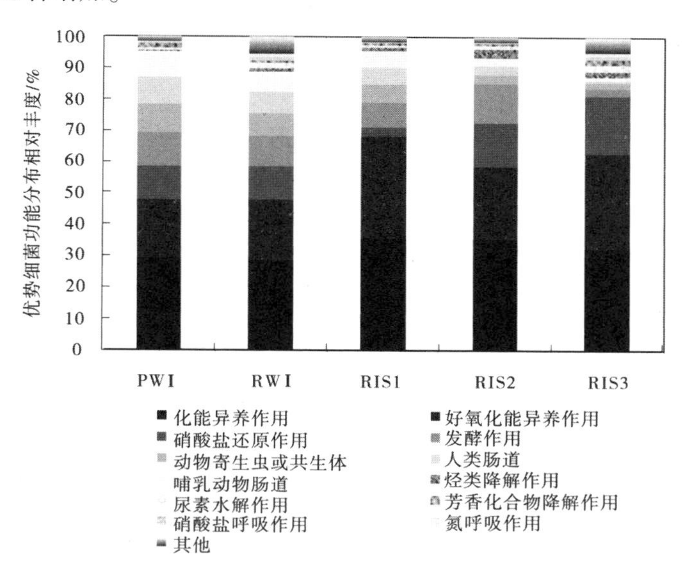

图 6-8　不同处理间优势细菌功能分布相对丰度

6.3.5　定量 PCR 分析

各处理叶际中氨氧化细菌(*AOB*)和古菌(*AOA*)、固氮基因(*nifH*)及反硝化基因(*nirK*)的定量结果如图 6-9 所示。所有处理叶际中 *AOA*、*AOB* 和 *nifH* 基因丰度均处于较低水平 2.88~3.64 基因 copies/g,并且各处理间无显著差异。同样,nirK 基因丰度和真菌

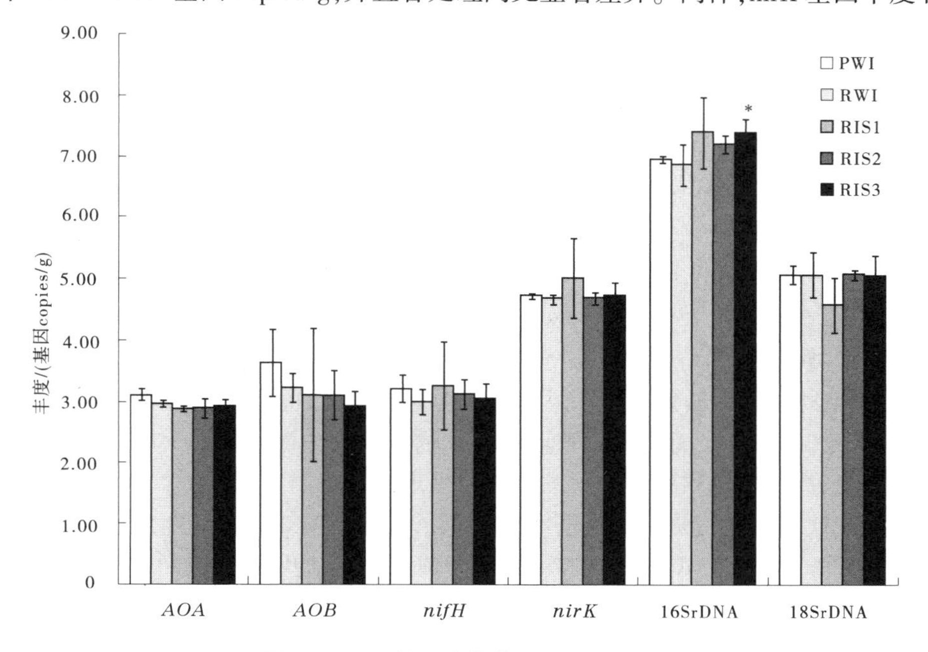

图 6-9　不同处理功能基因定量丰度变化

总数基因丰度在各处理间也未表现出显著差异,而细菌总数的基因丰度仅在 RIS3 处理下有显著增加。从定量结果来看,灌溉水质及叶面喷施硅肥处理并未对叶际中氮相关功能基因丰度产生显著影响。

6.4 讨　论

6.4.1 叶施硅肥对水稻叶际细菌群落结构多样性变化的影响

水稻作为典型的喜硅类作物,施用叶面硅肥不仅可以提高水稻品质和增加产量,还能有效降低水稻籽粒重金属的累积[7]。有研究表明,施用硅肥可改善土壤的理化和生物学特性来提高或恢复土壤肥力水平,减少化肥从耕地中淋失[8]。除提高作物生产力、降低传统农用化学品的使用外,叶面喷施硅肥还会对植物叶际微生物组成及多样性产生很大的影响。本研究中,通过再生水灌溉结合叶面喷施硅肥比较研究了不同种类硅肥对水稻叶际细菌群落结构及多样性的影响。高通量测序结果显示,尽管各处理间的 α 多样性指数无显著差异,但 PCoA 表明不同硅肥处理下的叶际细菌群落分布特征存在明显差异。水稻叶际细菌具有丰富的群落组成和多样性,优势菌群由厚壁菌门、变形菌门、放线菌门、拟杆菌门和疣微菌门组成,灌溉水质与硅肥处理均对叶际物种相对丰度有一定影响。有研究发现,硅肥增加了水稻土中放线菌种群丰度[9],在本研究的叶际生境中也观察到一致的结果。厚壁菌门和变形菌门是其优势菌门,厚壁菌门在 RIS3 处理中所占的比例最高,明显高于未喷施硅肥处理。其中变形菌门主要包括 α-变形菌纲和 γ-变形菌纲,厚壁菌门主要是芽孢杆菌纲。不同处理样品中细菌菌属结构存在差异,硅肥处理叶际优势菌群分布结构相似度较高。属水平上,再生水灌溉会导致泛菌属和肠杆菌属在水稻叶际中显著富集,这两个菌属是潜在的植物病原菌和人类条件致病菌。芽孢杆菌属具有生物防治和抗逆促生作用[10-11],RIS3 处理显著增加了芽孢杆菌属相对丰度。微小杆菌属在 RIS1 和 RIS2 处理叶际中相对丰度增加显著,其主要在有机污染物降解及生物修复方面发挥作用[12]。与 PWI 处理相比,RWI 处理叶际中假单胞菌属显著降低,但 3 种硅肥叶面喷施后其相对丰度均显著增加。假单胞菌属除了参与生物防治和促生过程,也可能是一类侵袭性的植物病原[13-14]。未分类的肠杆菌科、未分类的欧文氏菌科和气单胞菌属均属于常见病原菌,金黄杆菌属相对丰度仅在 RIS1 处理下显著增加。有研究发现,外源硅对土壤微生物群落组成有显著影响,并能够降低潜在致病镰孢霉菌属、假单胞菌属和粪杆菌属的丰度[15]。叶面施硅处理在增加叶片和果实中硅含量的同时,也是预防褐腐病发生的一种有效方法[16]。可以看出,叶面喷施硅肥可降低作物疫病发生率,具有一定的成本效益和环境效益。本研究中,叶际致病菌属对喷施硅肥处理也表现出丰度降低的趋势,这为进一步探究叶面施用硅源肥料促进叶际抗病潜能提供了基础。各处理中未分类的细菌仍占有一定比例, 表明在水稻叶际中仍存在大量未知和稀有细菌。RIS1 处理所用硅肥为无机硅,而用于 RIS2 和 RIS3 处理的硅肥属于螯合硅,性质不同可能是导致叶际群落结构发生差异变化的主要原因。关于叶面喷施硅肥对水稻叶际微生物群落影响的文献报道较少,相关研究主要集中于施用硅肥对土壤微生物群落多样性影响。施硅可能通过促进根系分泌物的产生而引发土壤细菌的增殖和活性,硅肥处理下土壤中假单胞菌属和放线菌门数量显著增加[17-18]。有研究表明,施加高氮水平条件下配施硅肥可显著提高水稻土壤真菌群落多样性,但对细菌和古菌群落结构没有显著影响[19]。有研究发现,硅肥能够改善土壤肥力和增加土壤酶活性,并抑制作物疫病的发生[20]。有研究表明,生物有机肥配施硅肥可通过提高土壤微量元素有效性、微生物功能活性及改变微生物群落组成来减缓果树早期落叶率,果实产量也随微生物量和生态系统多功能性的增加而显著提高[21]。硅含量与细菌群落呈显著正相关,细菌多样性表现出组织依赖性分布模式,与茎叶组织相比,非根际土、根际土和根内的细菌丰度和多样性最高[22]。叶际细菌群落在维持农业生态系统功能中也起着至关重要的作用,叶际细菌群落结构变化的驱动因素不仅与宿主植物种类有关,也与植物生理状态和环境因素等密切相关。在本研究中,初步探明了叶面硅肥施用对水稻叶际细菌群落结构组成及多样性的改变作用,这将有助于提高人们对硅肥改善农业生态系统健康和可持续性的认识。

6.4.2 叶施硅肥对水稻叶际细菌群落功能代谢的影响

硅肥处理不仅使叶际细菌群落结构及多样性发生变化,还影响叶际细菌功能代谢通路和表型差异。PICRUSt 功能预测分析结果表明,叶际细菌主要涉及代谢(氨基酸代谢、其他次级代谢产物的生物合成、碳水化合物代谢、能量代谢)、环境信息处理(膜转运、信号转导)、细胞过程(细胞运动性)、遗传信息处理(翻译、复制与修复)和人类疾病(药物抗性)等 5 个 KEGG 一级功能(pathway level1)和 20 个 KEGG 二级功能(pathway level2)。Zhou 等[23]利用 PICRUSt 预测叶际细菌群落功能基因的变异,发现叶际中参与膜转运、细胞运动性、脂质代谢和细胞分裂等功能的相对丰度较高,推断叶际微生物对外界环境的易感性可能导致叶际特征功能微生物的富集。与重金属抗性和 C/N 代谢相关的土壤细菌对硅肥的响应呈显著正相关[24]。从不同层级 KEGG 代谢途径分析可以看出,代谢是叶际细菌群落的核心功能,叶际微生物通过代谢活动参与物质循环和生物合成等功能。有研究发现,叶面施用纳米硅肥能够显著改变根际土代谢谱及代谢产物的分布[25]。BugBase 表型预测结果显示,移动元件、潜在致病性和生物膜形成在喷施和未喷施硅肥处理组间对应的物种组成及贡献度差异显著,并且同一物种对应了潜在致病性和生物膜形成这两个表型。RWI 处理组对应潜在致病性表型的物种丰度增加,并且各处理间以细菌为基础的生物膜的形成作为一种保护机制可增强宿主植物的抗逆能力。利用 FAProTax 预测叶际微生物群落之间潜在功能,结果显示化能异养、好氧化能异养、硝酸盐还原和发酵是叶际细菌主要的生态功能。有研究发现,叶际细菌的主要功能是化能异养(39.02%)和好氧化能异养(37.01%),表明叶际细菌群落主要参与生态系统中化学元素的循环[26]。叶面喷施硅肥处理使叶际细菌拥有更强的化能异养、好氧化能异养和烃类降解功能,RIS2 和 RIS3 处理强化了叶际细菌硝酸盐还原功能。文献[27]报道了脂肪族和芳香族烃类降解功能主要集中于叶际样品中。另有研究也表明,叶际细菌群落参与了氮/磷循环和降解过程[28]。推测硅源肥料施用有可能增加细菌多样性的维持、共存和植物-土壤系统细菌的联结,从而增加植物各组织的功能多样性,进而诱发植物的正向生理生长效应。本研究及相关文献报道的指定物种均对特定环境及生物因素具有敏感性,关于这些物种在作物生态系统中发挥的调节作用，还需要通过菌株分离鉴定及试验验证来获取更准确的信息。

6.4.3　叶施硅肥对水稻叶际功能基因及有害基因丰度变化的影响

本研究通过定量 PCR 检测手段探讨了水稻叶际功能基因丰度变化对再生水灌溉及叶面喷施硅肥的响应。叶际生境已被证明其能够为各种功能微生物提供适宜的定殖条件[29]。叶面喷施固氮蓝藻使水稻叶际 *nifH* 基因丰度显著增加，但对 *AOB* 基因丰度无显著影响[30]。生物固氮是固氮菌介导元素氮进入生态系统的重要途径，固氮菌群主要分布于变形菌门、厚壁菌门和蓝藻菌门[29]。Knief 等[31]利用宏蛋白组学方法对水稻叶际和根际微生物种群进行了表征，发现叶际细菌的转运过程和胁迫响应更显著，并且 *nifH* 基因也存在于多种叶际细菌中。本研究结果表明，叶面喷施硅肥对氮功能基因丰度的影响均无显著差异。已有多项研究报道了硅肥处理对水稻土功能基因丰度的影响，施用硅肥使水稻土中参与 CH_4 产生和反硝化功能基因丰度显著降低，而增加了参与土壤易分解碳、碳氮固定、磷利用、CH_4 氧化和金属脱毒等功能基因的丰度[32]。施用硅肥处理可增加水稻土中 *AOA* 基因丰度，且降低 *AOB* 基因丰度，提高 *AOA/AOB* 值[33]。另一项研究发现，施用硅肥既可降低 N_2O 排放速率和反硝化潜势，又使参与反硝化过程的 nirS 和 nirK 基因丰度显著降低，因此水稻生长期间施用硅肥可作为减少 N_2O 排放的有效途径[34]。尽管本研究中未发现叶面喷施硅肥会导致氮相关功能基因有显著差异，但仍初步揭示了叶面喷施硅肥处理水稻叶际中功能基因的变化。

6.5　小　结

（1）本研究初步揭示了再生水灌溉联合叶面喷施硅肥对水稻叶际细菌群落结构组成及多样性的影响，发现水稻叶际细菌群落结构相似且相对丰度存在差异，其主要菌群由厚壁菌门、变形菌门、放线菌门、拟杆菌门和疣微菌门组成。属水平细菌类群对不同硅肥处理表现出较大的响应差异，RIS1 和 RIS2 处理促进微小杆菌属相对丰度增加，而芽孢杆菌属在 RIS3 处理中相对丰度最高。在再生水灌溉下，叶面喷施硅肥处理能够显著抑制潜在致病性泛菌属（Pantoea）和肠杆菌属（Enterobacter）相对丰度的增加。尽管各处理间 α 多样性无显著差异，但 PCoA 结果显示叶面喷施硅肥导致叶际细菌群落发生显著变化。关于硅肥在农业中的叶面应用及其调控作物元素循环的微生物机理还有待进一步研究。

（2）功能预测分析表明，叶际细菌丰富的代谢通路涉及多个功能家族，获得的功能信息显示主要富集代谢和降解能力。移动元件、潜在致病性及生物膜形成表型对应的主要物种组成占更高的相对丰度，其中叶面喷施硅肥显著降低潜在致病性表型。FAProTax 预测结果表明，水稻叶际主要富集化能异养、好氧化能异养、硝酸盐还原和发酵等相关功能菌群，并且硅肥处理对化能异养和硝酸盐还原相关功能菌群具有促进作用。由此可见，再生水及叶面喷施硅肥使叶际代谢功能丰富度及功能产生差异变化，硅肥处理有降低潜在致病菌发生率的潜在可能性。本研究为人们理解水稻叶际微生物功能过程对硅源肥料改良的响应提供了新的见解，并对可持续水稻生产具有重要意义。

（3）叶面喷施硅肥处理会使叶际病原菌属的相对丰度表现出降低的趋势，叶面喷施硅肥可能降低作物疫病的发生率,具有一定的成本效益和环境效益,这也为进一步探究叶面施用硅源肥料促进叶际抗病潜能提供了基础。

(4)定量结果表明,氮相关功能基因丰度并未受灌溉水质及叶面喷施硅肥处理的显著影响,仅 RIS3 处理下细菌总数基因拷贝数显著增加。叶施硅肥对叶际细菌群落结构组成影响显著,但对功能基因丰度变化影响不显著。

参考文献

[1] Francis C A, Roberts K J, Beman J M, et al. Ubiquity and diversity of ammonia-oxidizing archaea in water columns and sediments of the ocean[J]. Proceedings of the National Academy of Sciences of the United States of America, 2005, 102(41): 14683-14688.

[2] Rotthauwe J H, Witzel K P, Liesack W. The ammonia monooxygenase structural gene amoA as a functional marker: Molecular fine-scale analysis of natural ammonia-oxidizing populations[J]. Applied and Environmental Microbiology. 1997, 63(12): 4704-4712.

[3] Rösch C, Mergel A, Bothe H. Biodiversity of denitrifying and dinitrogen-fixing bacteria in an acid forest soil[J]. Applied and Environmental Microbiology, 2002, 68(8): 3818-3829.

[4] Throbäck I N, Enwall K, Jarvis A, et al. Reassessing PCR primers targeting nirS, nirK and nosZ genes for community surveys of denitrifying bacteria with DGGE[J]. FEMS Microbiology Ecology, 2004, 49(3): 401-417.

[5] Boon N, Top E M, Verstraete W, et al. Bioaugmentation as a tool to protect the structure and function of an activated-sludge microbial community against a 3-chloroaniline shock load[J]. Applied and Environmental Microbiology, 2003, 69(3): 1511-1520.

[6] May L A, Smiley B, Schmidt M G. Comparative denaturing gradient gel electrophoresis analysis of fungal communities associated with whole plant corn silage[J]. Canadian Journal of Microbiology, 2001, 47(9): 829-841.

[7] 林小兵, 张秋梅, 周利军, 等. 南方红壤区喷施叶面硅肥对水稻 Cd 累积的影响[J]. 土壤与作物, 2022, 11(4): 428-436.

[8] Bocharnikova E, Matichenkov V. Silicon fertilizers: Agricultural and environmental impacts. In Fertilizers: Components, uses in agriculture and environmental Impacts[M]. New York: Nova Science Publishers Inc., 2014.

[9] Samaddar S, Truu J, Chatterjee P, et al. Long-term silicate fertilization increases the abundance of Actinobacterial population in paddy soils[J]. Biology and Fertility of Soils, 2019, 55: 109-120.

[10] Fira D, Dimkic'I, Beric'T, et al. Biological control of plant pathogens by Bacillus species[J]. Journal of Biotechnology, 2018, 285: 44-55.

[11] Kashyap B K, Solanki M K, Pandey A K, et al. Bacillus as plant growth promoting rhizobacteria (PGPR): A promising green agriculture technology[M]. Singapore: Plant health under biotic stress, Springer, 2019.

[12] Kasana R C, Pandey C B. Exiguobacterium: An overview of a versatile genus with potential in industry and agriculture[J]. Critical Reviews in Biotechnology, 2017, 38: 141-156.

[13] 岳东霞, 张要武. 番茄根际促生菌—假单胞菌的生防作用[J]. 华北农学报, 2009, 24(5): 210-213.

[14] Leveau J H. A brief from the leaf: Latest research to inform our understanding of the phyllosphere microbiome[J]. Current Opinion in Microbiology, 2019, 49: 41-49.

[15] Lin W P, Jiang N H, Li P, et al. Silicon impacts on soil microflora under Ralstonia Solanacearum inoculation[J]. Journal of Integrative Agriculture, 2020, 19(1): 251-264.

[16] Pavanello E P, Brackmann A, Simao D G, et al. Effect of foliar-applied silicon sources on brown rot (Monilinia fructicola)[J]. Crop Protection, 2022, 156.

[17] Yu Y L, Zhang L P, Li Y P, et al. Silicon fertilizer and microbial agents changed the bacterial community in the consecutive replant soil of lilies[J]. Agronomy, 2022, 12.

[18] Zhang L X, Guan Y T. Consistent responses of soil bacterial communities to bioavailable silicon deficiency in croplands[J]. Geoderma, 2022, 408.

[19] 寿南松，黄迪，吴漪，等. 不同施氮水平下配施硅肥对水稻根部周围土壤微生物群落结构的影响[J]. 土壤通报，2021，52(4)：903-911.

[20] 符慧娟，李星月，李其勇，等. 光合细菌与硅肥对油菜及土壤环境的影响[J]. 西南农业学报，2020，33(6)：1209-1214.

[21] Kang Y L, Ma Y W, Wu W L, et al. Bioorganic and silicon amendments alleviate early defoliation of pear trees by improving the soil nutrient bioavailability, microbial activity, and reshaping the soil microbiome network[J]. Applied Soil Ecology, 2022, 173: 104383.

[22] Yuan Z N, Pang Z Q, Fallah N, et al. Silicon fertilizer mediated structural variation and niche differentiation in the rhizosphere and endosphere bacterial microbiome and metabolites of sugarcane[J]. Frontiers in Microbiology, 2022, 13: 1009505.

[23] Zhou Y J, Tang Y N, Hu C X , et al. Soil applied Ca, Mg and B altered phyllosphere and rhizosphere bacterial microbiome and reduced Huanglongbing incidence in Gannan Navel Orange[J]. Science of the Total Environment, 2021, 791: 148046.

[24] Wang B H, Chu C B, Wei H W, et al. Ameliorative effects of silicon fertilizer on soil bacterial community and pakchoi (Brassicachinensis L.) grown on soil contaminated with multiple heavy metals [J]. Environmental Pollution, 2020, 267: 115411.

[25] Tian L Y, Shen J P, Sun G X, et al. Foliar application of SiO_2 nanoparticles alters soil metabolite profiles and microbial community composition in the pakchoi (Brassica chinensis L.) rhizosphere grown in contaminated mine soil[J]. Environmental Science and Technology, 2020, 54(20): 13137-13146.

[26] Liu J Q, Sun X, Zuo Y L, et al. Plant species shape the bacterial communities on the phyllosphere in a hyper-arid desert[J]. Microbiological Research, 2023, 269: 127314.

[27] Zhang Q, Acua J J, Inostroza N G, et al. Niche differentiation in the composition, predicted function, and co-occurrence networks in bacterial communities associated with Antarctic vascular plants [J]. Frontiers in Microbiology, 2020, 11.

[28] Chen S, Wang L L, Gao J M, et al. Agricultural management drive bacterial community assembly in different compartments of soybean soil-plant continuum [J]. Frontiers in Microbiology. 2022, 13: 868307.

[29] Fürnkranz M, Wanek W, Richter A. et al. Nitrogen fixation by phyllosphere bacteria associated with higher plants and their colonizing epiphytes of a tropical low land rainforest of Costa Rica[J]. The ISME Journal, 2008, 2: 561-570.

[30] Thapa S, Prasanna R, Ramakrishnan B, et al. Microbial inoculation elicited changes in phyllosphere microbial communities and host immunity suppress Magnaporthe oryzae in a susceptible rice cultivar[J].

Physiological and Molecular Plant Pathology, 2021, 114: 101625.

[31] Knief C, Delmotte N, Chaffron S, et al. Metaproteogenomic analysis of microbial communities in the phyllosphere and rhizosphere of rice[J]. The ISME Journal, 2012, 6: 1378-1390.

[32] Das S, Gwon H S, Khan M I, et al. Taxonomic and functional responses of soil microbial communities to slag-based fertilizer amendment in rice cropping systems[J]. Environment International, 2019, 127: 531-539.

[33] Gao Z X, Jiang Y S, Yin C, et al. Silicon fertilization influences microbial assemblages in rice roots and decreases arsenic concentration in grain: A five-season in-situ remediation field study[J]. Journal of Hazardous Materials, 2022, 423: 127180.

[34] Song A L, Fan F L, Yin C. et al. The effects of silicon fertilizer on denitrification potential and associated genes abundance in paddy soil[J]. Biology and Fertility of Soils, 2017, 53: 627-638.

第 7 章　施用污泥对再生水灌溉根际细菌群落结构及基因丰度的影响

7.1　材料与方法

7.1.1　试验场地及设计

试验土壤取自郊区农田，质地为沙壤土。收集的土壤自然风干、粉碎、去除石头和植物碎片，然后通过 2 mm 筛。供试土壤的 pH 8.10、EC 336 μS/cm，总氮（TN）和总磷（TP）分别为 0.48 g/kg、0.42 g/kg，Cu、Zn、Pb 和 Cd 分别为 18.60 mg/kg、41.94 mg/kg、20.21 mg/kg 和 0.091 mg/kg，K^+、Na^+、HCO_3^- 和 Cl^- 分别为 11.50 mg/kg、72.50 mg/kg、0.034 mg/kg 和 0.015 mg/kg。

再生水来自河南省新乡市某城市污水处理厂，采用“A^2O +高效沉淀池+反硝化深床过滤器”工艺。出水水质达到《城镇污水处理厂污染物排放标准》（GB 18918—2002）和《农田灌溉水质标准》（GB 5084—2021）A 类要求。试验污泥来源于生物污水处理厂脱水工艺，主要处理生活污水。污泥自然风干、粉碎，并过 2 mm 尼龙筛待用。污泥的基本理化性质为：pH 6.65、EC 4.34 mS/cm，有机质（OM）、总氮（TN）和总磷（TP）分别为 41.51%、30.53 mg/g 和 25.95 mg/g，Cd 和 Pb 分别为 0.004 mg/kg 和 3.55 mg/kg，符合《农用污泥污染物控制标准》（GB 4284—2018）和《城镇污水处理厂污泥处置 农用泥质》（CJ/T 309—2009）。

盆栽试验在中国农业科学院农业水土环境野外科学研究站（113°93′E，35°27′N）进行。选用油菜（Brassica napus L.）作为试验植物，每盆用 5 kg 过筛土，污泥按一定比例与土壤混合均匀。采用清水灌溉（PW）、再生水灌溉（RW）、再生水灌溉加 5 g/kg（w/w）污泥改良剂（S5）、再生水灌溉加 15 g/kg 污泥改良剂（S15）、再生水灌溉加 25 g/kg 污泥改良剂（S25）、再生水灌溉加 50 g/kg 污泥改良剂（S50）6 个处理，每个处理重复 3 次。

7.1.2　样品采集和 DNA 提取

试验结束后，收集根际土壤进行处理。将附着在根表面的土壤抖掉，然后进行冻干、研磨和筛分，即为根际土壤。土壤理化性质送至公共实验室进行测试分析。使用土壤 FastDNA Spin 试剂盒（MP，Biomedicals）提取总 DNA。采用 1.5%琼脂糖凝胶电泳和超微量分光光度计（Molecular Devices，LLC，MA，USA）测定提取 DNA 的完整性和质量。

7.1.3　qPCR 检测

采用特异性引物对病原菌、ARGs、蓝藻毒素基因和功能基因进行定量 PCR（qPCR）。

所用引物和扩增条件如前所述。

7.1.4 高通量测序

利用16S rRNA基因V3-V4区引物338F(ACTCCTACGGGAGGCAGCAG)和806R(GGACTACHVGGGTWTCTAAT)在ABI GeneAmp 9700 PCR扩增仪上对根际土壤细菌DNA进行PCR扩增。根际:BioProject。ID: PRJNA918843。

7.1.5 数据分析

采用SPSS 20.0软件进行单因素方差分析(one-way ANOVA)和LSD多重比较检验各处理间差异的显著性($P< 0.05$)

7.2 结果与分析

7.2.1 根际土壤理化性质分析

根际土壤理化性质见表7-1。各处理间pH变化无显著差异。与清水灌溉相比,再生水灌溉并未增加土壤EC值,但施用污泥后的土壤EC值均显著增加($P< 0.05$)。除了S5处理,污泥处理均显著增加根际土壤的有机质含量($P< 0.05$)。总氮、总磷含量也随污泥施加量的增加而增加,重金属含量变化无显著差异。

表7-1 根际土壤理化性质

	pH	EC/(μS/cm)	OM/%	TN/(mg/g)	TP/(mg/g)	Cd/(mg/kg)	Pb/(mg/kg)
PW	7.98a	243c	1.39c	0.28c	0.69b	0.11c	13.69a
RW	7.66b	358b	1.42c	0.26c	0.68b	0.10c	12.79ab
S5	7.53bc	372b	1.64c	0.51c	1.04b	0.12c	12.61ab
S15	7.44bc	447a	2.81b	1.13b	1.67a	0.20b	11.84bc
S25	7.38bc	474a	3.24ab	1.52a	1.85a	0.22ab	12.20abc
S50	7.31c	482a	3.60a	1.73a	1.85a	0.24a	10.88c

7.2.2 细菌群落多样性与组成分析

为了更好地进行统计学和可视化分析,将各样本按照最小序列数进行抽平处理,获得一致的有效序列23 137条。物种种类数统计信息为35个门103个纲257个目411个科758个属和3 154个OTUs。为获得叶际细菌群落中物种的丰度和多样性信息,对Sob指数、Shannon指数、Simpson指数、Ace指数、Chao1指数和覆盖度等α多样性指数进行评估。结果表明,尽管再生水与清水灌溉根际土壤细菌群落多样性无显著差异,但再生水灌溉下施用污泥处理群落组成丰度和多样性均有所下降(见表7-2)。

表 7-2　α 多样性指数

Sample	Average sequencing results		Average α diversity indice				
	Sequences	OTUs	Shannon	Simpson	Ace	Chao1	Coverage
PW	52 189	1 572	5.91	0.007 5	1 966	1 955	0.9813
RW	56 318	1 582	5.84	0.009 2	2 044	2 054	0.979 5
S5	50 127	1 465	5.48	0.015 0	1 917	1 938	0.979 9
S15	52 405	1 368	5.46	0.013 6	1 979	1 881	0.980 4
S25	54 380	1 262	5.44	0.012 3	1 855	1 775	0.981 5
S50	52 063	1 510	5.41	0.015 1	1 871	1 856	0.980 4

稀释曲线趋近平缓，并且覆盖度 Good′s coverage 达到98%以上，表明对环境样本微生物群落的检测比率接近饱和，目前的测序量能够覆盖样本中的绝大部分物种(见图 7-1)。

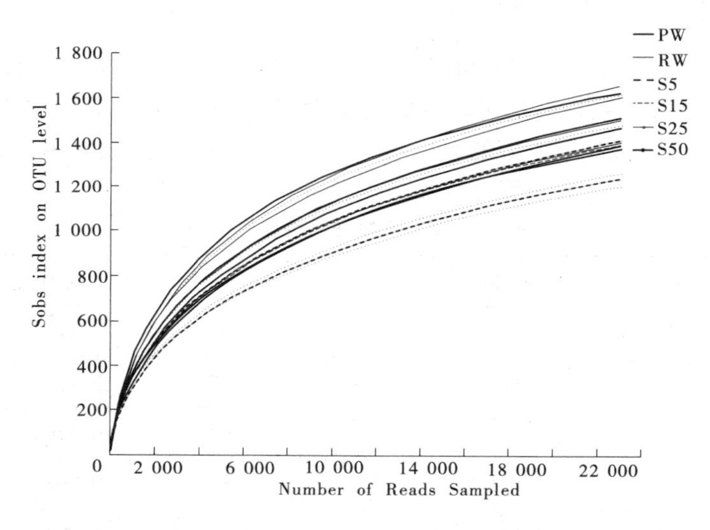

图 7-1　不同处理的稀疏曲线

不同处理核心 OTUs 的 Venn 图(见图 7-2)分析显示不同的线条代表不同的分组(或样本)，重叠部分代表多个分组中共有的物种数目，非重叠部分的数字代表对应分组所特有的物种数目。从图 7-1 中可以看出，各处理共有的 OTUs 数目为 962 个，PW、RW、S5、S15、S25 和 S50 独有 OTUs 分别为 147 个、90 个、45 个、39 个、26 个和 56 个，分别占各自根际 OTUs 总数的 15.28%、9.35%、4.68%、4.05%和 5.82%。污泥处理的 OTUs 总数和独有菌属明显较低，表明施用污泥降低了根际细菌群落组成的丰度和多样性。

门水平上，主要优势菌群为变形菌门(Proteobacteria)、拟杆菌门(Bacteroidota)、放线菌门(Actinobacteriota)、绿弯菌门(Chloroflexi)、髌骨细菌门(Patescibacteria)、酸杆菌门(Acidobacteriota)、厚壁菌门(Firmicutes)和芽单胞菌门(Gemmatimonadota)，平均相对丰度分别为 26.11% ~ 39.65%、12.20% ~ 18.33%、10.46% ~ 14.10%、7.03% ~ 14.89%、

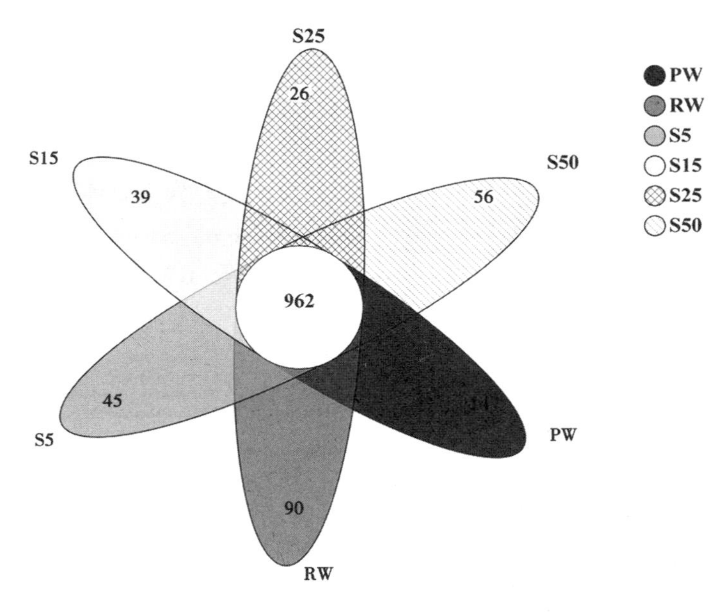

图 7-2　Venn 图

3. 26%~17. 42%、3. 23%~9. 77%、1. 82%~8. 10%和 3. 31%~5. 54%，在 6 个处理组中占 94. 05%~96. 16%（见图 7-3）。变形菌门在 PW 和 RW 处理中的相对丰度明显高于其他处理，施用污泥处理使其相对丰度有所降低。随着污泥施用量的增加，绿弯菌门和酸杆菌门相对丰度逐渐降低，而髌骨细菌门和厚壁菌门的相对丰度呈增加趋势。

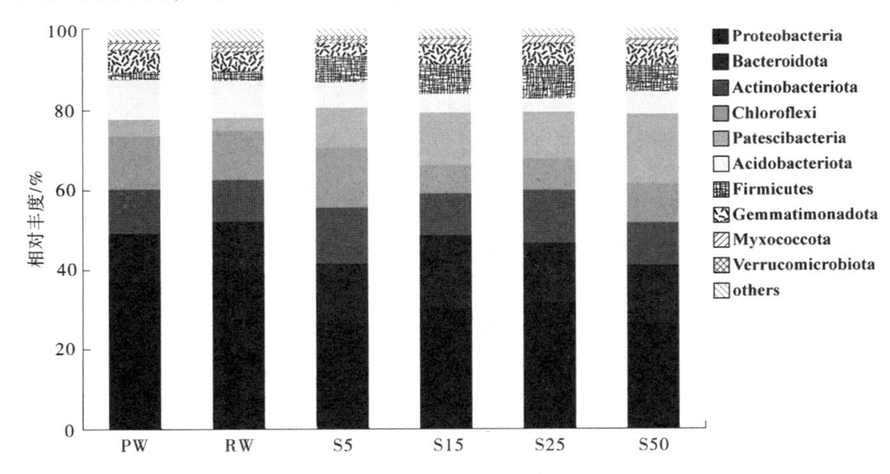

图 7-3　门水平群落组成相对丰度变化

属水平上，6 个处理组根际细菌群落结构组成相似，相对丰度> 1%的 49 个菌属相对丰度存在差异（见图 7-4）。以上优势菌属相对丰度超过 80%，主要归属于变形菌门（16 个属）、拟杆菌门（10 个属）、绿弯菌门（5 个属）、髌骨细菌门（4 个属）、厚壁菌门（2 个属）、酸杆菌门（5 个属）、芽单胞菌门（2 个属）和放线菌门（7 个属），其中丰度前 10 菌属在 6 个处理组中的平均相对丰度如下：芽孢杆菌属（*Bacillus*，1. 18%~5. 42%）、溶杆菌属

(*Lysobacter*,2.53%~3.80%)、OLB13(1.49%~7.98%)、norank_f_Microscillaceae(2.34%~4.55%)、norank_o_Saccharimonadales(1.84%~4.77%)、unclassified_o_Saccharimonadales(0.16%~5.42%)、鞘胺醇单胞菌属(1.33%~5.07%)、unclassified_f_Sphingomonadaceae(1.55%~3.45%)、*Devosia*(0.93%~5.49%)、*Arthrobacter*(1.08%~2.37%)。通过根际细菌群落比较分析发现,施用污泥处理下根际细菌相对丰度差异主要体现在芽孢杆菌属、溶杆菌属、OLB13、norank_o__Saccharimonadales、unclassified_o__Saccharimonadales、鞘胺醇单胞菌属和 Devosia 等。与清水灌溉(PW)相比,再生水灌溉(RW)使根际 Devosia 和假单胞菌属的相对丰度均呈增加趋势。

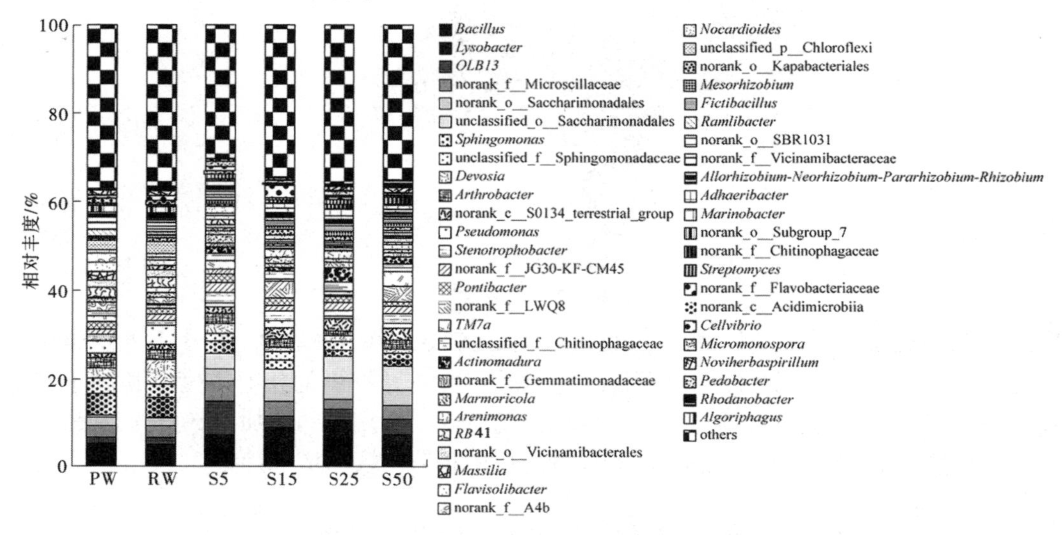

图 7-4　属水平群落组成相对丰度变化

7.2.3　细菌群落聚类与环境因子相关性分析

PCoA 分析(R^2 = 0.795 9,P=0.001 0)(见图 7-5)显示,施用污泥处理(S5、S15、S25 和 S50)和未施用污泥处理(PW 和 RW)的细菌群落之间存在明显的分离,而 PW 和 RW 处理的细菌群落之间无明显差异,表明施用污泥对根际细菌群落组成有显著影响。

基于 Pearson 相关系数的相关性 Heatmap 图(见图 7-6)分析表明,环境因子与 31 个优势菌属丰度呈显著正相关(P<0.05),并与 33 个优势菌属丰度呈显著负相关(P<0.05)。土壤 pH、EC、OM、TN 和 TP 与优势菌属丰度变化密切相关,pH 与芽孢杆菌属(*Bacillus*)、*Arenimonas*、*Mesorhizobium*、*Actinomadura*、*Marinobacter* 及一些未分类菌属呈显著负相关(P ≤ 0.05,P ≤ 0.01),与 *Sphingomonas*、*RB41*、*Massilia*、*Flavisolibacter*、*Allorhizobium-Neorhizobium-Pararhizobium-Rhizobium*、*Ramlibacter* 及一些未分类菌属呈显著正相关(P≤ 0.05,P≤ 0.01)。*Fictibacillus*、*Marinobacter*、*Actinomadura*、*Mesorhizobium*、*Arenimonas*、*Bacillus* 和 *Adhaeribacter* 与 EC、OM、TN 和 TP 呈显著正相关(P≤0.05,P≤0.01,P≤0.001)。*Sphingomonas*、*RB41*、*Massilia*、*Flavisolibacter*、*Cellvibrio*、*Devosia*、*Allorhizobium-Neorhizobium-Pararhizobium-Rhizobium*、*Ramlibacter* 及一些未分类菌属呈显著负相关(P≤0.05,P≤0.01,P≤0.001)。通过相关性 Heatmap 图分析不同的环境因子对再生水灌溉配

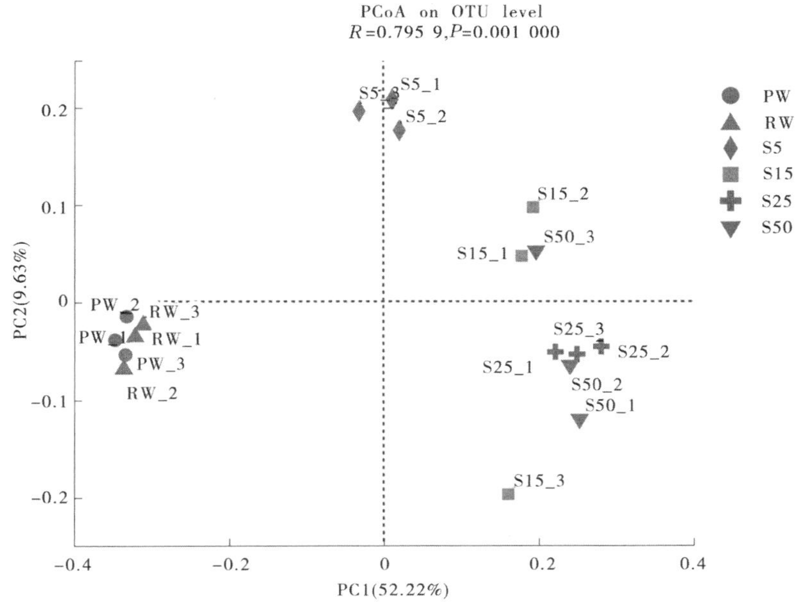

图 7-5　不同处理群落组成 PCoA

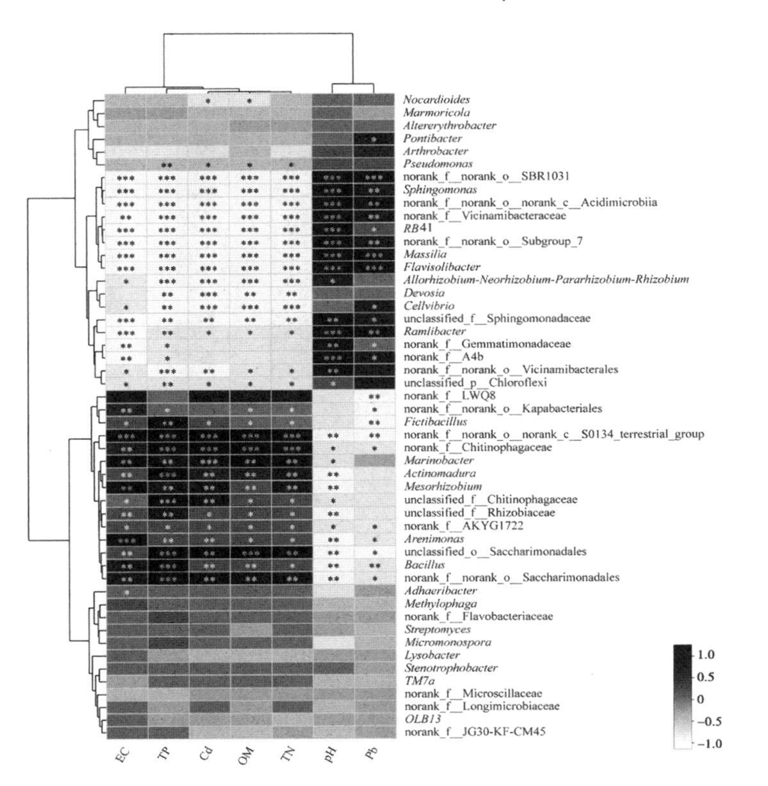

（注：＊表示 $P\leqslant 0.05$，＊＊表示 $P\leqslant 0.01$，＊＊＊表示 $P\leqslant 0.001$）

图 7-6　环境因子与物种 Heatmap 分析

施污泥处理根际土壤细菌属水平群落组成的影响，结果表明根际细菌群落组成受到土壤特性的影响，而土壤性质的差异是施用污泥导致的，不同的细菌菌属受土壤特性的影响存在差异。

7.2.4 功能基因定量结果分析

不同处理根际土壤中与氮转化相关基因（*AOA*、*AOB*、*nirK* 和 *nosZ*）的定量分析结果如图 7-7 所示。所有处理中 *AOA* 基因的丰度范围为 6.33～6.53 基因 copies/g，不同处理间 *AOA* 基因的丰度无显著差异。除了 S5 处理，S15、S25 和 S50 处理下 *AOB*、*nirK* 基因丰度在根际土壤中呈现逐渐显著增加的趋势。*nosZ* 基因丰度在所有添加污泥处理的根际土壤中显著增加（$P<0.05$）。

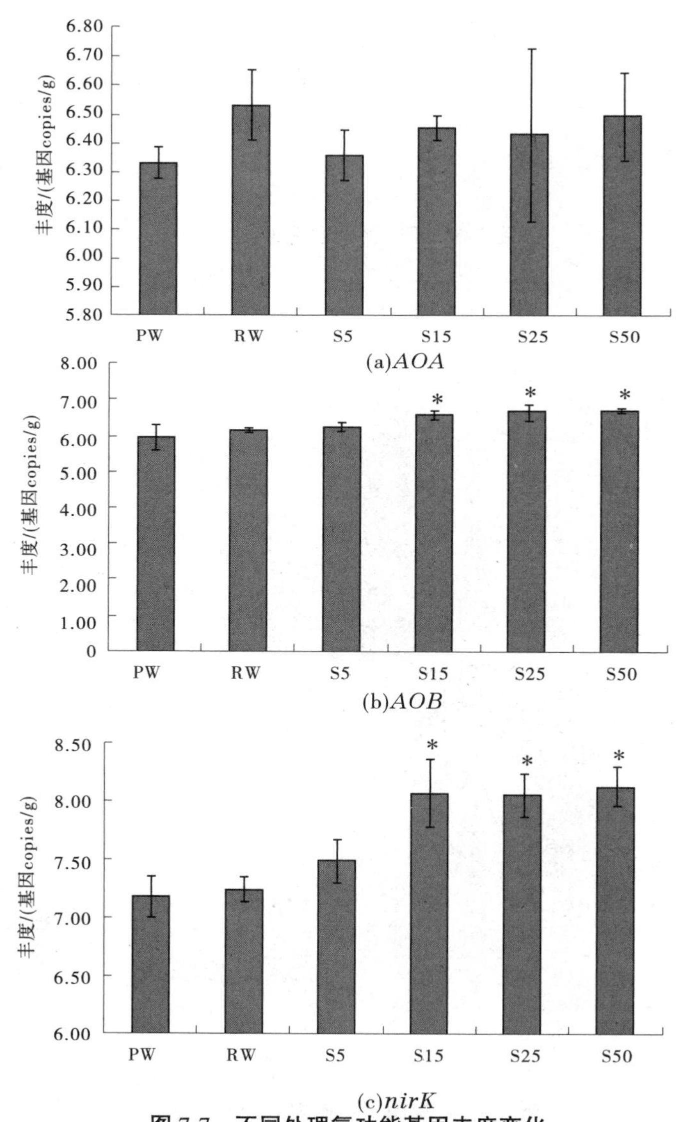

图 7-7 不同处理氮功能基因丰度变化

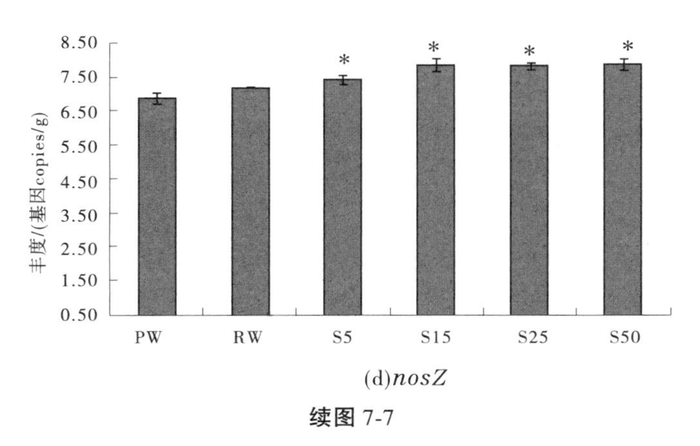

(d)*nosZ*

续图 7-7

利用定量 PCR 检测分析了 6 种常见病原菌的丰度水平变化。从图 7-8 可以看出,随着污泥施用量的增加,蜡样芽孢杆菌和军团菌基因丰度显著增加($P<0.05$)。粪肠球菌基因丰度在 S25 和 S50 高施用量污泥的根际土壤中较其他处理显著增加。各处理中布氏弓形菌的基因丰度变化无显著差异。作为典型的植物病原菌,丁香假单胞菌和成团泛菌在不同处理中的基因丰度变化呈现差异,也受到污泥施用量的影响。与未施用污泥的清水和再生水灌溉相比,细菌总数和真菌总数的丰度均随着污泥施用量的增加而显著增加。

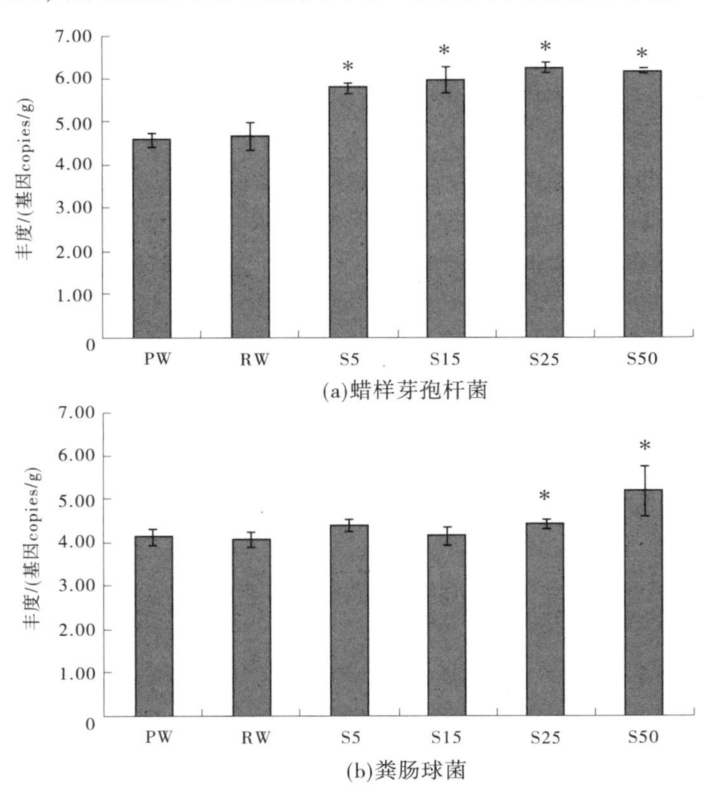

(b)粪肠球菌

图 7-8　不同处理病原菌丰度变化

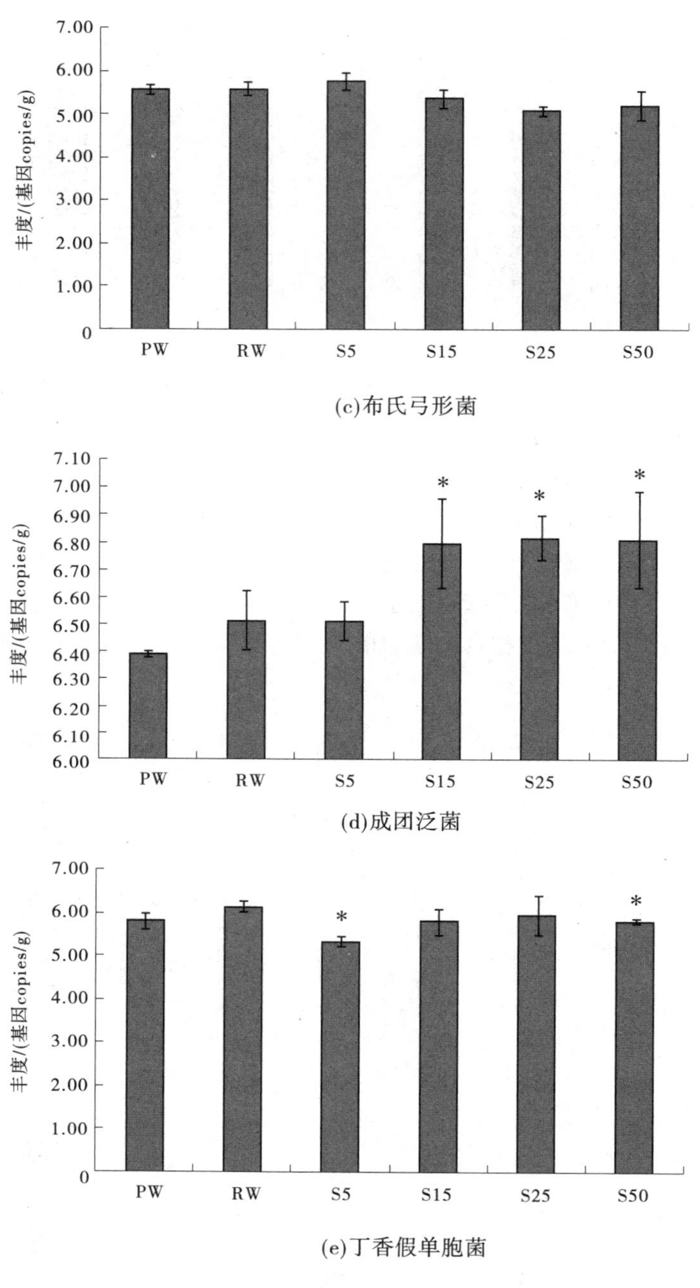

丰度/(基因copies/g)
7.00
6.00
5.00
4.00
3.00
2.00
1.00
0
PW
RW
S5
S15
S25
S50
(c)布氏弓形菌
丰度/(基因copies/g)
7.10
7.00
6.90
6.80
6.70
6.60
6.50
6.40
6.30
6.20
6.10
6.00
*
*
*
PW
RW
S5
S15
S25
S50
(d)成团泛菌
丰度/(基因copies/g)
7.00
6.00
5.00
4.00
3.00
2.00
1.00
0
*
*
PW
RW
S5
S15
S25
S50
(e)丁香假单胞菌

续图 7-8

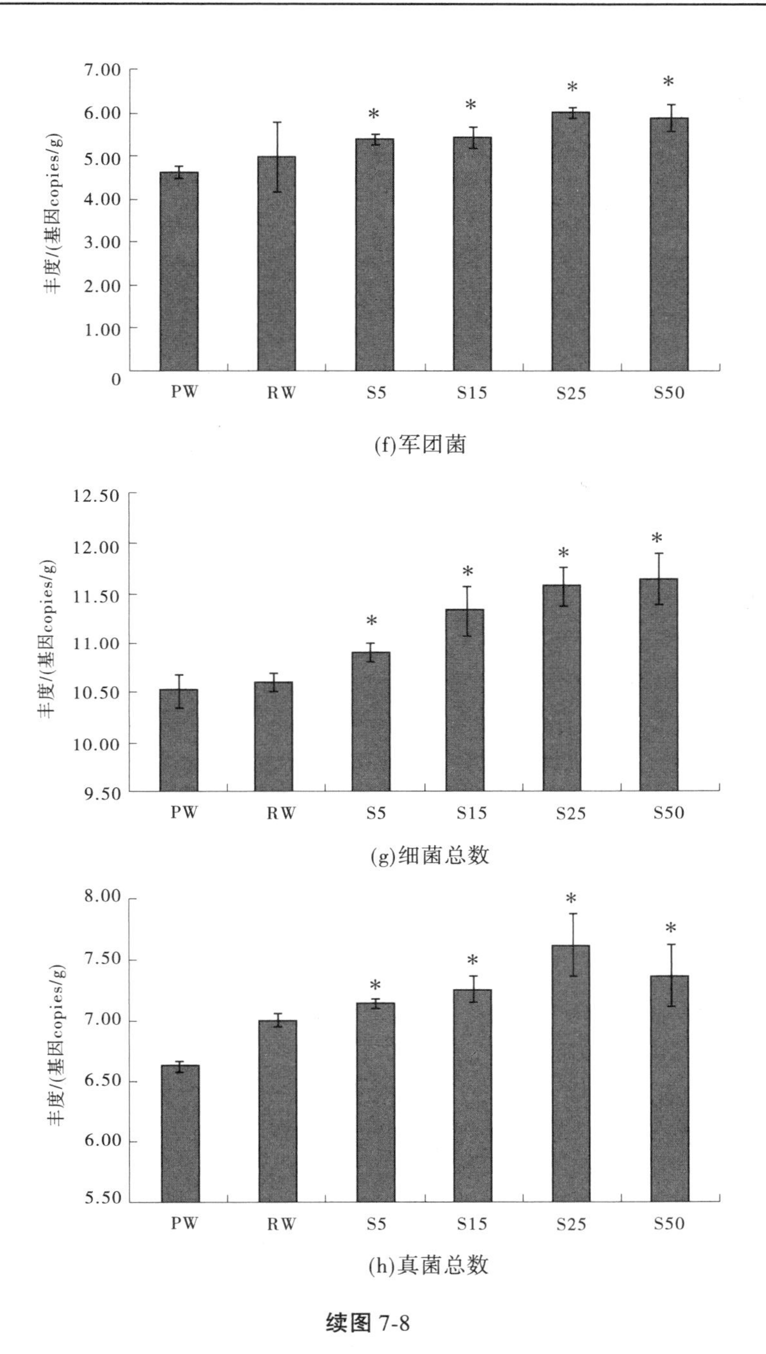

(f)军团菌

(g)细菌总数

(h)真菌总数

续图 7-8

采用 qPCR 方法检测了 8 种抗性基因,包括 *tetA*、*tetO*、*tetW*、*tetX*、*ermB*、*int* I1、*sul*1 和 *sul*2 的基因丰度水平。图 7-9 为不同处理下 *ARGs* 丰度变化情况,可以看出,清水灌溉相比,再生水灌溉会导致根际土壤中 *tetA*、*ermB*、*sul*1 基因丰度水平显著增加,四环素抗性基因(*tetA*、*tetO*、*tetW* 和 *tetX*)、红霉素抗性基因(*ermB*)、磺胺类抗生素抗性基因(*sul*1 和 *sul*2)丰度水平在施加污泥处理的根际土壤中均有显著增加(P<0.05)。表明再生水灌溉及配

施污泥均会对根际土壤中 ARGs 有显著影响,不同 ARGs 丰度水平受影响程度表现出差异。

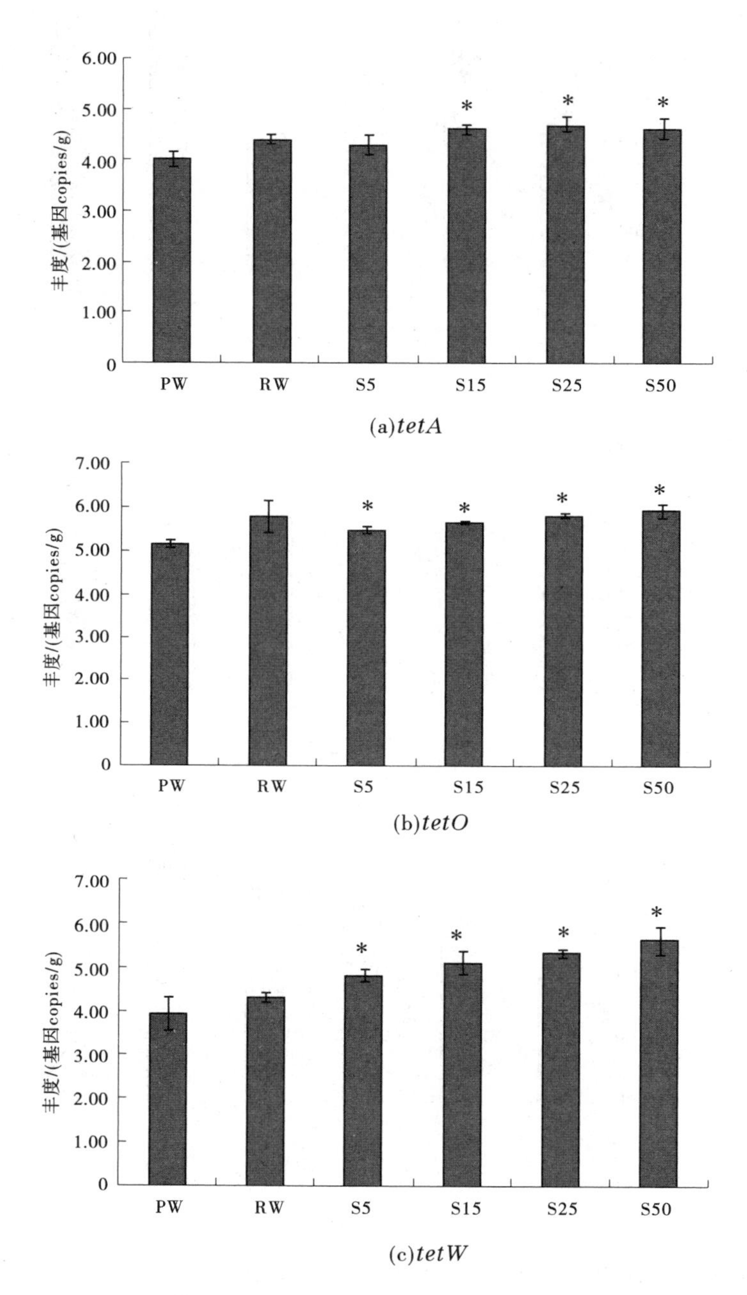

图 7-9　不同处理下 ARGs 的丰度变化

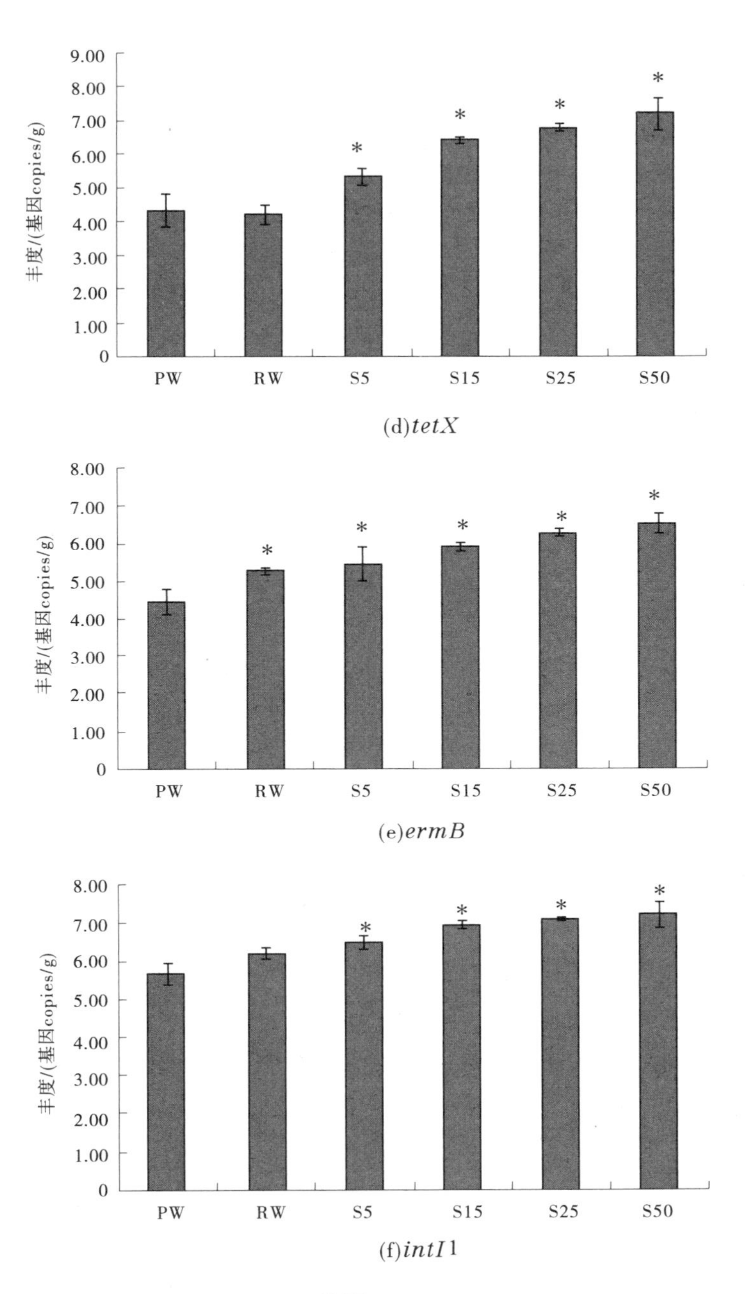

(d)*tetX*

(e)*ermB*

(f)*intI*1

续图 7-9

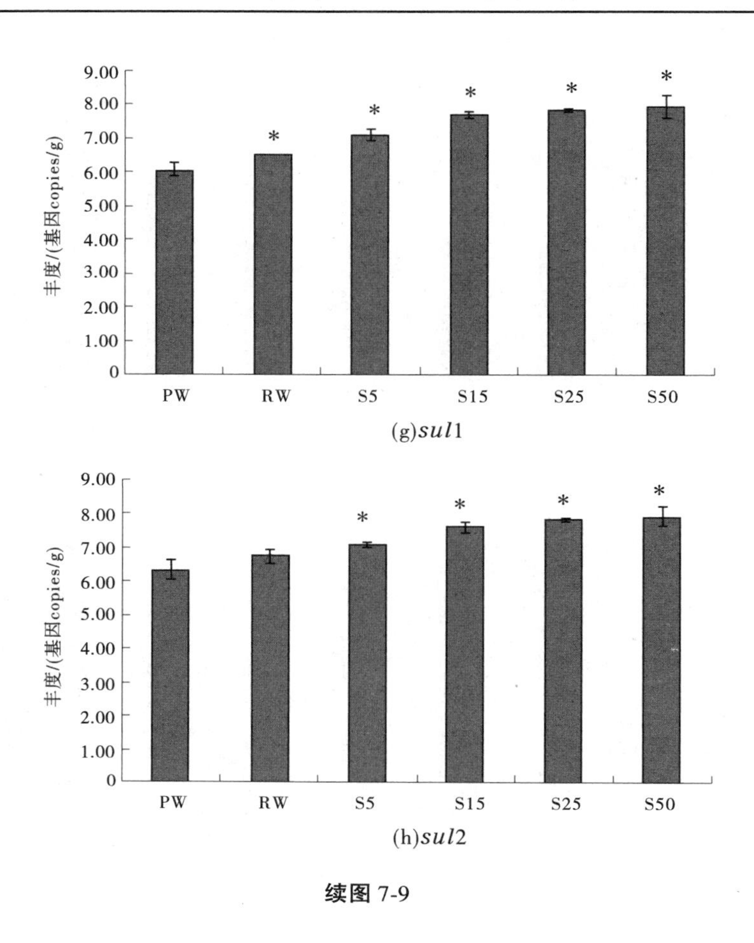

续图 7-9

7.3 讨　论

7.3.1 污泥施用对再生水灌溉根际土壤理化性质的影响

污泥在农作物生产中的应用为其处理和管理提供了一种替代技术[1]。污泥富含有机和无机植物养分，可以替代肥料，但潜在有毒金属的可用性往往限制其使用。马学文等[2]对中国城市污泥重金属和养分的区域特性及变化进行了统计分析，发现污泥中的重金属和养分含量均有所增加。添加污泥可改变土壤 pH，降低容重和侵蚀，或增加土壤团聚体稳定性、孔隙度、持水量、腐殖质、重金属、电导、阳离子交换能力、氮、磷和有害微生物含量[3-4]。从本研究的结果可以看出，施用污泥降低了根际土壤 pH，而 EC 值显著增加。弋良朋等[5]研究指出随着污泥量的增加，根附近土壤的 pH 值越低，可能是由于根系分泌物造成的。随着污泥施用量的增加，根际土壤养分含量也显著增加，表明污泥的施用量与根际土壤养分含量呈正相关。有研究发现，施用污泥有助于改善土壤的物理、化学和生物学特性[6]。施用污泥使土壤 pH、有机碳、全氮、速效磷和交换态钾均显著增加，污泥施用显著提高了小麦体内氮含量，降低了锌、锰和铜含量[7]。污泥堆肥能改善土壤养分，有机质、氮、磷含量显著提高[8]。经过适当污泥处理土壤种植的作物产量一般比施肥良好的对照土壤的产量高,污泥处理后的土壤微生物生物量也较高[9]。

7.3.2 污泥施用对再生水灌溉根际土壤细菌群落变化的影响

与清水灌溉相比,再生水灌溉并未对根际土壤细菌群落多样性和相对丰度产生显著影响。施用污泥处理下,根际土壤细菌群落组成相似,但多样性有所降低,并且不同分类水平的相对丰度呈现差异。土壤中施用污泥会改变根际和非根际土壤中细菌丰富度和多样性指数。当污泥施用量达到75 t/hm^{2}时,根际和非根际土壤中细菌多样性指数显著降低,并将会抑制根际和非根际土壤中碳、氮的循环代谢功能,降低酸杆菌门和放线菌门相对丰度[10]。施用城市污泥堆肥影响土壤中细菌和真菌群落的结构变化,细菌优势菌群为变形菌门、绿弯菌门、厚壁菌门和芽单胞菌门,真菌优势菌群主要为座囊菌纲和散囊菌纲[11]。有研究表明,污泥来源和处理方式均是引起土壤微生物群落结构变化的因素,施用污泥改变了能利用有关碳源底物的微生物的数量及微生物对碳源底物的利用模式与能力,最终导致土壤微生物群落功能多样性发生变化[12]。污泥改良剂为土壤提供了有机质、氮、磷等养分,也随之增加了土壤中EC值和重金属含量,适量污泥堆肥施用可提高土壤微生物群落活性和功能多样性[13]。连续施用污泥为土壤提供大量养分和能量来源,使土壤微生物量碳(MBC)、氮含量(MBN)和微生物碳氮比(MBC/MBN)均显著提高,并且季节不同也显著影响土壤MBC、MBN含量和MBC/MBN,表明污泥能够增加土壤微生物量和改变土壤微生物群落组成[14]。Shannon-Wiener多样性指数证实了污泥施用对细菌多样性有选择性影响[15]。与对照相比,所有污泥处理的土壤都具有明显更高的多样性和独特的核心微生物群。其中,Hyphomicrobiaceae、Cytophagaceae、Pirellulaceae、Microbacteriaceae和Phyllobacteriaceae等核心菌科在污泥改良土壤中显著富集。此外,污泥改良显著改善了核心微生物群的预测功能多样性,与对照处理相比,与碳和氮循环过程相关的功能的累积相对丰度显著提高[16]。污泥改良剂对热带土壤细菌群落的影响在污泥类型和施用方式上均有显著变化,冗余分析可以看出,污泥导致土壤化学参数和细菌群落组成随时间变化,并增加了土壤中主导养分循环的种群[17]。土壤细菌群落组成差异受施用污泥处理影响,与土壤pH、速效磷、速效钾和Cd呈显著相关,并且污泥处理提高了放线菌门、拟杆菌门和绿弯菌门的相对丰度,降低了酸杆菌门、变形菌门和疣微菌门的相对丰度[18]。污泥处理导致细菌类群发生变化,细菌群落组成、共现模式和主要分类水平的菌群变化可能反映了对污泥应用的适应性。污泥改良剂显著改变了泥滩盐渍土的细菌群落,导致绿弯菌门、浮霉菌门和厚壁菌门相对丰度增加,而变形菌门相对丰度降低。细菌群落结构受碱度和盐度的负面影响,而受土壤有机质、氮和磷的正面影响[19]。污泥对细菌和真菌群落的短期影响显著,其中对细菌群落的影响比真菌群落更明显,这主要是污泥对土壤理化特性的有益改变引起的[20]。25 kg N/hm^{2}施用量的污泥有利于土壤中各门类菌群数量的增加,而200 kg N/hm^{2}的污泥施用量则导致所有菌群的数量均降低,尤其是在土壤中占优势的变形菌门受影响更大[21]。有研究表明,未成熟且经过高压灭菌的好氧污泥是最理想的生物肥料,其能够提高土壤的酶活性[22]。堆肥较热干燥处理的污泥更适合作为农业土壤改良剂[23]。污泥施用土壤不仅要关注依赖于污泥养分输入的微生物转化,也要注意到污泥中污染物的不利影响。污泥施用于农业土壤不会改变细菌群落组成,但会使抗生素抗性基因的丰度增加[24]。

7.3.3 污泥施用对再生水灌溉根际土壤功能基因丰度变化的影响

污泥是生物和矿物来源的有机化合物和无机化合物的复杂混合物,是在一级、二级和三级污水处理过程中从污水中沉淀出来的固形副产物。在污泥中存在着大量的微生物,包括病毒、细菌、原生动物、真菌和蠕虫等。污泥含有大量、微量元素和有机质,可能对土壤及其生产力有利,尤其对退化土壤能进行改良修复,并改善土壤理化特性,如土壤结构和养分含量[25]。目前,污泥作为一种有机肥料已被普遍应用。污泥施用使土壤微生物量碳和氮、CO_2、蛋白酶、脱氨酶与脲酶活性显著增加[26]。尽管污泥的施用导致土壤微生物种群多样性的减少,但土壤微生物量的总体大小及其养分矿化潜力不变或增加[27]。污泥添加土壤后使 NH_4^+ 和 NO_3^- 浓度降低,CO_2 排放速率增加,农业土壤中 N_2O 的产生主要是由于土壤中反硝化作用,与添加污泥无关[28]。污泥是污水处理过程中沉淀收集的固体物质,尽管它可以作为一种具有成本效益的化肥替代品,但人们一直担心源自污水的生物污染物可能进入食物链。本研究考虑了污泥施用对根际土壤中病原菌和抗生素抗性基因(ARGs)丰度影响的重要性,提出假设土壤中污泥比例的增加与生物污染物的丰度增加呈正相关。污泥中病原物种类和数量繁多,并且在外界环境中都有一定的存活能力,如果对污泥处理或施用不当,会对人类健康造成潜在危害[29]。有研究发现,污泥掺入土壤可对烟草疫霉有防治效果[30]。Ghini 等[31]评价了污泥对土壤中番茄尖孢镰刀菌、大豆菌核菌、番茄菌核菌、萝卜枯核菌、黄瓜霉菌、番茄枯核菌等病原菌的抑制效果,病原菌数量的增加与污泥用量成正比,污泥的影响取决于病原菌以及污泥掺入和土壤取样之间的时间间隔。Horswell 等[32]研究污泥沙门氏菌和腺病毒在土壤中的生存和迁移,表明污泥的存在会显著影响土壤中病原菌的迁移和存活,这可能与有机物的存在有关。由于土壤吸附性强,病毒不太可能污染环境。堆肥污泥增加了土壤中沙门氏菌的持久性,但其持久性的增强对土壤中沙门氏菌的定置率没有影响[33]。城镇污水厂污泥是抗生素抗性基因的重要储库。厌氧硝化工艺过程对污泥中 ARG 和 MGE 的分布有趋同性的作用,*ermF*、*qnrS* 和 bla_{NDM-1} 均是厌氧消化过程中难以削减、易于增殖传播的抗性基因[34]。TaqMan-qPCR 和高通量 qPCR 同时揭示了施用污泥导致土壤中多种 ARGs 丰度增加,如 *intI*1、四环素类(*tetW*、*tetL*、*tetM*、*tetX*)、链霉素类(*aadA*、*strA*)、氨基糖苷类(*aacC*、*aadE*)、大环内酯林可酰胺-链霉素 *B* 类(*ermB*、*ermF*)抗性基因[35]。污泥施用于耕地,为作物提供了必不可少的营养物质,并减少了对无机肥料的需求,但也为人类暴露于污泥中的化学污染物和微生物病原菌提供了潜在途径。污泥施用可能会促进环境选择和抗生素抗性菌及抗性基因的传播。瑞典的一项大田研究表明,污泥在农田的长期施用并未引起土壤细菌抗性组的明显变化[36]。施用污泥对叶际 ARGs 的影响大于土壤,微生物群落组成的变化是影响土壤 ARGs 传播的重要因素,而由 MGEs 介导的水平基因转移可能有助于叶际 ARGs 的传播[37]。长期施用污泥和鸡粪显著增加了土壤中 ARGs 的丰度和多样性,MGEs 的富集表明污泥或粪肥的施用可加速 ARGs 在土壤中的水平基因转移[38]。

7.4 小 结

(1)城镇污泥中富含大量养分,其农用能改善土壤的理化性质,提高作物产量,减少污泥对环境的二次污染。本研究中,施用污泥显著增加了根际土壤中养分含量,污泥农用过程中也未产生重金属毒害。

(2)不同灌溉水源对根际土壤细菌群落多样性未产生显著影响,但施用污泥处理使根际土壤细菌群落组成的丰富度和多样性均有所下降。施用污泥导致土壤理化特性的改变是影响根际土壤细菌群落多样性变化的重要因素之一。施用污泥使根际土壤中变形菌门、绿弯菌门和酸杆菌门的相对丰度降低,而髌骨细菌门的相对丰度随着污泥施用量增加而升高。属水平上,芽孢杆菌属和一些未分类菌属相对丰度随污泥施用量增加而升高。

(3)根际土壤与氮相关的功能基因(*AOB*、*nirK* 和 *nosZ*)丰度水平受污泥施用的影响而显著增加。本研究中,施用污泥会增加根际土壤中病原菌和抗生素抗性基因(ARGs)丰度水平,并且与施用量密切相关。

参考文献

[1] Frank, Laturnus, Karin, et al. Organic contaminants from sewage sludge applied to agricultural soils[J]. Environmental Science and Pollution Research, 2007, 14: 53-60.

[2] 马学文, 翁焕新, 章金骏. 中国城市污泥重金属和养分的区域特性及变化[J]. 中国环境科学, 2011, 31(8): 1306-1313.

[3] Marschner P, Kandeler E, Marschner B. Structure and function of the soil microbial community in a long-term fertilizer experiment[J]. Soil Biology & Biochemistry, 2003, 35(3): 453-461.

[4] Sadet-Bourgeteau S, Houot S, Karimi B, et al. Microbial communities from different soil types respond differently to organic waste input[J]. Applied Soil Ecology, 2019, 143: 70-79.

[5] 弋良朋, 王祖伟. 施用污泥对油菜根际养分和不同种类重金属的影响[J]. 生态学报, 2017, 37(20): 6855-6862.

[6] Santos I D, Bettiol W. Effect of sewage sludge on the rot and seedling damping-off of bean plants caused by Sclerotium rolfsii[J]. Crop Protection, 2003, 22(9): 1093-1097.

[7] Nunes J R, Cabral F, A. López-Pieiro. Short-term effects on soil properties and wheat production from secondary paper sludge application on two Mediterranean agricultural soils[J]. Bioresource Technology, 2008, 99(11): 4935-4942.

[8] 张鑫, 党岩, 冯丽娟, 等. 施用城市污泥堆肥对土壤微生物群落结构变化的影响[J]. 环境工程学报, 2014, 8(2): 716-722.

[9] Singh R P, Agrawal M. Potential benefits and risks of land application of sewage sludge[J]. Waste Management, 2008, 28(2): 347-358.

[10] 常会庆, 郑彩杰, 李兆君, 等. 污泥施用对根际和非根际石灰性土壤中细菌多样性的影响[J]. 环境工程学报, 2019, 13(9): 2250-2261.

[11] 张鑫, 党岩, 冯丽娟, 等. 施用城市污泥堆肥对土壤微生物群落结构变化的影响[J]. 环境工程学报, 2014, 8(2): 716-722.

[12] 孙玉焕，骆永明，滕应，等. 长江三角洲地区污水污泥与健康安全风险研究Ⅴ. 污泥施用对土壤微生物群落功能多样性的影响[J]. 土壤学报，2009，46(3)：406-411.

[13] Xiang D H, Dong X, Lian X. Changes in soil microbial functional diversity and biochemical characteristics of tree peony with amendment of sewage sludge compost[J]. Environmental Science Pollution Research, 2015, 22(15): 11617-11625.

[14] 黄林，乔俊辉，郭康莉，等. 连续施用无害化污泥对沙质潮土土壤肥力和微生物学性质的影响[J]. 中国土壤与肥料，2017(5)：80-86.

[15] Mattana S, Petrovic ová B, Landi L, et al. Sewage sludge processing determines its impact on soil microbial community structure and function[J]. Applied Soil Ecology, 2014, 75: 150-161.

[16] Li Y, Wang Y, Shen C, et al. Structural and predicted functional diversities of bacterial microbiome in response to sewage sludge amendment in coastal mudflat soil[J]. Biology, 2021, 10(12): 1302.

[17] Lopes B C, Figueiredo R S, Araújo J C, et al. Bacterial community dynamics in tropical soil after sewage sludge amendment[J]. Water Science & Technology, 2020, 82 (12): 2937-2947.

[18] Zhao Q, Chu S S, He D, et al. Sewage sludge application alters the composition and co-occurrence pattern of the soil bacterial community in southern China forestlands[J]. Applied Soil Ecology, 2021, 157(1): 103744.

[19] Bai Y, Mei L, Zuo W, et al. Response of bacterial communities in coastal mudflat saline soil to sewage sludge amendment[J]. Applied Soil Ecology, 2019, 144: 107-111.

[20] Suhadolc M, Schroll R, Hagn A, et al. Single application of sewage sludge--impact on the quality of an alluvial agricultural soil[J]. Chemosphere, 2010, 81(11): 1536-1543.

[21] al-Moraes S P, Marcondes J, Carareto Alves L M, et al. Impact of sewage sludge on the soil bacterial communities by DNA microarray analysis[J]. World Jouranl of Microbiology and Biotechnology, 2011, 27: 1997-2003.

[22] Rodríguez-Morgado B, Gómez I, Parrado J, et al. Obtaining edaphic biostimulants/biofertilizers from different sewage sludges. Effects on soil biological properties[J]. Environmental Technology, 2015, 36: 2217-2226.

[23] Mattana S, Petrovicová B, Landi L, et al. Sewage sludge processing determines its impact on soil microbial community structure and function[J]. Applied Soil Ecology, 2014, 75: 150-161.

[24] Urra J, Alkorta I, Mijangos I, et al. Application of sewage sludge to agricultural soil increases the abundance of antibiotic resistance genes without altering the composition of prokaryotic communities[J]. Science of the Total Environment, 2019, 647: 1410-1420.

[25] 白莉萍，伏亚萍. 城市污泥应用于陆地生态系统研究进展[J]. 生态学报，2009，29(1)：416-426.

[26] Zaman M, Matsushima M, Chang S X, et al. Nitrogen mineralization, N_2O production and soil microbiological properties as affected by long-term applications of sewage sludge composts[J]. Biology & Fertility of Soils, 2004, 40(2): 101-109.

[27] Banerjee M R, Burton D L, Depoe S. Impact of sewage sludge application on soil biological characteristics[J]. Agriculture Ecosystems & Environment, 1997, 66(3): 241-249.

[28] López-Valdez F, Fernández-Luqueño F, Luna-Guido M L, et al. Microorganisms in sewage sludge added to an extreme alkaline saline soil affect carbon and nitrogen dynamics[J]. Applied Soil Ecology, 2010, 45(3): 225-231.

[29] 孙玉焕，骆永明. 污泥中病原物的环境与健康风险及其削减途径[J]. 土壤，2005，5：12-19.

[30] Leoni C, Ghini R. Sewage sludge effect on management of Phytophthora nicotianae in citrus[J]. Crop

Protection, 2006, 25(1): 10-22.

[31] Ghini R, Patrıcio F R A, Bettiol W, et al. Effect of sewage sludge on suppressiveness to soil-borne plant pathogens[J]. Soil Biology & Biochemistry, 2007, 39: 2797-2805.

[32] Horswell J, Hewitt J, Prosser J, et al. Mobility and survival of Salmonella Typhimurium and human adenovirus from spiked sewage sludge applied to soil columns[J]. Journal of Applied Microbiology, 2010, 108(1): 104-114.

[33] Major N, Schierstaedt J, Jechalke S, et al. Composted sewage sludge influences the microbiome and persistence of human pathogens in soil[J]. Microorganisms, 2020, 8: 1020.

[34] 李慧莉, 武彩云, 唐安平, 等. 不同污泥在微波预处理-厌氧消化过程中抗性基因分布及菌群结构演替[J]. 环境科学, 2021, 42(1): 323-332.

[35] Birgit W, Eva F, Sven J, et al. Soil amendment with sewage sludge affects soil prokaryotic community composition, mobilome and resistome[J]. FEMS Microbiology Ecology, 2019, 95(1): fiy193.

[36] Rutgersson C, Ebmeyer S, Lassen S B, et al. Long-term application of Swedish sewage sludge on farmland does not cause clear changes in the soil bacterial resistome[J]. Environment International, 2020, 137: 105339.

[37] Han X M, Hu H W, Li J Y, et al. Long-term application of swine manure and sewage sludge differently impacts antibiotic resistance genes in soil and phyllosphere[J]. Geoderma, 2022, 411: 115698.

[38] Chen Q, An X, Li H, et al. Long-term field application of sewage sludge increases the abundance of antibiotic resistance genes in soil[J]. Environment International, 2016, 92-93: 1-10.

第 8 章　结论与展望

8.1　结　论

本书针对再生水农业利用的生物安全性问题,以再生水及其灌溉土壤和作物为研究对象,分析了再生水中生物污染物(病原菌、抗生素抗性基因和蓝藻毒素基因)丰度变化规律;通过盆栽试验,采用高通量测序技术和定量 PCR 方法考察了不同再生水灌溉方式对土壤-作物系统微生物群落结构多样性与病原菌丰度特征的影响及差异性;揭示再生水灌溉根际土壤菌群组成与多样性变化特征对土壤改良剂的响应,并阐明土壤改良剂对根际土壤病原菌和抗生素抗性基因丰度变化的影响规律;探讨了不同种类硅肥叶面喷施对再生水灌溉水稻叶际细菌群落结构组成及多样性和相关功能基因丰度的影响;探究了再生水灌溉下配施污泥对根际土壤细菌群落组成多样性以及病原菌和抗生素抗性基因丰度的影响,上述研究以期为再生水安全灌溉和农艺调控措施提供理论依据和技术支撑,研究得到以下主要结论:

(1)再生水中检测出气单胞菌、弓形菌、大肠杆菌、蜡样芽孢杆菌、军团菌、分枝杆菌、粪链球菌、大肠菌群、肺炎克雷伯氏菌、金黄色葡萄球菌、棘阿米巴原虫和哈曼属原虫等多种人类条件致病菌,以及丁香假单胞菌、成团泛菌、青枯菌、镰孢霉菌、灰葡萄孢霉菌和黑曲霉等植物病原菌。

(2)再生水及入河再生水中典型病原菌、抗生素抗性基因及蓝藻毒素基因无明显的变化规律,但污水厂再生水的这些生物污染物呈现出季节性变化。再生水中潜在病原菌、抗生素抗性基因及蓝藻毒素基因的高发生率和高丰度水平表明,再生水是感染传播的常见媒介,如果用于灌溉作物,可能会造成生物风险。

(3)再生水通常含有一定量的养分和微生物,这不仅提高了土壤肥力和作物生产力,也增加了病原菌污染的风险。再生水灌溉对辣椒内生细菌群落有显著影响,其中优势菌群为变形菌门、厚壁菌门、放线菌门和拟杆菌门。辣椒根部内生细菌的多样性和相对丰度高于果实,再生水灌溉增加了辣椒根部内生细菌假单胞菌属的相对丰度。再生水灌溉使大肠杆菌、丁香假单胞菌、粪肠球菌和镰孢霉菌在根组织中的丰度高于清水灌溉。与果实相比,病原菌根组织中有选择性积累的趋势。

(4)生物炭能够显著影响根际土壤的 pH、EC、有机质、总氮、总磷以及重金属含量,但由于生物炭制备原料和条件以及土壤类型的不同,作用效果的差异较大。

(5)灌溉水源不会导致细菌群落多样性和丰富度呈现显著差异,再生水灌溉根际土壤细菌群落多样性和丰度的差异主要受不同生物炭处理影响,门分类水平优势菌群为 *Proteobacteria*、*Actinobacteria*、*Chloroflexi*、Bacteroidetes 和 Acidobacteria,共同优势菌属包括 *Pseudomonas*、*Rheinheimera*、*Arthrobacter*、*Sphingomonas* 和 *Aeromonas*,其相对丰度因生物炭种类不同而存在差异。EC、有机质、总氮和 Cd 含量变化是导致再生水灌溉根际土壤细菌群落结构及其多样性变化的主要驱动因子。

(6)花生壳生物炭、小麦秸秆生物炭、水稻秸秆生物炭和稻壳生物炭对病原菌丰度均有不同程度的影响,其中花生壳生物炭能够显著降低 *Escherichia coli*、*Enterococcus faecium*、*Legionella* spp. 和 *Mycobacterium* spp. 的丰度。

(7)土壤理化性质变化与土壤改良剂处理较水源类型更密切相关,施用改良剂可通过改善土壤理化性质而影响土壤细菌群落结构与多样性。土壤 pH、EC 和 TN 含量变化是显著影响再生水灌溉根际土壤细菌菌群组成与多样性的关键影响因子。相关性 Heatmap 图和双因素网络图分析表明,土壤 pH、EC、TN 和 TP 与 *Pseudomonas*、*Hydrogenophaga*、*Devosia*、*Nocardioides*、*Streptomyces* 等优势菌属呈显著相关。

(8)松土精处理下 *Ralstonia solanacearum*、*Pantoea agglomerans*、*tetQ*、*tetX*、*dfrA*1 和 *cfr* 丰度显著增加,添加玉米酒糟处理能够显著提高 *Arcobacter butzleri*、*Arcobacter cryaerophilus*、*Bacillus cereus*、*Pseudomonas syringae*、*tetX*、*ermB*、*ermC* 和 *dfrA*1 丰度。*dfrA*1 基因丰度在不同土壤改良剂处理下均有显著增加。土壤改良剂通过改变土壤理化性质影响根际土壤病原菌和抗生素抗性基因的丰度分布,不当地施用土壤改良剂可能增加农业环境病原菌和抗生素抗性基因富集与传播的风险。

(9)初步揭示了再生水灌溉联合叶面喷施硅肥对水稻叶际细菌群落结构组成及多样性的影响,发现水稻叶际细菌群落结构相似且相对丰度存在差异,属水平细菌类群对不同硅肥处理表现出较大的响应差异,叶面喷施硅肥处理能够显著抑制再生水灌溉水稻叶际潜在致病性泛菌属(*Pantoea*)和肠杆菌属(*Enterobacter*)相对丰度的增加,但对功能基因丰度变化影响不显著。关于硅肥在农业中的叶面应用及其调控作物元素循环的微生物机理还有待进一步研究。

(10)功能预测分析表明,叶际细菌丰富的代谢通路涉及多个功能家族,获得的功能信息显示主要富集代谢和降解能力。移动元件、潜在致病性及生物膜形成表型对应的主要物种组成占更高的相对丰度,其中叶面喷施硅肥显著降低潜在致病性表型。FAProTax 预测结果表明,水稻叶际主要富集化能异养、好氧化能异养、硝酸盐还原和发酵等相关功能菌群,并且硅肥处理对化能异养和硝酸盐还原相关功能菌群具有促进作用。由此可见,再生水及叶面喷施硅肥使叶际代谢功能丰富度及功能产生差异变化,硅肥处理有降低潜在致病菌发生率的潜在可能性。

(11)城镇污泥农用能够改善土壤的理化性质,提高作物产量,减少污泥对环境的二次污染。本研究中,施用污泥显著增加了根际土壤中养分含量,污泥农用过程中也未造成土壤中重金属过量累积。

(12)施用污泥处理使根际土壤细菌群落的组成丰富度和多样性均有所下降,根际土壤细菌群落多样性变化是由施用污泥改变土壤理化性质导致的。施用污泥使根际土壤中变形菌门、绿弯菌门和酸杆菌门的相对丰度降低,而髌骨细菌门的相对丰度随着污泥施用量增加而升高。属水平上,芽孢杆菌属和一些未分类菌属相对丰度随污泥施用量增加而升高。施用污泥不仅使根际土壤中与氮相关的功能基因(*AOB*、*nirK* 和 *nosZ*)丰度水平显著增加,也会增加根际土壤中病原菌和抗生素抗性基因(ARGs)丰度水平,并且与施用量密切相关。

8.2 展　望

上述研究使我们了解了再生水中有限的病原菌和抗性基因等生物污染风险信息，但对污水处理厂、受纳水体及回用点等环节有害基因的共现关系和定量数据信息了解仍不够全面，也缺乏对可能携带某些抗性基因的环境和细菌类群的认识。快速、准确检测再生水中具有生物活性的病原菌和抗性基因，对防控水源性疾病暴发和保障水质安全具有重要意义。关于再生水中生物污染这类重要的风险因子在再生水生产、管网输配、储存以及终端利用各个环节中的变化规律和相互影响，需要进一步的深入研究，这也将有助于采取合理的管控策略从源头有效控制及削减生物污染，保障再生水农业利用的安全性和可持续性。在上述研究基础上，提出以下几点建议与设想：

(1)优化检测技术手段，提高检测准确性。现行标准中再生水水质的毒理学指标和卫生学指标难以准确评估再生水利用的生态健康风险。进一步加强再生水水质的可靠性和稳定性研究，完善再生水储存、输送、分配管网水质安全的全过程监测；结合再生水水质净化技术与灌溉技术，在国家相关的法律法规、标准和指南基础上规范再生水水质、灌溉方式和灌溉制度等。应用单一检测技术难以准确定量分析生物污染物的种类与丰度，建议通过多技术联用提高污染物筛查的广谱性和准确性；开发现场快速检测手段或方法，进一步支撑再生水利用生物风险评价体系。

(2)加强再生水中新生物污染筛查与处理技术研究。随着未列入相关标准的新兴有机污染物以及致病菌、抗生素抗性基因和蓝藻毒素等风险因子的不断检出，对再生水风险因子指标体系的完善提出更高要求。再生水系统的研究热点和发展趋势主要集中在水处理技术及病原菌和新污染物处理方面，尤其是开发和应用具有成本效益的处理技术去除新污染物，完善更全面的健康风险评估体系和在线检测技术。今后的研究方向将聚焦水处理与微生物风险控制，针对再生水中抗生素抗性基因、病原菌毒力基因和藻毒素基因进行筛选与识别，获取更多有关再生水中生物污染物浓度和传染性方面的相关信息，建立多级屏障体系，结合农业环境出现的相关风险因子的溯源分析，综合评价再生水农业利用的潜在风险。

(3)再生水灌溉长期定位试验。基于已有研究成果集成成熟的灌溉技术与灌溉方式，开展再生水灌溉长期定位试验，进一步全面了解各类生物污染物的迁移、转化、累积和扩散机制，需要持续的数据累积以准确评价再生水灌溉环境效应，并结合农艺调控措施，合理制定灌溉制度，提高再生水灌溉的安全性和有效性。建立覆盖灌溉全过程的再生水长期灌溉风险评估与管控平台，保障土壤、作物和地下水安全，实现再生水安全高效利用。